GUIDO BARBUJANI

WER WIR WAREN

GUIDO BARBUJANI

WER WIR WAREN

Die Geschichte der Menschheit in 15 Porträts

Aus dem Italienischen von Enrico Heinemann

Deutsche Verlags-Anstalt

Die Originalausgabe erschien 2022 unter dem Titel
Come eravamo. Storie della grande storia dell'uomo
bei Guis. Laterza & Figli, Bari/Rom.

MIX
Papier | Fördert
gute Waldnutzung
FSC® C010328
FSC
www.fsc.org

Penguin Random House Verlagsgruppe FSC® N001967

1. Auflage

Neumarkter Str. 28, 81673 München
produktsicherheit@penguinrandomhouse.de
(Vorstehende Angaben sind zugleich Pflichtinformationen nach GPSR)
Redaktion: Carola Köhler
Umschlaggestaltung: Büro Jorge Schmidt
Umschlagabbildung: Julien Faure / Homo Sapiens sculpture
by Élisabeth Daynès
Satz: satz-bau Leingärtner, Nabburg
Druck und Bindung: Alföldi Nyomda Zrt., Debrecen
Printed in Hungary
ISBN 978-3-421-07044-9
www.dva.de

Für Luca Bazooka

… weil ich wie er war, so wie ich meine Mutter war
und mein Vater und mein Großvater Paco und
meine Urgroßmutter Carolina, in gleicher Weise,
wie ich alle die Vorfahren war, die in meiner Gegenwart
zusammenfließen, wie eine Menge oder eine unzählige
Legion aus Verstorbenen oder ein Wald aus Gespenstern,
wie alle in mein Geschlecht einmündenden Geschlechter,
die aus den unergründlichen Tiefen unseres Unwissens
über die Vergangenheit heraufsteigen.

Javier Cercas, El monarca de las sombras
(Der Monarch der Schatten)

Inhalt

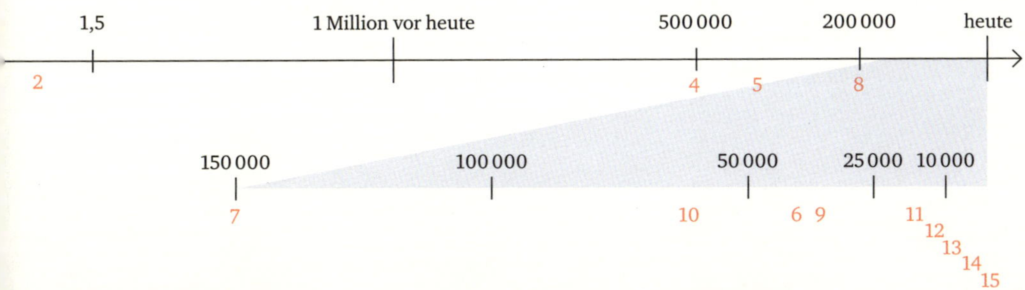
1,5
1 Million vor heute
500 000
200 000
heute
2
4
5
8
150 000
100 000
50 000
25 000
10 000
7
10
6
9
11
12
13
14
15

Vorwort zur deutschen Ausgabe

Drei Jahre sind vergangen, seitdem dieses Buch in Italien erschienen ist, und knapp vier, seitdem es geschrieben wurde: an sich ein kurzer Zeitraum, und zwar ein äußerst kurzer, wenn man ihn mit dem Alter der Fossilien aus den hier erzählten Geschichten vergleicht, von denen manche einige Millionen Jahre alt sind. Und doch hat sich in dieser wenigen Zeit in der wissenschaftlichen Forschung viel getan, sodass schon jetzt Korrekturen anstehen und einige Details berichtigt werden müssen. Der großflächige Einsatz von Techniken zur Erforschung alter DNA stellt einen großen Schritt nach vorn dar. Weil sich heute aus fossilen Überresten relativ einfach genetische Informationen gewinnen lassen, können wir uns von der Vergangenheit unserer Spezies eine immer genauere Vorstellung machen. Alte DNA hat ans Licht gebracht, dass die Menschheit tiefgreifende genetische Veränderungen durchlaufen und Migrationsbewegungen hinter sich gebracht hat, die die archäologischen Daten und die Ergebnisse von Untersuchungen moderner DNA nur in groben Zügen erahnen ließen.

Die Vermutung, dass sich die europäischen Bevölkerungen keineswegs geradlinig, sondern durch einen vielfältigen Austausch und über große Wanderungen entwickelt haben, gab es schon lange, aber heute haben wir dafür die Beweise. Auf Sardinien und im heutigen Dänemark, auf der italienischen Halbinsel wie auf den Britischen Inseln sehen wir einen genetischen Bruch zwischen den mesolithischen und den neolithischen Bevölkerungen, zwischen den Jägern und Sammlern auf der einen und den Viehzüchtern und Ackerbauern auf der anderen Seite: Letztere stammen nicht oder höchstens in geringem Umfang von den Erstgenannten ab. Auf die klassische Frage, woher unsere Vorfahren kamen, können wir endlich einige gute Antworten geben: im Allgemeinen von zahlreichen unterschiedlichen Orten. Aber während unsere Ahnen von vor 100 000 Jahren in Afrika zu finden sind, hielten sich die von vor 10 000 Jahren – vor allem die der Südeuropäer und bis zu einem gewissen Maß auch die aller anderen – überwiegend in Anatolien auf.

Doch damit nicht genug: Heute können wir das physische Erscheinungsbild unserer prähistorischen Blutsverwandten mit einer Genauigkeit rekonstruieren, die vor zehn Jahren noch undenkbar war. Weder die Frau von Cap Blanc noch Ötzi – die Gletschermumie vom Similaun –, zwei Protagonisten dieses Buchs, sahen genau so aus, wie wir sie uns bis vor Kurzem vorstellten. In Europa tauchten helle Hauttypen erst in neuerer Zeit und nicht schon vor Hunderttausenden von Jahren auf – mit Einwanderern aus Anatolien, die von dort eine innovative Kultur, die landwirtschaftliche Erzeugung von Nahrungsmitteln, mitbrachten. Bis ihre Migrationswelle Skandinavien und die Iberische Halbinsel erreichte, vergingen Jahrtausende, und bis dahin hatten viele Europäer immer noch eine dunkle, manche eine sehr dunkle Haut. Diese Erkenntnis zu unserer Vergangenheit zwingt uns zu einem neuen Nachdenken über uns selbst und wirft die Frage auf, wie begründet bestimmte Überzeugungen sind.

Nicht von ungefähr bekam 2022 der Forscher Svante Pääbo, einer der meistangeführten Namen in diesem Buch, verdient den Nobelpreis für Physiologie oder Medizin zuerkannt. Diese Auszeichnung honoriert nicht nur Pääbos entscheidenden Beitrag zur Erforschung der menschlichen Evolution, sondern sie ist auch die Anerkennung dessen, dass seine Ergebnisse von viel weiter reichender Bedeutung sind: Sie stellt klar, dass die Erforschung der Vergangenheit unserer Spezies nicht nur höchst interessante historische Fragen beantwortet, sondern auch konkret in der medizinischen Praxis hilft: Um zu verstehen, wie unser Organismus funktioniert, müssen wir nachvollziehen, wie wir uns zu denen entwickelt haben, die wir sind. Am Schluss dieses Buchs hatte ich darauf hingewiesen, dass die Rekonstruktion der Geschichte unserer Spezies dabei hilft, Menschenleben zu retten. Die Jury des Nobelpreiskomitees mit ihrer weitaus gewichtigeren Autorität hat dies bestätigt und dabei hervorgehoben, dass die Erforschung der Unterschiede zwischen uns Sapiens und unseren ausgestorbenen Verwandten die einzige Möglichkeit ist, um nachzuvollziehen, warum wir uns zu einer so einzigartigen Spezies im Tierreich entwickelt haben.

Aber die Forschung bleibt nicht stehen, und ich wette, dass es in zwei, in vier und wieder in zehn Jahren notwendig sein wird, diesem Buch weitere neue Erkenntnisse hinzuzufügen, wenn wir mit der Entwicklung Schritt halten wollen. Das ist das Schöne an dieser Arbeit: Sie ist nie zu Ende. Ich möchte hier allerdings auch einige Worte zur Kehrseite der Medaille sagen. Wenn man die Schlagzeilen in den Zeitungen verfolgt, gewinnt man fast den Eindruck, dass ungefähr jeden Monat eine neue Entdeckung alles, was wir bisher zu wissen glaubten, infrage stellt und uns zwingt, unser Wissensgebäude von Grund auf neu zu errichten. Und dies könnte den Verdacht wecken, dass die Erforschung der menschlichen Evolution auf einem schwankenden Boden steht, auf dem sich das, was heute noch gilt, vielleicht schon morgen als falsch oder bedeutungslos herausstellt. Doch dieses Misstrauen ist unbegründet. Wir lassen uns manchmal dazu verleiten, weil in der Wissenschaftswelt neue Player Einzug gehalten haben: die Pressestellen der wissenschaftlichen Einrichtungen. Da Forschung Geld kostet, müssen alle diese Institute ständig neue Finanzierungen auftreiben. Und genauso haben sich alle rasch darauf geeinigt, dass Artikel in auflagenstarken Zeitungen und auf häufig besuchten Websites ihren Ruf verbessern. So hat sich der Stil, in dem Wissenschaft kommuniziert wird, in kurzer Zeit verändert: Wurden bis vor wenigen Jahren aus Vorsicht noch eher die Grenzen unserer Methoden und Ergebnisse hervorgehoben, geht es heute vor allem um Marketing, dem sich darauf spezialisierte Fachleute mit viel Einsatz widmen. Und so triumphieren am Ende insbesondere in der allgemeinen Presse, aber nicht nur dort, Übertreibungen und Schlagzeilen, als ob schon jede Entdeckung den Keim einer wissenschaftlichen Revolution in sich trüge.

Dem ist nicht so, zumindest nicht auf dem Gebiet, mit dem ich mich befasse. Die Evolutionslehre steht auf einer soliden Basis, und diese zu revolutionieren, wird schwierig, sogar sehr schwierig. Ihr Fundament bildet Charles Darwins Theorie, der wir seit eineinhalb Jahrhunderten Stück um Stück hinzufügen, was wir an Neuem entdecken. Im Vergleich zu uns verfügte Darwin über so gut wie keine Daten: Er hatte keine Ahnung, dass es die DNA oder Gene gibt, und er kannte nur ein einziges menschliches Fossil, und das auch nur von Zeichnungen. Dennoch gelang es ihm mit beneidenswerter Intelligenz, die Grundregeln festzulegen, nach denen wir immer noch die Millionen neuer Daten interpretieren, die uns die paläontologische und die genetische Forschung liefern: dass der Ausgangspunkt biologische veränderliche Organismen sind, dass sie unterschiedliche Merkmale haben, die an die Umwelt mehr oder weniger gut angepasst sind und diese mit unterschiedlicher Wahrscheinlichkeit weitervererben, sodass sich am Ende die günstigen ausbreiten. Auch wenn die heutige Evolutionsbiologie deutlich mehr als Darwins Lehre umfasst, entwickelt sie sich auf dem Fundament weiter, das ihr Begründer weitblickend angelegt hat. Jede neue Entdeckung fügt ein weiteres Steinchen hinzu und beseitigt einige Irrtümer, aber die grundlegenden Mechanismen sind gut verstanden, und sie ändern sich nicht einfach nur dadurch, dass ein etwas anders gestaltetes Fossil oder ein leicht abweichendes Genom auftaucht. Allen, die dieses Buch zur Hand nehmen, also viel Spaß beim Lesen – mit der Bitte um etwas Nachsicht für seine Unzulänglichkeiten: Wenn die Forschung weiter so voranschreitet, wie wir alle hoffen, werden es Jahr für Jahr mehr werden.

Guido Barbujani

Anrufung und Einleitung

Singe, oh Göttin, von Barbuglio. Barbuglio ist ein Ortsteil der Gemeinde Lendinara in der venetischen Provinz Rovigo in Norditalien. Wer ein wenig mit den Dialekten Venetiens vertraut ist, ahnt sofort, dass dieses *gl* im Ortsnamen nicht wie im Hochitalienischen ausgesprochen wird – also nicht wie ein »lj«, bei dem der Zungenrücken an den weichen Gaumen gedrückt wird. Ich glaube, »Barbuglio« wurde von seinen Einwohnern noch nie »Barbuljio« ausgesprochen, sondern immer »Barbujo«. Und *barbujo* bezeichnet im Dialekt der dortigen Gegend, die Polesine genannt wird, die Rispe an der Sprossspitze der Maispflanze (die sogenannte Fahne). Aber hier beginnen die Verwicklungen. Mein 1986 verstorbener Onkel Renzo hat in Kirchenbüchern nachgeforscht: Geburten, Taufen, Hochzeiten und Todesfälle. Wie er entdeckte, war im 16. Jahrhundert einer unserer Vorfahren von Barbuglio in die nahe gelegene Kleinstadt Adria übergesiedelt und erhielt dort den Familiennamen Barbujani. Dieser erste Barbujani, den er aufgespürt hat, war meiner Erinnerung nach Glöckner – in krassem Gegensatz zu seinen heutigen Nachfahren, die mit Sakristeien wenig am Hut haben. Dieses *j* im Nachnamen ist heute ein Archaismus. Je mehr Barbujani in andere Städte (nach Monza, Rom, Biella, Zürich …) zogen, desto häufiger meinten bebrillte Beamte in Meldeämtern, es korrigieren zu müssen. Deswegen gibt es in der Familie manche, vornehmlich in Adria und Umgebung wohnhafte, die sich mit *j*, und andere, vornehmlich abgewanderte Verwandte, die sich mit *i* schreiben. Aber es gibt noch eine weitere Version zu den Fakten, die die Nachforschungen meines Onkels

Renzo zutage gefördert haben. Enzo und Giorgio Barbujani haben mir einen Druck unseres Familienstammbaums geschenkt, aus dem hervorgeht, dass wir einen gemeinsamen Urgroßvater, Antonio, aber keine gemeinsame Urgroßmutter haben. Gerüchten, allerdings unbestätigten, zufolge soll Renzo am Ende zu dem Schluss gelangt sein, dass die Ortschaft Barbuglio ihren Namen durch uns, die *barbuti* (die »Bärtigen«), erhalten habe: Als eine Familie geschickter Baumeister seien diese in die Polesine aus der Lombardei zugewandert, in die sie in noch früherer Zeit aus Südfrankreich gekommen seien. Mein Vater war tatsächlich Ingenieur, aber von dieser Theorie hatte ich noch nie gehört, und falls mein Onkel Renzo wirklich etwas Schriftliches zu ihr hinterlassen hat, so wissen weder Enzo noch Giorgio oder ich, wo wir danach suchen sollten.

Die Umkehr von Ursache und Wirkung – der Ortsname leitet sich vom Familiennamen her und nicht umgekehrt – beinhaltet interessante Aspekte, aber die sind schwer nachprüfbar und noch schwieriger gründlich zu erforschen. Halten wir uns an die Fakten: In Barbuglio sind unsere Vorfahren jedenfalls durchgekommen. Als ich fünf Jahre alt war, zogen wir von Adria nach Ferrara um, also auf die andere Seite des Po, aber immer noch in die nähere Umgebung. Es hat also vier Jahrhunderte gedauert, bis sich einige Barbujani von ihrem angestammten Siedlungsort um 46 Kilometer weiterbewegten, durchschnittlich gerade einmal gut 100 Meter pro Jahr. Wenn man sich ausrechnet, dass seit Mitte des 16. Jahrhunderts rund zwanzig Generationen aufeinanderfolgten, wären das für jede von ihnen 2300 Meter. Ich würde mich leidenschaftlich gern auf den Weg machen, um mit ihnen ein Schwätzchen zu halten: mit meinem Vater Fernando (am Ende der Stadt, bei den Tankstellen) oder mit meinem Großvater Gino (in der Ortschaft Barco). Was aber hätten ich und mein Ururgroßvater Matteo (ein kurzes Stück hinter der Pobrücke) uns noch zu sagen? In Adelsfamilien ist es einfacher: Von ihrem Vorfahren gibt es vielleicht ein gemaltes Porträt, oder man weiß, dass er Marchese war und auf einem Schlachtfeld umgekommen ist. Der Name lädt sich mit

Bedeutung auf, und irgendwie wird eine familiäre Zusammengehörigkeit spürbar. Aber für die anderen, tatsächlich für fast alle, endet die – nachvollziehbare – Vergangenheit mit der Generation der Großeltern: Wie viele erinnere ich mich nicht daran, dass irgendeiner meiner Urgroßväter jemals namentlich erwähnt worden wäre. Und dabei verdanke ich es doch ihnen, dass ich auf der Welt bin. Die Farbe meiner Augen, die Form meiner Nase oder die Art, wie ich mir in die Nase kneife, wenn ich nach einem Wort suche, habe ich von einem von ihnen. Wenn ich einem von ihnen begegnen würde, verstünden wir uns? Wie weit könnte ich in die Vergangenheit zurückgehen, bis ich das Gefühl bekäme, dass es keinen Unterschied mehr machte, wenn der Betreffende nicht zu meinen Vorfahren gehören würde?

In Wahrheit mache ich es mir jedoch allzu einfach. Beeinflusst von den Adelsgenealogien stellen wir uns Abstammungslinien als Geraden vor, die von der Gegenwart aus, streng von den Söhnen zu den Vätern, in die Vergangenheit zurückführen. Wenige Zeilen weiter oben habe auch ich eine solche Linie gezogen. Aber so funktioniert es nicht – Stammbäume verzweigen und vervielfältigen sich: zwei Elternteile, vier Großeltern und acht Urgroßeltern, von denen alle jeweils acht Urgroßeltern hatten … Wenn wir zwanzig Generationen zurückverfolgen, landen wir in einer Vergangenheit, in der wir 2^{20} Vorfahren hatten (oder ein paar weniger), das sind also (glauben Sie mir) eine Million: die ungefähre Einwohnerzahl von Turin. Folglich ist der erwähnte Glöckner, der von Barbuglio nach Adria übergesiedelt ist, einer von vielen, ja einer aus einer gewaltigen Masse an Vorfahren. Wahrscheinlich hat er eine Ortsansässige in Adria geheiratet, und wenn nicht er, dann haben sein Sohn und dessen Kinder in Adria eingeheiratet. Mit jedem Mal wurde sein Erbgut in meinem Blut (wie man es früher ausdrückte) oder in meiner DNA (wie man heute sagt) etwas mehr verwässert, sodass es in meinem jetzt nur noch ein Millionstel vom Ganzen ausmacht. Was bleibt uns an Gemeinsamkeiten außer dem Familiennamen?

Streng genetisch betrachtet, haben wir sehr wenig gemein. Aber in anderer Hinsicht sehr viel: Immerhin heißen wir beide Barbujani, stammen aus Barbuglio, sind Polesaner, Veneter, italienischsprachig, Italiener, Europäer und Menschen. Wir sprechen also die gleiche oder zumindest eine sehr ähnliche Sprache, mit der wir kommunizieren könnten. Und wir kennen beide eine Landschaft aus Ebenen, Gewässern und Kanälen und fühlen uns größeren Gemeinschaften zugehörig. Wer weiß, ob sich dieser Ahn irgendwie für seine fernen Vorfahren interessiert hat. Aber würde es bei genauerem Nachdenken eigentlich etwas ändern, wenn ich anstelle mit diesem ersten historisch belegten Barbujani mit jemand anderem plaudern würde, mit dem ich mich verständigen könnte und bei dem ein wechselseitiges Interesse aneinander bestünde? Wie wichtig ist überhaupt dieses Viel oder Wenig an DNA, das ich von diesem Vorfahren geerbt habe? Während mich noch solche Gedanken beschäftigten, stieß ich in der Zeitung auf eine computergenerierte Rekonstruktion des Gesichts von Kaiser Nero. Er wirkte sympathisch mit seinem angedeuteten Lächeln. Anstatt als verschlagenes konnte man es auch einfach als das eines Mannes sehen, der sagt: Schaut her, ich bin nicht so übel, wie mich manche hinstellen. Sich ins Gesicht zu sehen, ist doch sehr wichtig, oder?

Dieses Buch handelt in gewissem Sinn von der Bedeutung, einander ins Gesicht zu blicken. Buchstäblich: Unser Familienalbum, das Festgehaltene und die Gesichter derer, die vor uns auf dem Planeten lebten, bergen eine Botschaft, die über die Generationen hinweg bis zu uns gelangt ist und davon erzählt, wer wir waren. Dank unserer heutigen Fähigkeiten, massenhaft die DNA längst Verstorbener oder noch Lebender gründlich zu lesen und die Unterschiede zwischen ihnen zu deuten, geben uns diese Relikte eine Vorstellung davon, welche Wanderungen, welche Arten von Austausch und welche Anpassungen an die Umwelt uns zu dem gemacht haben, was wir heute sind.

Aber sich ins Gesicht zu blicken, heißt noch mehr, wie ich meine. Der

Plan zu diesem Buch entstand Ende 2020 in der finstersten Zeit der Covid-19-Pandemie. Nach einem Sommer des prekären Optimismus, in dem viele meinten, das Schlimmste sei überstanden, stiegen die Ansteckungsraten erneut: die sogenannte zweite Welle. Ab dem 8. Oktober 2020 galt in Italien Maskenpflicht, ab dem 13. Oktober mussten Restaurants, Kinos und Theater ihren Betrieb einschränken und am Ende des Monats dann ganz schließen. Reisen ohne triftigen Grund waren nicht mehr möglich. Zu den Belastungen, die sich schon während der ersten Welle aufgetürmt hatten und die noch nicht bewältigt waren, kam jetzt die Aussicht auf eine extrem schwierige Zeit hinzu. In jenen Tagen rief mich Raffaele Ghirardi an, ein enger Freund, der in einem Krankenhaus in der Provinz Mantua die Covid-19-Abteilung leitete. Er musste mit jemandem reden, und ich hörte zu. Am Ende sagte er mir schlicht, er schaffe es nicht mehr.

Schließlich hat Raffaele, wie viele von uns, es doch geschafft: gerade so, indem wir uns mit letzter Kraft in die Arbeit stürzten und uns über Wasser zu halten versuchten. Aber manche schafften es nicht. Am 15. Juni 2020 starb Giulio Giorello an Covid-19, jemand, der mir sehr wichtig war. Freunde waren wir eigentlichen nicht. Ich würde sagen, dass unser Verhältnis eher auf einem gegenseitigen Vertrauen als auf dem beruhte, was wir voneinander wussten. Aber wir hatten viele gemeinsame Interessen und unterhielten uns gern miteinander über Wissenschaft. In den Wochen, in denen wir regelmäßig auf die 17 Uhr-Meldungen der Ansteckungsraten und Todeszahlen warteten – immer mit einer Schlussbilanz wie bei einem Flugzeugabsturz –, erschienen die Opfer der Pandemie nicht wie Personen, nicht wie ein Giulio Giorello oder die vielen anderen: Sie waren zu einer abstrakten Nummer geworden. Ich glaube, allen ging es so. Die Verstorbenen verwandelten sich augenblicklich in Geschöpfe der Vergangenheit, die zählbar waren, aber niemals nahe kamen. Dann veröffentlichte eine Zeitung einzelne Fotos mit Geschichten: Jetzt gelang es mir eine Zeitlang, die erschreckende

Tragweite der Ereignisse zu erfassen. Giulio Giorello, Lidia Menapace, der Filmregisseur Kim Ki-Duk, meine Kollegen, die Genetiker Luciano Terrenato und Michele Stanca. Einer der Ersten, den es traf, war der Friseur an der Ecke, dann folgte seine Frau. Wir hatten uns nie gegrüßt, obwohl wir uns täglich begegnet waren: Sie alle sind, waren vertraute Figuren, jetzt aufgelöst in den Statistiken, die die Ausmaße des Ereignisses festhielten. An sie zu denken, sie sich in Erinnerung zu rufen, ihnen gedanklich ins Gesicht zu blicken, das kostete Mühe. Aber wenn wir unseren Vorfahren irgendwie ins Gesicht blicken könnten, dachte ich mir, würden wir uns dabei auch selbst ins Gesicht sehen und uns in dem spiegeln, was wir waren und sind: Glieder einer genealogischen Kette, die aus den Tiefen der Vergangenheit bis zu uns in die Gegenwart reicht und weiter in die Zukunft führt, sollten wir nicht so dumm sein, unseren Planeten unbewohnbar zu machen.

Einverstanden, die Idee ist verrückt, aber so verrückt nun auch wieder nicht. Obwohl ihre Namen im Lauf der Jahrhunderte untergingen, ist uns von unseren Vorfahren doch etwas geblieben: Ihre fossilen Knochen und die DNA, die sich aus diesen oftmals noch extrahieren lässt, können uns viele Geschichten erzählen. Und es gibt Künstler, die mit Methoden der wissenschaftlichen Forensik und der notwendigen Fantasie, wenn Erkenntnisse fehlen, von diesen Ahnen wunderbare dreidimensionale Rekonstruktionen erschaffen: die Zwillingsbrüder Adrie und Alfons Kennis sowie Élisabeth Daynès. Wenn man ihren Plastiken ins Gesicht blickt, überschreitet man eine Brücke und tritt in einen fragilen, aber wertvollen Kontakt zu unserem Stammbaum, zu dem, was wir als Menschheit vor Jahrtausenden oder Jahrmillionen waren. Dank der Bravour dieser Künstler trifft unsere Neugier auf ein Objekt, und dank der Paläontologen, die uralte Skelette ausgruben und liebevoll wieder zusammensetzten, sowie der Genetiker, die deren DNA auslasen, nimmt dieses Objekt in unseren Augen menschliche Züge an: Es ist konkreter und schafft es, noch mehr Wissbegier hervorzurufen und sogar ein paar Gefühle zu wecken. Vielleicht stellt man sich sogar ihre Stimmen vor: Als könnten sie sich nach so langer Zeit wieder Gehör verschaffen und etwas von ihrem ungewöhnlichen Schicksal erzählen …

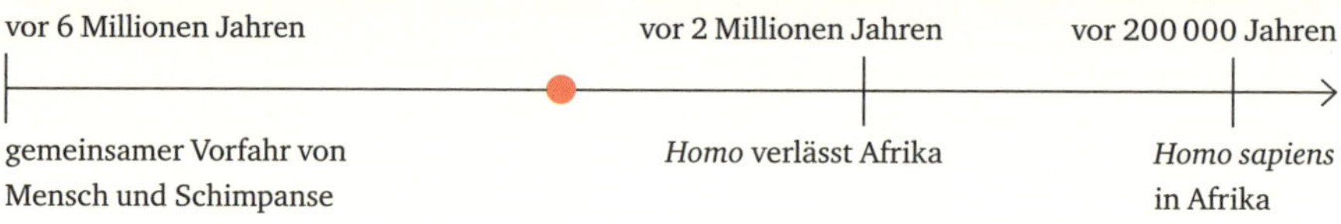

1974 bei Hadar in Äthiopien von Donald Johanson, Mary Leakey und Yves Coppens entdeckt

gefundene Fragmente:
40 Prozent des Skeletts

1. Auf zwei Beinen: *Australopithecus afarensis*

Lucy → *vor 3,3 Millionen Jahren*

Lucy ist eine Berühmtheit. Von allen Vertretern von Australopithecus ist einzig von ihr heute noch die Rede, und das will einiges heißen. Doch zu Lebzeiten war sie nur eine von vielen. Dass ihr Schicksal, wie übrigens auch das der anderen Protagonisten in diesem Buch – außer dem Darwins –, in den Medien Furore machte, hat mit ihrem Tod zu tun, also damit, wie und wo sie gestorben ist. In Lucys Fall erscheinen die Umstände, unter denen sie ums Leben kam und durch die sie zu postumem Ruhm gelangte, besonders unglückselig. Versetzen wir uns in ihre Haut: Ein mühseliger Tag geht zu Ende, aber du fühlst dich wohl. Du hast einen vollen Magen, was nicht an jedem Abend vorkommt. Du gähnst. Mit halb geöffneten Augen überprüfst du ein letztes Mal die Lage in der Umgebung, denn man weiß ja nie. Die anderen sind friedlich und machen es sich zum Schlafen bequem. Jemand schnarcht bereits, während die letzten Sonnenstrahlen die Akazienstämme in ein rötliches Licht tauchen. Alles gut, aber unter deinem Rücken drückt etwas. Du drehst dich um, um dir Erleichterung zu verschaffen. Dein Fuß gleitet vom Ast ab, und plötzlich steht deine Welt kopf, während dein Arm noch einen Viertelkreis beschreibt, deine Hand aber ins Leere greift. Du hörst einen Schrei, wohl deinen eigenen, und schon saust du in einem »tollen Fluge«, wie es bei Dante so schön heißt, deinem letzten, in die Tiefe.

Du verschwendest keinen Gedanken an die Nachwelt, als du am Boden zerschmetterst, aber die Nachwelt wird sich für dich interessieren. Lucy ist ein Star, weil ihre Spezies, *Australopithecus afarensis,* die Erste ist, von der wir mit Sicherheit sagen können, dass sie wie wir auf zwei Beinen ging. Ob sie wirklich die einzige war, ist keineswegs ausgemacht. Wir wissen es nicht. Und es ist auch nicht gesagt, dass sich ihre Vertreter darin als besonders geschickt erwiesen, trotz Millionen von Jahren, in denen sie sich daran versuchten. Offenbar zogen sie sich in ihrer Unbedarftheit des Nachts wieder auf die Bäume zurück, weil sie sich oben sicherer fühlten. Und so starb Lucy, einer glaubwürdigen Rekonstruktion des Hergangs zufolge, eben durch einen Sturz von einem Baum. Sie blieb auf dem Boden liegen, weil in jener Zeit an eine Bestattung noch längst nicht zu denken war. Über ihr lagerte sich eine geologische Schicht nach der anderen ab, sackte manchmal ab und wurde unter weiteren begraben. Und eines Tages kamen zwei Paläontologen vorbei, von denen sie einer entdeckte. Nach Millionen Jahren ertönte ein zweiter Schrei, aber diesmal keiner aus Todesangst, sondern einer des Triumphs. Und bald wurde Lucy weltberühmt.

Wenn man sie so sieht, scheint Lucy zu lächeln. Sie schmunzelt. Der Anflug von Sympathie, den ihr verschmitzter Gesichtsausdruck auslöst, wird allerdings durch ihre mächtigen, borstigen, nach vorn zulaufenden Koteletten gedämpft. Diese Favoris erinnern an die Mode des späten 19. Jahrhunderts, im Gegensatz zu ihrer stark abgeflachten Nase und ihrer Hautfarbe, die nur um die Lippen herum (auf denen Lucy nachdenklich herumzukauen scheint) etwas heller ist. Und erst die Stirn. Die Rekonstruktion zeigt Lucy kokett: Sie legt den Kopf zurück, wie um zu verbergen, dass diese Stirn zurückweicht und zur Gesichtsebene einen markanten Winkel bildet … Nichts zu machen: Wenn wir Lucy so sehen, erscheint sie uns nahe und fern zugleich. Wie könnte es anders sein? Gut drei Millionen Jahre zeitlicher Abstand sind keine Kleinigkeit. Aber blenden wir ein Stück zurück.

Dass wir über das Äußere und die Lebensweise unserer fernen Vorfahren etwas sagen können, verdanken wir drei Informationsquellen: fossilen Überresten, die aus einem Zeitraum von mehreren Millionen Jahren stammen, archäologischen Artefakten, die bis zu zwei Millionen Jahre alt sind und damit aus einem Zeitraum seit Beginn des Paläolithikums stammen, sowie DNA, die höchstens ungefähr 100 000 Jahre alt ist, weil noch älteres Erbmaterial in zu schlechtem Zustand ist, um es für die Forschung zu verwerten. Aber die herausragende Bedeutung des *Australopithecus afarensis* für unsere Geschichte beruht auf einem Fund, der in keine dieser Kategorien fällt: auf einer Reihe von Spuren, die über drei Millionen Jahre alt sind.

Entdeckt wurden diese von einer von Mary Leakey geführten Gruppe von Paläontologen im tansanischen Laetoli nahe dem heute erloschenen Vulkan Sadiman. Für lange Zeit war dieser jedoch aktiv gewesen und hatte getan, was feuerspeiende Berge tun: Er stieß immer wieder Lava und Asche aus, die die gesamte umliegende Gegend unter sich begruben. Laut einer Geschichte, die wie erfunden wirkt, aber von verschiedenen Quellen bestätigt wird, wurde Andrew Hill, ein Mitglied von Mary Leakeys Team, von seinen Gefährten mit Elefantendung beworfen. Ablenkungen gab es dort offenbar kaum, sodass nach allem gegriffen wurde, was sich anbot. Tatsache ist, dass sich Hill, um einem Treffer zu entgehen, zu Boden warf, wodurch er die Asche der sogenannten Fundstelle G von Laetoli direkt vor der Nase hatte. Ihm fiel auf, dass die sich darin abzeichnenden Spuren – anders als gedacht – nicht nur von Antilopen und Gazellen stammten: Eine rührte offenbar von einem menschlichen Fuß her. 1978, nach vier Jahren Arbeit, wurde ein 27 Meter langer Brocken aus ausgehärteter Vulkanasche freigelegt, mit 88 erhaltenen Fußspuren von Geschöpfen, die zweifelsfrei auf zwei Beinen gegangen waren. Ihre einstigen Besitzer hatten große Zehen, die nicht wie bei den Schimpansen abgespreizt waren, sondern parallel zu den anderen verliefen. Um das Alter dieser Abdrücke zu bestimmen, standen präzise Methoden zur Verfügung, mit denen sich der Tuff datieren ließ: Sie waren vor 3,6 Millionen Jahren entstanden. Die einzige Kreatur, die zur damaligen Zeit an diesem Ort über diese Asche gegangen sein konnte, war eben der *Australopithecus afarensis*.

Auch wenn uns Menschen die sogenannte Bipedie – also die Fähigkeit, aufrecht zu stehen und zu gehen – aus Gewohnheit ganz selbstverständlich erscheint, ist sie unter Wirbeltieren wenig verbreitet. Zu den Beispielen außerhalb unseres Stammbaums und ohne die Vögel, die eine andere Entwicklungsgeschichte haben, zählen Kängurus und bestimmte Dinosaurier, aber sie bewegen beziehungsweise bewegten sich zweibeinig anders als wir fort. Sie haben einen massigen Schwanz, der als Gegengewicht dient, wenn sie beim Gehen oder Laufen den Rumpf nach vorn beugen. Ohne Schwanz aufrecht zu gehen, ist eine Besonderheit des Menschen, die enorme Konsequenzen hatte. Dazu brauchte es im Skelett und in der Muskulatur tiefgreifende Veränderungen, die nicht nur von Vorteil waren, wie wir noch sehen werden. Zwar stimmt es, dass auch Schimpansen, Gorillas und Bären einige Schritte auf zwei Beinen gehen können, aber dies ist nicht ihre übliche Art der Fortbewegung. Das Gehen bedeutet einen ständigen Balanceakt, dessen Beherrschung zwangsläufig starke Gesäßmuskeln (die Schimpansen nicht haben), eine andere Ausrichtung des Beckens und vor allem eine veränderte Struktur der Wirbelsäule erfordert. Bei Vierbeinern bildet diese einen horizontal verlaufenden Bogen, unter dem der Brustkorb und die inneren Organe liegen: Das funktioniert gut. Aber mit dem Erwerb des aufrechten Gangs hängt der Brustkorb mit seinem Gewicht nun vorn am Körper, wo es ein einigermaßen gewiefter Konstrukteur niemals platziert hätte. Die Evolution verfährt mit Vorhandenem bekanntlich nach ihren Möglichkeiten: Im Lauf der Zeit krümmte sich die Wirbelsäule im Lendenbereich, um die Lasten klüger zu verteilen, was aber – wie wir nur zu gut wissen – noch nicht ausreicht, um uns Hexenschuss, Ischias und Schmerzspritzen zu ersparen. Damit auch die Gesäßmuskeln Platz fanden, veränderte sich das Becken und wurde schmaler. Dadurch wurde das Gebären beim Menschen schwieriger als bei Gorillas oder Schimpansen. Für den Erwerb des aufrechten Gangs bekamen wir also eine saftige Rechnung serviert: Wenn es uns trotz dieser Kosten heute noch gibt, kann das nur heißen, dass die Vorteile gegenüber den Nachteilen überwogen. Darauf werden wir in den nächsten Kapiteln zurückkommen.

Als bestimmte unserer Vorfahren auf zwei Beinen zu gehen begannen, spaltete sich ihre Entwicklung in zwei Linien auf, von denen die eine zu uns und die andere zu den Schimpansen führt. Wir wissen nicht mit Sicherheit, wann dies geschah. Aber bekannt ist, dass sich in Afrika, wo die gemeinsamen Vorfahren von Mensch und Schimpanse lebten, vor sechs Millionen Jahren das Klima veränderte. Statt heiß und feucht wurde es von Osten her immer trockener. Als Folge veränderte sich die Vegetation. Der Wald wich allmählich der Savanne, aus der hohe Bäume weitgehend verschwunden waren. Wie diese Veränderung der Umwelt hat sich auch die Reaktion unserer Vorfahren auf die neuen Verhältnisse über Jahrtausende vollzogen: Ein Teil der gemeinsamen Ahnen von Mensch und Schimpanse wagte sich immer häufiger in die Savanne hinaus und musste sich an die neue Umgebung anpassen, während der andere Teil in den noch bewaldeten Zonen verblieb. Wir stammen von den Erstgenannten ab. Während Baumkronen einen gewissen Schutz bieten, ist es in der Savanne überlebenswichtig, herannahende Fressfeinde möglichst schnell zu entdecken. Wer auf zwei Beinen steht, überblickt das umliegende Gebiet besser und kann rechtzeitig die Flucht ergreifen. Dies war vielleicht (vielleicht) der Hauptgrund, weshalb sich die Bipedie in dieser neuen Umgebung herausgebildet hat.

Vor etwas mehr als 3,5 Millionen Jahren haben drei Individuen mit einem aufrechten Gang und ähnlichen Füßen wie unseren, Vertreter der Gattung Australopithecus, Laetoli durchschritten. Sie waren nicht die Einzigen: In der verfestigten Asche blieben weitere Abdrücke von Säugetieren, Vögeln, Insekten und sogar von Regentropfen zurück. Dass es drei Individuen waren, können wir deshalb sagen, weil ihre Fußspuren unterschiedliche Abmessungen haben. Einige sind groß, andere kleiner und weitere so klein, dass sie erst auf den zweiten Blick inmitten der größeren entdeckt wurden: Dieses kleine Individuum setzte seine Füße wohl in die Fußstapfen der großen, um sich die Fußsohlen nicht zu verbrennen. Dass die Spuren dieser Wanderung bis heute erhalten blieben, ist verschiedenen aufeinanderfolgenden Naturereignissen zu verdanken: Zuerst gab es einen Vulkanausbruch, danach durchweichte Regen den Boden, über den dann diese drei Geschöpfe marschierten, während eine spätere Eruption das Ganze unter Asche begrub und es konservierte, bis Mary Leakeys Gruppe dieses anrührende Fundstück aus unserer Vergangenheit wieder ans Tageslicht holte.

Nach einer groben Berechnung anhand der Größe ihrer Füße könnten die beiden erwachsenen Individuen zwischen 1,30 Meter und 1,45 Meter und das kleine um 1,15 Meter groß gewesen sein. Mann, Frau und Kind? Eine traditionelle Familie im modernen Sinn noch vor Beginn der Vorgeschichte? Abwarten, es gibt weitere Überraschungen. Um diese – durchaus vertretene – Hypothese zu widerlegen, brauchte es eine italienische Expedition, die von Giorgio Manzi geleitet wurde. Der Bericht stammt von ihm persönlich: Im Jahr 2015 kommt in Laetoli, 100 Meter von den in den 1970er-Jahren entdeckten Fußspuren entfernt, ein weiterer Brocken Tuff mit Abdrücken zum Vorschein. Die Forschenden weisen nach, dass auch hier zweibeinige Individuen entlanggegangen sind, zur gleichen Zeit (die Datierung der Asche lügt nicht) und in gleicher Richtung wie die vormals identifizierten. Hier waren es fünf, nicht drei. Aber ein Individuum war größer als die übrigen: Mit 1,65 Meter hatte es nach heutigen Maßstäben Schuhgröße 41 und machte deutlich größere Schritte. Die Individuen von Australopithecus unterschieden sich also stark voneinander. Bei Geschlechtsunterschieden reden Zoologen vom Sexualdimorphismus, der sich bei Primaten in einem Größenunterschied zwischen Männchen und Weibchen äußert. Aller Wahrscheinlichkeit nach, so Giorgio Manzi, stammen die in Laetoli hinterlassenen Spuren von einem männlichen, wohl drei weiblichen (oder womöglich einem heranwachsenden) und einem kleinen Individuum, das bereits laufen gelernt hatte. Kurzum, wer seine Meinung in Bezug auf die Zusammensetzung der »natürlichen« Familie bestätigt sehen will, schaut sich besser woanders um. Die Sozialstruktur des Australopithecus oder zumindest der besagten Gruppe erinnert eher an die der Gorillas, in der sich ein erwachsenes Alphamännchen mit mehreren Weibchen umgibt (und paart).

Aber bislang war nur von Fußspuren die Rede. Von anderem Kaliber ist der Fund eines Fossils: eben Lucy. Lucy war wenige Jahre vor der Zufallsentdeckung der Fußabdrücke von Laetoli aufgetaucht, und auch hier war Glück im Spiel gewesen. Diesmal kein Elefantenkot, sondern die Entscheidung, auf dem Nachhauseweg eine andere Route einzuschlagen. Aber der Reihe nach: Donald Johanson, Paläoanthropologe an der Case Western Reserve University in Cleveland, und sein damaliger Student Tom Gray hielten sich zum Forschungseinsatz in der Gegend von Hadar in der äthiopischen Region Afar auf. Hadar liegt ein gutes Stück nördlich von Laetoli, aber innerhalb derselben geologischen Formation, dem Großen Afrikanischen Grabenbruch, der Ostafrika von Eritrea bis Mosambik in Nord-Süd-Richtung durchzieht. Johanson erzählt, dass er am 24. November 1974 wenig Lust zum Arbeiten verspürt habe, aber Gray es wichtig gewesen sei, wenigstens die Koordinaten einer Fundstelle aufzunehmen, wo sie später Grabungen durchführen wollten. Um auf dem Rückweg zum Land Rover nicht in der prallen Sonne gehen zu müssen, nahmen sie eine Route durch ein Gebiet, durch das sie bislang noch nicht gekommen waren. Wie immer heftete Johanson seine Augen auf den Boden, weil man auf diese Weise Fossilien entdeckt. An einer Stelle stieß er auf einen bestens erhaltenen Ellenbogen, der aus dem Boden ragte, an dem noch die Elle war, einer der beiden Unterarmknochen. In der Region Hadar wimmelt es vor Überresten von Pavianen, aber Johanson erkannte sofort, dass sie es hier mit einem anderen Knochen, dem eines Homininen, zu tun hatten.

(Hier ist jetzt eine kurze fachliche Parenthese fällig. Wir gehören mit den Gorillas, Schimpansen und Orang-Utans zur Familie der Menschenaffen oder Hominiden. Hominini sind dagegen eine sogenannte Tribus, eine Untergruppe der Hominiden, zu der nur wir *Homo sapiens* sowie unsere ausgestorbenen Vorfahren der Gattung *Australopithecus, Paranthropus, Homo* und weitere zählen. Als Australopithecus bezeichnen wir demnach einige kleinwüchsige Hominiden-Arten, von denen wahrscheinlich die Arten der Gattung *Homo* abstammen.)

Tom Gray war zunächst nicht überzeugt, dass sie eine wichtige Entdeckung gemacht hatten. Aber er änderte seine Meinung, als er kurz darauf beinahe auf einen Schädel trat. Obwohl Tom als stiller Typ bekannt gewesen sei, so erzählt Johanson, habe er auf der gesamten Rückfahrt ständig auf die Hupe gedrückt. Dass sie auf ein besonders altes Fossil gestoßen waren, wussten sie wegen der Elefantenknochen, die sie aus derselben Lagerstätte geborgen und auf ein Alter von über drei Millionen Jahren datiert hatten. Es musste eine neue Spezies der Gattung *Australopithecus* sein.

Sie benannten sie nach der Region des Fundplatzes, *Australopithecus afarensis,* aber zur weltweiten Berühmtheit des aufgefundenen Fossils trug vor allem der Spitzname Lucy bei. Dessen Ursprung ist bekannt: Als Johanson die Skelettreste zusammensetzte, hörte er sich eine Kassette der Beatles an, mit seinem Lieblingssong: »Lucy in the Sky with Diamonds«. AL 288–1 (so die wissenschaftliche Bezeichnung des Fossils) hätte die Fantasien kaum so stark beflügelt: die von Millionen Kindern, Studierenden, Dokumentarfilmern und Hobby-Anthropologen. Für sein ehrwürdiges Alter ist von Lucys Skelett noch reichlich viel erhalten: ungefähr 40 Prozent, einschließlich eines guten Teils vom Schädel. Insgesamt tauchten in Hadar über 400 Knochenreste von *Australopithecus afarensis* auf, die besonders wichtige Aufschlüsse lieferten. Der Untersuchung der Atome (fachlich: Isotope) in Lucys Zähnen verdanken wir eine Vorstellung von ihrer Ernährung, die typischerweise vegetarisch war: Früchte und Grünzeug, zuweilen wohl auch Insekten. Auch kamen in der Schicht, in der sie gelegen hatte, zahlreiche Reste von Schildkröten- und Krokodileiern zum Vorschein, sodass diese Eier wahrscheinlich auch zu ihrer Kost gehörten. Etwas weiter vorn war die Rede davon, dass Lucys Spezies vielleicht nicht die einzige mit einem aufrechten Gang gewesen war. Damit meinte ich andere, in Kenia und Äthiopien aufgefundene Fossilien, die auf ein Alter von drei bis vier Millionen Jahren datiert wurden. Die Skelette sind allerdings sehr unvollständig, weshalb beispielsweise die Form der Füße unbekannt ist. Ohne die Sache weiter zu vertiefen, sei nur gesagt, dass sie die Gattungsnamen *Kenyanthropus* und *Ardipithecus* erhielten, wobei unklar ist, ob sie ebenfalls Bipeden waren. Aber beim gegenwärtigen Wissensstand zweifeln nur wenige Experten daran, dass die Fossilien des *Australopithecus afarensis* den Beginn einer Kette biologischer Veränderungen markieren, an deren Ende der anatomisch moderne Mensch steht.

Abschließend zwei klärende Worte zum »tollen Fluge«, wie es ein Stück weiter vorn hieß. 2016 untersuchten John Kappelman und Adrienne Witzel von der Universität Austin 17 Frakturen an Lucys Gebeinen und gelangten zu dem Schluss, dass sie durch einen Sturz aus der Höhe ums Leben gekommen war. Darauf deuten Brüche an den Armen hin, ähnlich denen von jemandem, der einen Aufprall abzufedern versucht. In der Computertomografie sichtbare kleine Details sprechen dafür, dass sich Lucy diese Frakturen im Augenblick ihres Todes und nicht erst in den nachfolgenden drei Millionen Jahren zugezogen hat. Andere Forschende, darunter Johanson, setzen lieber auf alternative, wohl einfachere Erklärungen: So könnten beispielsweise umherziehende Tiere kurz nach Lucys Tod über ihren Körper hinweggetrampelt sein. Ich kann dazu keine Stellung beziehen. Aber wenn wir einräumen, dass Kappelman und Witzel richtig gesehen haben, wäre dies von keiner geringen Bedeutung. Nach ihren – zwangsläufig angenäherten – Berechnungen könnte Lucy aus einer Höhe von vielen Metern herabgestürzt sein. Das hieße, sie hat weiterhin einen Teil ihres Lebens im Geäst von Bäumen zugebracht, trotz der Tatsache, dass sie bereits Füße besaß, die an einen aufrechten Gang angepasst waren, und trotz der Tatsache, dass sie und ihresgleichen bereits ins menschliche Abenteuer auf zwei Beinen gestartet waren. Damit hätte sich der Übergang vom Leben in Bäumen zur Bipedie schrittweise vollzogen, über einen langen, ja sogar sehr langen Zeitraum.

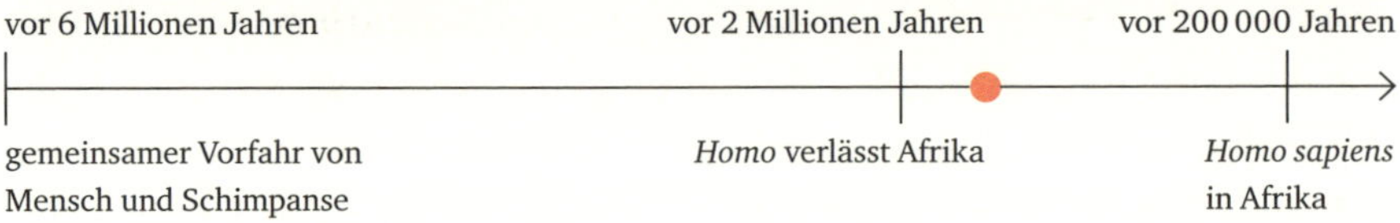

1984 von Kamoya Kimeu am Trockenfluss Nariokotome nahe des Turkana-Sees in Kenia entdeckt; auch als Nariokotome-Junge bekannt

es liegen 108 seiner Knochen vor

2. Mit zwei Händen: *Homo ergaster*

Turkana Boy → *vor 1,6 Millionen Jahren*

Auch der Turkana-See liegt im Großen Afrikanischen Grabenbruch. Wenn man von Süden kommt, endet die Straße im Dorf der Volksgruppe El Molo, rund tausend Menschen, die traditionell Fischerei betrieben, heute aber offenbar vor allem von den Almosen der Touristen leben. Äußerst zuvorkommende Kinder nehmen den Besucher bei der Hand und führen ihn auf eine Anhöhe, von der aus man unten Krokodile sieht. Eines (der Kinder, nicht der Krokodile) trug ein verblichenes T-Shirt mit einem aufgedruckten Umriss des Gardasees, das vermutlich auf verschlungenen Wegen aus irgendeiner unserer Altkleidersammlungen bis hierher gelangt war. Und das Kind hat gelacht, als ich auf eine Stelle einen halben Meter neben seiner Brust deutete und sagte, dass da die Stadt liege, aus der ich käme: Padua.

Der Turkana-See liegt ungefähr auf halber Strecke zwischen Laetoli, wo fünf Individuen von Australopithecus Fußspuren ihrer Wanderung hinterließen, und Hadar, wo Donald Johanson auf Lucys Überreste stieß. Aber seit der Zeit dieser Vormenschen blieb die Entwicklung nicht stehen, und das sieht man auch. Verglichen mit Lucy wirkt der Turkana Boy, der Junge vom gleichnamigen See, auf uns sofort menschlicher, trotz seiner großen Überaugenwülste und des Fehlens von etwas Wichtigem, nämlich dem Kinn. Tatsächlich ordnen wir ihn bereits in unsere Gattung *Homo* ein: vielleicht wegen des Stocks, den er sich spielerisch über die Schultern gelegt hat, oder weil sein Gesicht und seine Brust unbehaart sind. Wie behaart er in Wirklichkeit war, können wir uns allerdings nur ausmalen, und auch für weitere Details mussten die Künstler, die Zwillinge Adrie und Alfons Kennis, ihre Fantasie bemühen. Aber sie haben nicht einfach ins Blaue hinein geraten. Dass wir über Jahrmillionen unser Fell einbüßten und am Ende zu »nackten Affen« wurden, wie es der Zoologe Desmond Morris ausdrückte, steht zweifelsfrei fest. Strittig ist, warum uns die Evolution nach und nach entblößt hat. Manche behaupten, damit wir unsere Körpertemperatur besser regulieren können, während andere meinen, weil wir so schöner geworden seien. Beide Erklärungen schließen einander nicht aus, aber darüber reden wir in Kürze. Für den Augenblick befassen wir uns mit den Händen.

Chiromanten zufolge zeigt sich auf unserer Hand eine Schicksalslinie, die etwas über unser Glück im Leben verrät. Dagegen vertreten Anthropologen die Ansicht, dass unsere Fortune als Menschheit zu einem Großteil schlicht auf der Tatsache beruht, dass wir überhaupt Hände haben. Wie wir sahen, vollzog sich der Übergang zum aufrechten Gang nicht ohne Probleme. Aber wenn die Evolution zu einer Lösung gelangt, die auf den ersten Blick dürftig erscheint, so bringt diese sicherlich auch irgendwelche größeren Vorteile mit sich. Aufrecht stehen zu können, verschafft uns nicht nur einen besseren Überblick über unser Umfeld – auch wenn er mit Rückenschmerzen und schwierigen Geburten bezahlt wird –, sondern auch zwei neuartige Werkzeuge: die Hände. Bei Affen, die auf Bäumen leben, ähneln sich Hände und Füße, weil sie dem gleichen Zweck dienen: sich an Ästen festzuhalten. Bei denen, die zu einer Lebensweise am Boden übergingen und aufrecht gehen können, haben sich die hinteren Gliedmaßen zu den unteren und die vorderen zu den oberen weiterentwickelt. Man nenne sie, wie man wolle, könnte jemand behaupten, sie seien trotzdem das Gleiche. Aber nein. Wenn man sich die Rekonstruktion des Turkana Boy anschaut, erkennt man, dass sich die Form seiner Extremitäten seit der vorangegangenen Zeit allmählich verändert hat: Seine Hände mit den länger gewordenen Daumen ähneln schon stark unseren. Und diese Entwicklung durchliefen nicht nur wir. Auch Gorillas und Schimpansen haben sich mehr (die Erstgenannten) oder weniger (die Zweitgenannten) an eine Lebensweise am Boden angepasst. Auch sie haben gut entwickelte Hände, die sich für ihre Zwecke nutzen lassen, zum Beispiel um sich beim Gehen am Boden abzustützen. Aber eben darin besteht der Unterschied: Wir sind auf diese Unterstützung beim Gehen längst nicht mehr angewiesen und gewannen mehr Raum für eine Weiterentwicklung zu Händen, die sich spezieller einsetzen lassen.

Aber beginnen wir von vorn, mit dem gemeinsamen Vorfahren der Primaten. Ihm wurden jahrelang Affenhände mit kurzen Daumen zugeschrieben. Aber diese Vorstellung ist in etwa so naiv wie die Behauptung, wir würden von den Schimpansen abstammen. Tatsächlich stammen wir *von denselben Vorfahren ab, von denen auch die Affen abstammen*; unsere gemeinsamen Vorfahren unterschieden sich von uns sicherlich ebenso stark, wie sich heutige Affen von ihnen unterscheiden. Das gilt auch mit Blick auf die Hände. Berechnungen zeigen, dass der Daumen bei Menschen im Verhältnis zum Ringfinger eindeutig länger ist als bei Gorillas, Schimpansen oder Orang-Utans. Aber genauer betrachtet, ähneln die Hände von Gorillas unseren am deutlichsten, obwohl Schimpansen mit uns am engsten verwandt sind. Und ebenso zeigen die Hände von Orang-Utans und Schimpansen die größten Ähnlichkeiten untereinander, obwohl beide nicht die nächsten Verwandten sind. Sergio Almécija und seine Mitarbeitenden, die dazu statistische Untersuchungen durchführten, erklären dies damit, dass Schimpansen und Orang-Utans im Gegensatz zu Gorillas noch einen Teil ihres Lebens in Bäumen verbringen. Die verschiedenen Handformen hängen also weniger vom Verwandtschaftsgrad als vielmehr vom Lebensumfeld ab. Die verschiedenen Arten nahmen unterschiedliche Lebensweisen an, und dabei wurden, ausgehend von einem gemeinsamen Vorfahren (einem unbekannten, wohlgemerkt), in der Entwicklung zum Menschen und zum Gorilla die Daumen länger, während es bei der zum Schimpansen und zum Orang-Utan die anderen Finger waren, die länger wurden.

Diese Anpassung ist eine Folge der natürlichen Selektion oder Auslese. Wie sie funktioniert, hat uns Charles Darwin erklärt. Es springt ins Auge: Viele Organe oder Körperteile von Lebewesen scheinen absichtsvoll dahingehend angelegt oder geplant worden zu sein, dass sie eine bestimmte Funktion gut erfüllen. Fische haben Kiemen, damit sie unter Wasser atmen können, wir sind mit einer Lunge ausgestattet, um in der Luft zu leben. Leoparden haben »schnelle Muskeln«, damit sie ihrer Beute hintersprinten, und Antilopen, damit sie Fressfeinden entkommen können. Haie haben einen stromlinienförmigen Körperbau, um den Wasserwiderstand zu verringern, und Kängurus können dank einer Bauchtasche ihren Nachwuchs spazieren tragen. Der Philosoph Pangloss in Voltaires *Candide* behauptet gar, es sei erwiesen, dass

> *die Nasen zum Tragen von Brillen erschaffen wurden, und so haben wir denn auch Brillen! Beine sind offenbar zum Tragen von Stiefeln eingerichtet, und wir haben Stiefel! […] Da die Schweine zum Essen erschaffen wurden, so essen wir eben auch das ganze Jahr über Schwein.*

Darwin stellt diese Argumentation auf den Kopf. Die Lebewesen sind von keinem Architekten des Kosmos entworfen worden, sondern haben sich vielmehr an ihr Lebensumfeld angepasst. Am Anfang (schreibt Darwin) müssten zwangsläufig erbliche Unterschiede stehen: in unserem Fall etwas längere oder etwas kürzere Daumen. Diese Unterschiede sind möglicherweise mit geringfügigen Vor- oder Nachteilen verbunden: Wer einen längeren Daumen hat, erledigt eine bestimmte manuelle Aufgabe vielleicht besser als jemand mit einem kürzeren. Solche Vor- oder Nachteile führen im Lauf der Zeit zu Unterschieden in der Mortalität (die mit den geschickteren Händen leben durchschnittlich länger) und der Fertilität (und setzen in ihrem längeren Leben mehr Nachkommen in die Welt). Auf diese Weise breiten sich vorteilhafte Merkmale von Generation zu

Generation weiter aus, während die nachteiligen seltener werden oder ganz verschwinden. In unserem Stammbaum hat uns die Selektion mit längeren Daumen ausgestattet, die uns zu bestimmten manuellen Tätigkeiten befähigen, die andere Primaten nicht bewerkstelligen können: Auch der vornehmste Schimpanse vermag nicht den Henkel einer Tasse zwischen Daumen und Zeigefinger zu halten.

Doch damit nicht genug: Die natürliche Selektion hat (natürlich) auch bei der Entwicklung unseres Gehirns eine Rolle gespielt. Lucys Schädelvolumen (und damit die Größe ihres Gehirns) betrug rund 400 Kubikzentimeter, während das des Turkana Boy rund 880 Kubikzentimeter maß, also das Doppelte, aber immer noch weit entfernt vom Gehirnvolumen des gegenwärtigen Menschen, das bei rund 1400 Kubikzentimetern liegt. Fast sieht es so aus, als hätten sich die Größe des Gehirns und die Geschicklichkeit der Hände im gleichen Takt entwickelt. Die logischste Erklärung dafür lautet, dass es unter den Individuen des *Australopithecus* wie auch unter den Angehörigen der Gattung *Homo* angesichts neuer Möglichkeiten, seine Hände zu gebrauchen, geschicktere und weniger geschickte Individuen gab. Und logisch ist, dass mit einer höheren Geschicklichkeit auch die Anzahl der Neuronen im Gehirn wächst. Etwas größere Gehirne leisteten mehr als etwas kleinere und verdrängten diese über längere Zeiträume, bis sie durch noch größere ersetzt wurden, und so weiter. Darwin, dem alle heutigen Erkenntnisse praktisch unbekannt waren, vermutete, dass sich die drei Grundmerkmale unserer Spezies – der aufrechte Gang, das große Gehirn und das Sprachvermögen – parallel zueinander und zeitgleich entwickelt hätten. Aber der Ablauf war ein anderer: Wie die Fußabdrücke von Laetoli zeigen, hat sich die weniger erhabene Fähigkeit der Bipedie als Erstes herausgebildet, während das Gehirn seine Größe erst später erlangte. Was die Sprachfähigkeit angeht, so wird trotz der Vielzahl an – teils wirklich interessanten – vorliegenden Theorien niemand jemals sagen können, wann genau wir zu sprechen begannen. Fakt ist, dass der aufrechte Gang einen formidablen Selektionsprozess anstieß, der uns am Ende ein überproportional großes Gehirn und eine artikulierte Sprache beschert hat.

Mit einem großen Gehirn lässt sich mehr anfangen, zum Beispiel Werkzeuge herstellen. Nicht zufällig zeigt die Abbildung weiter vorn den Turkana Boy mit einem Stock über den Schultern. Aber befassen wir uns etwas genauer mit ihm. Seine Überreste sind unter der Katalognummer KNM-WT 15 000 bekannt und waren zunächst der Spezies *Homo erectus* zugeordnet worden. Da sich die Definitionen im Verlauf der Zeit änderten (davon ist in Kapitel 4 die Rede), umfasst die genannte Art Frühmensch heute nur noch aus Asien stammende Fossilien, während die afrikanischen, darunter der Turkana Boy, als *Homo ergaster* klassifiziert werden. Dessen Skelett ist – mit insgesamt 108 Knochen – das vollständigste aus der frühen menschlichen Entwicklung, das die Forschung jemals entdeckt hat. Es hat einem Jungen von elf oder zwölf Jahren gehört, der im Erwachsenenalter eine Größe von 1,85 Metern hätte erreichen können – also mindesten 20 Zentimeter mehr als Australopithecus. Und das ist nicht der einzige erhebliche Unterschied: Er hatte ein schmales Becken, was ein Zeichen dafür ist, dass der Übergang von einer semiarboricolen – einer sich halb auf Bäumen abspielenden – Lebensweise zu einer terrestrischen – auf dem Boden – vollständig vollzogen war. Der Turkana Boy war kein gesunder Junge, weshalb er wahrscheinlich auch jung gestorben ist. Er hatte einen ausgeprägten Bandscheibenvorfall und einen Abszess im Unterkiefer.

Oben wurden Werkzeuge erwähnt. Wir stammen von Geschöpfen ab, in denen wir äußerlich kaum etwas Menschliches erkennen. Man schaue sich nochmals Lucys Porträt an: Begegneten wir ihr auf der Straße, würden wir sie nicht zu einem Kaffee einladen, sondern eher beim Tierschutzbund anrufen. Wann also sind wir zu Menschen geworden? Eine schwierige Frage. Im kalifornischen San Diego befasst sich ein transdisziplinäres Institut, das CARTA (Abkürzung für »Center for Academic Research and Training in Anthropogeny«), mit der Suche nach einer Antwort. Die beiden CARTA-Forschenden Ajit Varki und Tasha Altheide haben 250 Unterschiede zwischen uns Menschen und den übrigen Hominiden ausgemacht. Sie reichen vom fehlenden Fell bis zur Länge der Nabelschnur, von der Dicke des Zahnschmelzes bis zu den Trauerriten. Dabei ist freilich schwierig zu ermitteln, in welcher Reihenfolge sich diese herausgebildet haben, und vor allem, welche davon uns ausschlaggebend zu Menschen machen. Auch Charles Darwin beschäftigte sich mit der Frage und kam zu dem Schluss, dass sie »kaum interessant« sei. Die Antwort, so meinte er, hänge doch allein davon ab, was wir subjektiv als menschlich definierten. Auch wenn er recht hat, ist es ratsam, sich auf bestimmte Punkte zu einigen.

Der Beginn der Gattung *Homo* wird üblicherweise bei dem Zeitpunkt angesetzt, ab dem archäologische Funde belegen, dass wir *mithilfe von Werkzeugen andere Werkzeuge herstellen* konnten. Die Fähigkeit zum Werkzeuggebrauch besitzt nicht nur der Mensch. Reiher nutzen Brotkrumen als Köder, um Fische anzulocken. Der Neuntöter, ein fleischfressender Vogel aus der Familie der Würger, spießt Insekten auf den Stacheln von Brombeerhecken oder notfalls auch auf Stacheldraht auf und legt sich so einen Nahrungsvorrat an. Viele Schimpansen sammeln mithilfe von Stöcken Ameisen oder transportieren Wasser in Kokosnussschalen. Manche stellen auch selbst Werkzeuge her, indem sie zum Beispiel dünne Äste auseinanderbrechen und sie als Stock einsetzen. Dabei ist es aber auch dem intelligentesten Schimpansen bislang noch nie (zumindest nicht vor Zeugen) gelungen, ein Werkzeug mithilfe eines anderen Werkzeugs herzustellen: So weit reichen ihre planerischen Fähigkeiten nicht. Gut: Von der Gattung *Homo* reden wir also ab dem Moment, wo wir diese Grenze überschritten haben, also ab der Zeit, für die Werkzeuge belegt sind, die durch die Bearbeitung eines Steins mit einem anderen Stein entstanden. Das ist der Beginn der Steinzeit und damit auch die früheste Phase, mit der sich die Archäologie befassen kann. Die ersten Vertreter, von denen – wieder in Ostafrika – Spuren dieser

Aktivität auftauchten, sind die sogenannten *Homo habilis,* eine bislang noch ungenau definierte Spezies, von der nur wenige Fossilien erhalten sind. Der Turkana Boy lebte erst einige Hunderttausend Jahre später. Wir ordnen ihn einer anderen Art zu, weil der *Homo habilis* nicht seine Größe erreichte und einen deutlich kleineren Schädel hatte. Aber wir haben beide in die Gattung *Homo* einsortiert, weil sie mit Händen Dinge bewerkstelligen konnten, zu denen kein noch so gewiefter Schimpanse jemals in der Lage wäre.

Wenn ich soeben sagte, dass wir zum Ursprung der Sprache viele Hypothesen, aber keine Fakten vorliegen haben, muss ich mich sogleich korrigieren. Tatsächlich kennen wir nämlich die Hirnregion, in der die Funktionen für die Sprachfähigkeit (oder viele von diesen) ihren Sitz haben. Dieses sogenannte Broca-Areal liegt links, im Stirnlappen, und bildet eine Wölbung, die im Schädeldach Spuren hinterlässt. Und eben eine solche Ausbuchtung weist der Schädel des Turkana Boy an der betreffenden Stelle auf, wenn man dessen linke mit der rechten Hälfte vergleicht: Dies bedeutet wahrscheinlich, dass in diesem Schädel ein Gehirn saß, das eine Form von Sprechen steuern konnte. Also hat der Turkana Boy geredet? Wir wissen es nicht. Die Ausgestaltung seines Brustkorbs weckt Zweifel daran, dass er den Luftstrom beim Ausatmen ausreichend gut steuern konnte, um so artikuliert wie wir zu sprechen.

(Ich möchte hier keinesfalls Linkshänder beleidigen, aber der Vorrang der linken gegenüber der rechten Hirnhälfte und die sich daraus ergebende Neigung, eher die rechte anstatt der linken Hand zu nutzen, sind Ergebnisse der Evolution. Linkshänder gibt es in allen Kulturen, aber weil in vielen den Kindern beigebracht wird, anstatt der linken Hand die rechte zu gebrauchen, wird ihre Anzahl unterschätzt. Fakt ist auch, dass Schimpansen im Gegensatz zu uns beide Hände unterschiedslos gebrauchen, und dass die Asymmetrie des Gehirns mit unserer Händigkeit, unserer Sprachfähigkeit und weiteren wichtigen Merkmalen zusammenhängt.)

Ich habe am Anfang dieses Kapitels versprochen, etwas zu uns als den »nackten Affen« zu sagen. Haben wir unser Fell verloren, weil wir so unsere Körpertemperatur besser regeln können oder weil wir ohne Behaarung schöner sind? Die erstgenannte Erklärung bezieht sich wieder auf die natürliche Selektion. In den schattigen Bäumen des Waldes ist man vor Sonnenstrahlen deutlich besser geschützt als in der Savanne. Mit der Verlagerung der Lebensweise auf den Boden und der damit einhergehenden Bipedie steigt so das Risiko, dass sich der Körper überhitzt. Wer schon mal 39 Grad Fieber gehabt hat, der weiß, wie schlecht ein Gehirn bei überhöhter Temperatur arbeitet. Eine Überhitzung muss also unbedingt vermieden werden, vor allem in einem Lebensumfeld inmitten von Raubtieren. Alle Säugetiere verfügen über Mechanismen, mit denen sie ihre Körpertemperatur regulieren, und sind dafür durchweg mit Schweißdrüsen ausgestattet. Was sie – und zwar stark – voneinander unterscheidet, ist deren Menge. Keine Tierart besitzt so viele wie wir. Also ist es durchaus möglich, dass der Verlust des Fells Hand in Hand mit einer Entwicklung ging, bei der mehr Schweißdrüsen ausgebildet und diese leistungsfähiger wurden. Der aufrechte Gang brachte uns vor allem anderen auch den Vorteil, dass wir mit ihm einen geringeren Anteil an unserer Körperoberfläche den Sonnenstrahlen aussetzen.

Das hat alles seine Logik, ist aber nicht die einzig mögliche Erklärung. In seinem Buch über den Ursprung des Menschen (von ihm ist in Kapitel 15 wieder die Rede) fragt sich Charles Darwin (schon wieder er, aber ja, schon wieder!) nach den Gründen, warum bei manchen Tierarten das Äußere der Männchen (Achtung: der Männchen) den Mechanismen der natürlichen Selektion zu trotzen scheint. Die Farbenpracht der Pfauen oder der Fasanen scheint Fressfeinde geradezu herbeizurufen, ebenso wie die zahlreicher Fischarten. Warum haben ihre Weibchen dagegen unscheinbarere Farben, die eher zur Tarnung dienen? Die Antwort lautet, weil es unabhängig von und mitunter in offenem Gegensatz zur natürlichen Selektion einen weiteren Mechanismus gibt. Darwin nennt ihn die sexuelle Selektion oder »geschlechtliche Zuchtwahl«, wie der Begriff auch übersetzt wurde, und er funktioniert so: Bei der Partnerwahl fühlen sich die Weibchen nicht unbedingt von den Individuen angezogen, die mit den besten Merkmalen fürs Überleben in der jeweiligen Umgebung ausgestattet sind. Ein Federkleid mit gedämpften Farben mag dazu dienen, um sich im Unterholz unsichtbar zu machen, aber wenn bei den Pfauen die Weibchen auf farbenprächtige Männchen fliegen, gehen die unscheinbarer gefärbten bei der Partnersuche leer aus und geben dieses Merkmal nicht an Nachkommen weiter. Und so verschwindet es am Ende. (Im alten Klischee, wonach die Initiative immer von den Männern ausgeht, aber am Ende die Frauen entscheiden, steckt so vielleicht ein Körnchen Wahrheit.) Bleibt die Tatsache, dass sich die sexuelle Selektion in zahlreichen Labor- und manchen Feldstudien immer als hocheffizient erwies, also rasch dazu geführt hat, dass sich das Äußere der Studienobjekte veränderte. Jedenfalls stellten einige Verhaltensforschende die Hypothese auf, dass Prozesse der sexuellen Selektion nicht nur dazu beigetragen haben, dass sich die Bipedie durchsetzte, sondern auch, dass sich die Behaarung, insbesondere im Gesicht, verringerte. Mit anderen Worten: Unsere weiblichen Vorfahren sollen männliche Partner attraktiver gefunden haben, die gut auf zwei Beinen unterwegs waren und von denen sie mehr von der körperlichen Gestalt und vom Gesicht zu sehen bekamen. Wir wissen nicht alles, um uns zwischen den beiden Hypothesen – natürliche oder sexuelle Selektion – entscheiden zu können, müssen dies aber vielleicht auch nicht. Die Vorliebe für weniger behaarte Männer könnte Hand in Hand mit dem fortschreitenden Schwund des Fells gegangen sein, um die Temperaturregelung mithilfe von Schweißdrüsen zu verbessern. Als Ergebnis könnte sich der Prozess beschleunigt haben und unumkehrbar geworden sein.

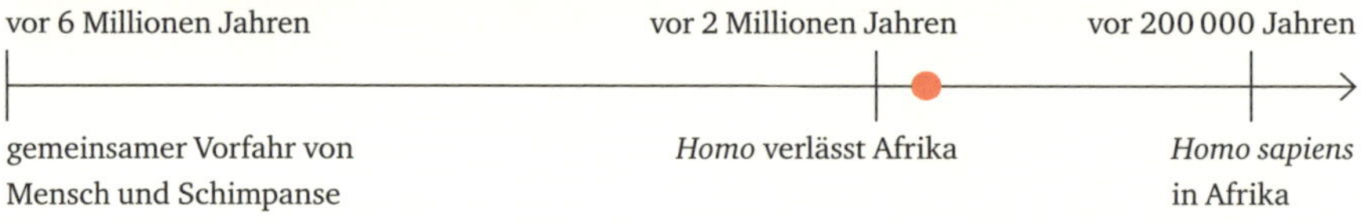

zwischen 1991 und 2005 als eines von fünf Fossilien von Abesalom Vekua und David Lordkipanidze in Dmanissi in Georgien entdeckt

lange Zeit der Spezies *Homo erectus* zugeordnet, gehören sie wahrscheinlich zu einer eigenen Art, dem *Homo georgicus*

3. Oben im Kaukasus: *Homo georgicus*

Dmanisi 2 ⟶ *vor 1,8 Millionen Jahren*

Über die ersten Hominiden, die aus Afrika auswanderten, wissen wir nur sehr wenig: ob sie sprechen konnten und, falls ja, wie, welche Hautfarbe sie hatten (auch wenn es dazu gute Ansätze gibt, über die wir aber erst in Kapitel 13 reden) und wann ihre Migrationen einsetzten. Bis vor dreißig Jahren herrschte die Überzeugung, dass für Wanderungen über weite Strecken große Gehirne und lange Beine notwendig gewesen seien, auch wenn sich auf deren Größe und beziehungsweise Länge niemand festlegen konnte. Im Süden der Bergkette des Kaukasus, im heutigen Georgien, stießen Forschende auf den Beweis, dass für diese Migrationen in Wirklichkeit lediglich geeignete Füße genügten und für das Übrige Abhilfe geschaffen werden konnte. Wir wissen nicht einmal, welche Route diese ersten Migranten einschlugen. Als einigermaßen gesichert gilt, dass sie von Ostafrika aus, wo alles begonnen hatte, stromabwärts dem Lauf des Nils gefolgt sind. Möglich ist aber auch, dass sie, ausgehend vom Horn von Afrika, in einer Zeit, in der die Meeresspiegel noch tiefer lagen, direkt auf die Arabische Halbinsel gelangten. Auf die eine oder andere Weise kamen sie auf ihrem Weg nach Norden in den Nahen Osten. Auch wenn dies möglich, ja wahrscheinlich ist, liegen uns für diesen Durchmarsch keinerlei Belege in Form von Fossilien oder archäologischen Funden vor: weder aus dem Niltal noch vom Sinai oder von der Arabischen Halbinsel. Wir wissen nur, und das verraten uns Fossilien, dass schon vor 1,8 Millionen Jahren Hominiden in den Tälern des heutigen Georgien lebten.

Dieses herrliche Gebiet war sicher schon in der Vergangenheit wunderschön. Die Region der Grabungszone bei Dmanissi, also um den Fundplatz, von dem die Fossilien des sogenannten *Homo georgicus* stammen, war regenreich, bewaldet und mit einem See ausgestattet: eine geeignete Gegend zum Leben und zum Jagen. Der Schädel, auf dem Élisabeth Daynès' Rekonstruktion (Dmanisi 2) beruht, wurde einer jungen Frau zugeschrieben. Verglichen mit unserer Stirn ist ihre stark nach hinten abgeflacht, während ihr Gesicht wie bei Schimpansen und unseren entfernteren Vorfahren immer noch vorspringt. Ihre Nase zeichnet sich durch weite Öffnungen aus. Sie scheint beunruhigt in eine Welt zu blicken, die für sie und ihresgleichen ein gefährlicher Ort gewesen sein dürfte. Andere Rekonstruktionen zeigen sie allerdings unbeschwerter, und vielleicht ist auch das stimmig. Wir projizieren in Höhlenmenschen (unsere Dmanisi 2 hat sicherlich in einem natürlichen Unterschlupf gelebt) ganz selbstverständlich die Besorgnisse oder die Panik hinein, die wir empfinden würden, wenn wir Raubtieren, Wind und Wetter ausgeliefert wären. Aber sie waren daran gewöhnt. Ich kann mir nicht vorstellen, dass sie in einem ständigen Zustand der Angst lebten.

Das Schädelvolumen ist mit 650 Kubikzentimetern noch ziemlich klein, geringer als das des Turkana Boy und ähnlich groß wie das des älteren *Homo habilis*. Aber vom Fundplatz Dmanissi stammen – eine der Besonderheiten des *Homo georgicus* – fünf ziemlich unterschiedliche Schädel, nicht nur in der Größe (mit Volumen zwischen 450 und 770 Kubikzentimetern), sondern auch mit Blick auf die Form der Kalotte und des Unterkiefers. Wie der kundige Schweizer Anthropologe Christoph Zollikofer schrieb, hätten wir diese Fossilien wahrscheinlich verschiedenen Spezies zugeordnet, wenn sie an weit auseinanderliegenden Fundstätten aufgetaucht wären. Und so vertrat denn auch Ian Tattersall, der langjährige Kuratur der anthropologischen Abteilung des American Museum of Natural History in New York, die Ansicht, dass es sich bei den Funden von Dmanissi nicht um die Reste von einer, sondern von mehreren menschlichen Spezies handelt. Aber sie stammen alle vom selben Fundplatz und sind gleich alt. (Achtung: Damit ist ein rund 10 000 Jahre umfassender Zeitraum gemeint.) Also stimmt eines von beiden: Entweder – unwahrscheinlich, aber nicht unmöglich – lebten zwei menschliche Spezies auf demselben Gebiet zusammen, oder die Mitglieder von ein und derselben Spezies unterschieden sich äußerlich stark voneinander – wie es ja übrigens auch heute bisweilen vorkommt. Also erübrigt sich eine Erklärung, warum so lange darüber diskutiert wurde, wie die Fossilien von Dmanisi zu benennen seien. Die georgischen Paläontologen, die die ersten beiden Fundstücke geborgen hatten, ordneten sie einer gut bekannten asiatischen Frühmenschenart, dem *Homo erectus,* zu, von dem im nächsten Kapitel die Rede sein wird. Analysen von Tattersall, Schwartz und Chi zeigten allerdings, dass diese Klassifikation unhaltbar ist, ebenso die Vorstellung, dass die Schädel von Dmanisi der afrikanischen Spezies des Turkana Boy, dem *Homo ergaster,* zugeordnet werden könnten. Letztlich gilt heute die fast einhellige Bezeichnung *Homo georgicus,* auch wenn sich einige Zweifel halten. (Auf die Frage, wie sich eine Spezies genau definieren lässt, kommen wir im letzten Kapitel zurück.)

Einer der vier Schädel, Dmanisi 4, gehörte einem erwachsenen Mann, der zum Zeitpunkt seines Todes nur noch einen einzigen Zahn im Mund hatte. Dass er die übrigen zu Lebzeiten verloren hatte, können wir deshalb mit Sicherheit sagen, weil in ihre Alveolen (Zahnfächer) Knochengewebe eingewachsen ist, was auch bei unseren geschieht, nachdem uns ein Zahn gezogen werden musste. Dieser Prozess zieht sich allerdings über Monate hin. Es muss sich also so lange, wenn nicht über Jahre jemand um einen beeinträchtigten Mann gekümmert haben: Das Essen musste ihm nicht nur gebracht, sondern auch zerkleinert werden, damit er es schlucken konnte – vermutlich mit einem Stein, da damals noch kein Feuer genutzt wurde. Hier erreicht uns aus fernster Vergangenheit das Zeugnis einer emotionalen Bindung, die über die normale Fürsorge für Kinder hinausgeht. Das führt uns zu der Vermutung, dass Zusammenhalt und die

Neigung zu Kooperation und wechselseitiger Unterstützung in einer Gruppe wichtige Faktoren gewesen sein könnten, die zum Überleben dieser kleinen Geschöpfe in einer gnadenlosen Umwelt beitrugen.

Noch einige Worte zur Geschichte dieser Entdeckung. In Dmanissi liefen schon seit Längerem Ausgrabungsarbeiten an den mittelalterlichen Resten dieser Stadt. Auf einer Anhöhe am Zusammenfluss zweier Flüsse steht eine Dreikirchenbasilika aus dem 6. oder 7. Jahrhundert – in einem Umfeld mit Befestigungsanlagen, Ruinen von Thermen und Werkstätten sowie einem christlichen und einem muslimischen Friedhof. Als die Archäologen bei Grabungen auf uralte fossile Reste von Tieren, Steinwerkzeuge und schließlich den mit allen Zähnen versehenen Unterkiefer eines Primaten stießen, traten die Paläontologen auf den Plan – unter Führung von David Lordkipanidze. Wie ihnen sofort auffiel, zeigten die Zähne des Unterkiefers keine Abnutzungserscheinungen, sodass dieser von jemandem stammen musste, der jung, mit rund zwanzig Jahren, gestorben war: Genau gesagt handelt es sich um unseren Dmanisi 2. Zwischen 1999 und 2015 förderten Lordkipanidze und seine Gruppe die anderen Schädel zutage, worauf eine Diskussion darüber begann, um welche Spezies es sich handelte. Beim Versuch ihrer Klassifikation stand außer Frage, dass diese Fossilien uralt waren: Dank ausgeklügelter (fachsprachlich: paläomagnetischer) Analysen konnte das Alter der Basaltschicht, auf der sie gelegen hatten, auf 1,8 Millionen Jahre datiert werden.

Zur richtigen Einordnung: Bis zur Entdeckung des *Homo georgicus* waren in Europa und den umliegenden Regionen nur wenige Fossilien aufgetaucht, alle mit ungewissem Alter und sehr unvollständig. Der damaligen Meinung nach sollten die ersten Vertreter der Gattung *Homo* vor einer Million Jahren aus Afrika ausgewandert sein, weil die noch älteren Arten wie der *Homo habilis,* dem der *Homo georgicus* in Statur und Schädelgröße ähnelt, mit kurzen Beinen und einem kleinen Gehirn ausgestattet gewesen waren. Die Entdeckung des *Homo georgicus* hat die Karten neu gemischt, wodurch die erste Migration aus Afrika um fast eine Million Jahre weiter zurückdatiert werden musste und keineswegs banale Probleme aufwarf. Tatsächlich sehen wir in Dmanissi eine Kombination aus archaischen (kleine Statur, fliehende Stirn, eher kleines Gehirn) und modernen Merkmalen. Zu den letztgenannten zählen die Körperproportionen, die stark den gegenwärtigen ähneln, sowie Fußknöchel, Sprungbeine und Mittelfußknochen, die, so Lordkipanidze, »eine verbesserte Bewegungskompetenz am Boden« ermöglichten. Lucys Zeiten waren vorbei, die Bäume schauten wir uns inzwischen von unten an.

Diese Beobachtungen werfen ihrerseits zwei allgemeinere Fragen auf: Warum wird migriert, und welche Folgen haben Migrationen? Die Experten mögen mir die grobe Darstellung verzeihen, aber heute machen sich Menschen gewollt oder erzwungenermaßen aus zwei Gründen auf den Weg: weil sie sich anderswo ein besseres Leben versprechen oder weil ihre Lebensbedingungen so miserabel sind, dass zur Abwanderung keine Alternative bleibt. Ich tue mich allerdings schwer mit der Vorstellung, dass sich vor zwei Millionen Jahren Vertreter der Gattung *Homo* freiwillig in die Ferne aufmachten. Ohne Landkarten wussten sie ja überhaupt nicht, was sie dort erwartete. Und wenn manche Erfahrungen in neuen Gegenden machten, konnten sie diese nicht unbedingt mit ausreichenden Sprachfähigkeiten an andere weitergeben. Sie ernährten sich von Früchten, Jagdbeute und Kadavern, die ein größeres Raubtier zurückgelassen hatte. Dass sie als Halbnomaden lebten, heißt nicht, dass sie immer weite Wegstrecken hinter sich brachten. Wahrscheinlich waren sie häufig auf Wanderschaft, aber in einem begrenzten Areal und entsprechend dem Rhythmus der Jahreszeiten: ähnlich wie Bären, die im Winter in die Täler hinabsteigen und im Sommer wieder in höhere Gefilde abwandern.

Zur Zeit des *Homo georgicus* (und noch ziemlich lange danach) erfolgten Migrationen also aufgrund äußerer Zwänge. Individuen wanderten ab, wenn die Bilanz aus zwei Faktoren – Umwelt und Population – unbefriedigend wurde: die Verfügbarkeit von Ressourcen und die Anzahl derer, die sie sich teilen mussten. Solange alles gut geht, gibt es keinen Grund zur Abwanderung. Aber sobald die Ressourcen knapper werden oder die Population so stark anwächst, dass Kämpfe um jene ausbrechen, ist es angebracht oder unvermeidlich, die Risiken einer Abwanderung auf sich zu nehmen. (Wie wir noch sehen werden, bestimmten solche Abläufe vielleicht dereinst auch das Schicksal einer uns sehr nahestehenden Spezies: des Neandertalers.) Vielleicht hat die Nahrungskonkurrenz mit anderen Gruppen Frühmenschen von Afrika aus in Richtung Norden und dann weiter bis in den Kaukasus getrieben.

Was geschieht, wenn Gruppen sich trennen und Individuen abwandern? Hier kommt die Genetik ins Spiel. Die vergangenen Ereignisse aus unserer Geschichte haben in unserer DNA Spuren hinterlassen, die wir allmählich zu entschlüsseln lernen. Ich entschuldige mich für die – hier notwendigen – fachlichen Details und versuche, sie möglichst einfach darzustellen. DNA ist in jeder Zelle enthalten und bei jeder Person in allen immer identisch. Sie untergliedert sich in 46 lange Ketten, die Chromosomen, in denen sich vier Typen von Molekülen, Basen, aneinanderreihen: Adenin, Cytosin, Guanin und Thymin, die wir mit den Buchstaben A, C, G und T abkürzen. In der Abfolge oder Sequenz der DNA-Basen sind die Anweisungen festgeschrieben, die die Eizelle dazu bringt, sich zu vervielfältigen, sobald sie von einem Spermium befruchtet worden ist. Und dies geschieht so lange, bis rund 30 bis 35 Billionen funktionstüchtige Zellen entstanden sind, aus denen, so sagte man mir, wir ungefähr bestehen. Die Sequenz A, C, G, T codiert so etwas wie einen Text, der besagt, wie die Proteine aussehen sollen, aus denen wir bestehen: *Die DNA legt den Aufbau der Proteine fest und nicht umgekehrt,* wie der große Biologe Francis Crick ungefähr sagte. Die DNA baut nicht nur Proteine, sondern auch weitere DNA auf. Vor jeder Zellteilung erfolgt zunächst eine Replikation: Die DNA wird getreu kopiert, sodass sich aus jedem Chromosom zwei neue bilden. Diese beiden Kopien landen in den beiden Tochterzellen, die aus einer Teilung hervorgehen. Und auf diese Weise wird die in der DNA codierte Information mit den Zellteilungen und über die Generationen hinweg übermittelt. Wenn sich der Prozess nur so abspielen würde, wären wir allerdings alle gleich, weil identische DNA identische Proteine hervorbringt. Aber dem ist nicht so. Die Proteine, aus denen ich bestehe, sind mit denen von niemand anderem identisch. Dass zwischen uns Unterschiede bestehen, die in ihrer Gesamtheit die menschliche Biodiversität ausmachen, hängt damit zusammen, dass beim Kopieren der DNA tatsächlich selten, aber regelmäßig Fehler unterlaufen. Bei diesen sogenannten Mutationen entstehen kleine Veränderungen in der DNA-Sequenz. Bei jemandem sitzt an der Stelle, wo andere ein T haben, ein C, oder bei jemandem ein A, wo andere ein G haben, und so weiter. Letztlich ist das, was wir die menschliche Biodiversität nennen, das Ergebnis von Mutationen, die sich im Verlauf unserer Entwicklungsgeschichte als Menschen angehäuft haben. Davon wird in Kapitel 5 und ausführlicher in Kapitel 8 nochmals die Rede sein.

Wir haben eine gut ausgereifte Theorie dazu, wie die Evolution auf die DNA einwirkt, und können sie mit Computersimulationen überprüfen. Daher wissen wir, was sich ereignet, wenn sich aus einer Population eine oder mehrere kleine Gruppen abspalten und sich von dieser getrennt weiterentwickeln. Es geschieht zweierlei: Sie verlieren zum einen an innerer Vielfalt und bilden zum anderen immer größere Unterschiede zu den anderen Gruppen aus – ungefähr so, als würden Boote im Wasser in jeweils andere Richtungen treiben. Daher spricht man von der Gendrift. Mit ihr verliert die Gruppe an innerer Diversität. Stellen wir uns eine Party vor, auf der am Ausgang ein Gefäß mit Bonbons in zehn verschiedenen Geschmacksrichtungen steht: Jeder Gast, der geht, nimmt eine Handvoll mit. Es wird schwierig, von jedem der zehn Geschmäcke ein Bonbon mitzunehmen, weil in eine Hand nur vier bis fünf hineinpassen. In gleicher Weise nehmen die Individuen einer Gruppe, die sich von einer größeren Population abspaltet, nur einen Teil der Genvarianten mit, die in dieser vorkommen. Doch damit nicht genug: Wenn die Gruppe klein bleibt, laufen deren seltenste Varianten mit jeder Generation Gefahr, nicht mehr an die nachfolgende weitergegeben zu werden und stattdessen zu verschwinden. Folglich wird die genetische Vielfalt in kleinen Populationen auf lange Sicht geringer.

Derweil vergrößern sich die Unterschiede zwischen den Gruppen. Stellen wir uns jetzt vor, dass nicht nur ein Gast, sondern gleich drei oder vier Gäste den Raum verlassen. Es ist unwahrscheinlich, dass alle die gleichen Geschmacksrichtungen im Gefäß erwischen: Und Entsprechendes geschieht auch, wenn sich aus einer genetisch homogenen Bevölkerung mehrere isolierte Gruppen herausbilden. Jede nimmt ihre besondere Kombination aus Genvarianten mit, die sich von denen der anderen unterscheidet. Dieses statistische Phänomen wird als Gründereffekt bezeichnet. Er ist desto ausgeprägter, je kleiner die abgespaltenen Gruppen sind und je isolierter sie leben.

Doch damit nicht genug: Auch die Mutationen der DNA vergrößern die Unterschiede zwischen den Gruppen, solange sie gegeneinander abgeschottet leben. Mit der Zeit treten in jeder Gruppe neue Mutationen auf, die zwangsläufig anders sind als die in den anderen Gruppen. In kleinen Schritten entsteht in jeder Gruppe ein Ensemble aus DNA-Varianten, das sie einzigartig macht. Verhindert wird dies nur durch Kontakte: Wenn zwischen den einzelnen Gruppen über Migration Erbgut ausgetauscht wird, verbreiten sich die neuen Mutationen, womit die Effekte der Gendrift abgeschwächt werden. Schlussendlich sagt uns die Theorie, das kleine und sehr isoliert lebende Gruppen dazu neigen, sich sehr rasch zu differenzieren, während dies bei anderen mit zahlreichen Individuen oder mit häufigem Austausch auf Wanderungen deutlich seltener vorkommt.

Achtung: Die DNA des *Homo georgicus* und der übrigen besonders alten menschlichen Spezies ist uns unbekannt. Aber in der afrikanischen Phase unserer Geschichte stand kleinen Populationen viel Raum zu Verfügung. Auch spricht ein praktischer Grund dafür, sich in kleine Gruppen aufzuspalten. Um eine Vielzahl von Menschen zu ernähren, braucht es fast jeden Tag Jagderfolge. Bei einer Aufteilung, wenn jede Gruppe ihre eigene

Jagd betreibt, steigt die Wahrscheinlichkeit, dass zumindest eine von ihnen ausreichend Nahrung findet und in einer weiteren Generation fortbesteht. Auf diese Weise haben sich die Spezies der Frühmenschen in der Isolation, bei der ein Austausch nur über wenige Individuen erfolgte, über Hunderttausende, wenn nicht Millionen Jahre ausdifferenziert. Viele gerieten dabei in eine Sackgasse und starben aus, bis auf eine (unsere), andernfalls könnten wir über dieses Thema hier gar nicht reden.

Da sich das Gehirn im Verlauf der Evolution vergrößert hat, dürfte der *Homo georgicus* wohl kaum sozusagen aus einer Rippe der Spezies *Homo ergaster* gefertigt worden sein, die größere Gehirne hervorbrachte. Wahrscheinlich hatten sich vor dem ersten Auftauchen von Ergaster Vertreter einer anderen menschlichen Spezies, vielleicht einer bislang noch unbekannten, nach Norden aufgemacht, natürlich ohne ein bestimmtes Ziel. Wie *Homo georgicus* mit seinem kleinen Kopf, aber mit wandertauglichen Füßen zeigt, sind sie weit gekommen.

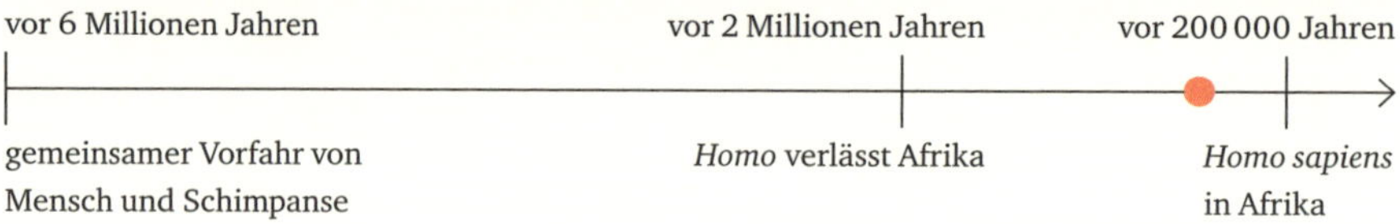

1891 von Eugène Dubois am Fluss Solo auf der indonesischen Insel Java entdeckt

durch ein Schädeldach, einen Oberschenkelknochen und einen Backenzahn vertreten

4. Unten in Asien, das Feuer: *Homo erectus*

Trinil → *vor 500 000 Jahren*

Heutzutage ist der Ausdruck in Italien nicht mehr geläufig, aber früher war *pitecantropo*, »Pithekanthropus«, eine abfällige Bezeichnung für Leute, die aufgrund ihres Geschmacks oder ihrer Manieren als »primitiv« angesehen wurden: Im Altgriechischen bedeutet *pithekos* »Affe« und *anthropos* »Mensch«. Zwischen beiden steht der Pithekanthropus, hier in Gestalt dieser aufgeweckten, wenn auch etwas zerzausten Dame, die einen verschmitzt anblickt, als frage sie sich, ob sie einen ernst nehmen solle oder nicht. Wie andere Fossilien, denen wir in diesem Buch begegnet sind und noch begegnen, haben auch ihre Überreste mehrfach den Namen gewechselt: Java-Mensch, Anthropopithecus, Pithekanthropus, *Homo erectus*. Sagen wir es gleich: Ihre für das Naturkundemuseum Naturalis im niederländischen Leiden angefertigte Rekonstruktion gehört zu denen, deren künstlerische Verwirklichung besonders viel Fantasie erforderte. Von ihr werden im genannten Museum nur ein Backenzahn, das Schädeldach und ein Oberschenkelknochen aufbewahrt. Aber ich korrigiere mich. Von Fantasie zu reden, stimmt eigentlich nicht. Vom *Homo erectus* liegen uns viele Fossilien vor, auch wenn die genannten 1891 als Erste entdeckt wurden. Die Kennis-Zwillinge gingen vernünftigerweise davon aus, dass die Erectus-Fossilien vieles gemein haben, und das ist das Ergebnis. Das dichte Haupthaar verbirgt ein wenig das hervorstechendste Merkmal des Schädeldachs: Es ist nämlich besonders flach. Diese flache Stirn deutet auf eine dürftige Entwicklung einer für uns besonders wichtigen Gehirnregion, des frontalen Cortex, hin: Auch wenn wir das Gehirn des Erectus nicht kennen, hat es sich von unserem mit Sicherheit unterschieden. Außerdem wölben sich über den neugierigen und aufmerksamen Augen dieser Dame die Wülste aus, die für viele Menschenarten, nicht aber für unsere kennzeichnend sind.

Zur Zeit seiner Entdeckung auf der indonesischen Insel Java war dieses das älteste menschliche Fossil, das bis dahin aufgetaucht war. Dass es sich um versteinerte Knochen und dazu um uralte handelte, war unmittelbar erkennbar. Lange gestritten wurde dagegen darum, ob sie von einem Menschen stammten. Dass der Mensch von nichtmenschlichen Vorfahren abstammen sollte, war ja stets ein besonders schwer verdaulicher Aspekt von Darwins Theorie gewesen. Darwin hatte dies ironischerweise 1871 selbst eingeräumt:

> *Die Simiaden zweigten sich dann in zwei große Stämme ab, die neuweltlichen und die altweltlichen Affen, und aus den letzteren ging in einer frühen Zeit der Mensch, das Wunder und der Ruhm des Weltalls, hervor. Wir haben auf diese Weise dem Menschen einen Stammbaum von wunderbarer Länge gegeben, man könnte aber meinen, nicht einen Stammbaum von edler Beschaffenheit.*

Angesichts unseres heutigen Wissens lässt sich da wenig drehen: Das Leben auf der Erde ist circa 3,5 Milliarden Jahre alt. Erste Wirbeltiere tauchten vor etwas mehr als einer halben Milliarde, Säugetiere vor rund 200 Millionen und *Homo sapiens* vor 200 000 Jahren auf. Verfolgt man also unseren Stammbaum von der Gegenwart aus in die Vergangenheit zurück, stoßen wir zwangsläufig nicht nur auf einen, sondern auf eine Vielzahl an nichtmenschlichen Vorfahren, von denen die meisten unbekannt sind. Kurzum, es ist keine Hypothese aufgrund von Darwins Theorie, sondern eine durch Fossilien belegte Tatsache, dass wir gemeinsame Ahnen mit den Affen haben: Darwin hat dies nur vor den anderen erkannt. Und dies gilt für alle Spezies: Die Tiere, die Pflanzen und auch die Bakterien stammen in ihrer Entwicklung von Vorfahren ab, die sich von ihnen desto stärker unterscheiden, je weiter man in der Zeit zurückblickt.

Am Ende des 19. Jahrhunderts waren die Erkenntnisse allerdings noch dürftig und die Vorurteile zahlreich. Auch wenn Fossilien zeigten, dass sich Flora und Fauna im Verlauf der Zeit verändert hatten, fehlten fossile Belege dafür, wie sich die Gestalt des menschlichen Skeletts mit der Zeit gewandelt hatte: das bekannte Problem der fehlenden Bindeglieder, also der unbekannten Vorfahren, die wir nur erahnen können. Tatsächlich war das erste menschliche Fossil 1856, drei Jahre vor Erscheinen von Darwins *Der Ursprung der Arten*, ans Licht gekommen: der berühmte Neandertaler. Aber gerade um dessen Status – wirklich ein archaischer oder nur ein missgestalteter moderner Mensch? – wurde erbittert gestritten. Manche Wissenschaftler wiesen die Evolutionstheorie en bloc zurück, isolierten sich damit aber zunehmend. Andere akzeptierten den Darwinismus zwar grundsätzlich, gingen aber davon aus, dass uns Menschen kraft unserer überlegenen intellektuellen Fähigkeiten alle Mühen einer Entwicklung erspart geblieben seien. Darunter waren nicht nur religiöse Fundamentalisten, sondern sogar herausragende Persönlichkeiten aus Wissenschaft und Medizin. Der große deutsche Pathologe Rudolf Virchow bezeichnete Darwins Theorie als einen Angriff auf die moralischen Grundlagen der Gesellschaft und schrieb 1877:

> *Die Zwischenform ist unvorstellbar außer in einem Traum … Wir können nicht lehren oder zustimmen, dass es eine Errungenschaft ist, dass der Mensch vom Affen oder einem anderen Tier abstammt.*

So sah es auch eine Figur aus Thomas Manns zuletzt erschienenem Roman, *Bekenntnisse des Hochstaplers Felix Krull.* Im Speisewagen eines Zugs nach Lissabon schließt Krull, der sich als Marquis de Venosta ausgibt, Bekanntschaft mit Professor Kuckuck, einem Paläontologen, und nutzt die Gelegenheit, um sich über die neuesten wissenschaftlichen Erkenntnisse zu informieren.

> *»Aber der Mensch, so hört man immer sagen, stammt doch vom Affen ab?«*
> *»Lieber Marquis, sagen wir lieber: er stammt aus der Natur und hat seine Wurzel in ihr. Von der Ähnlichkeit seiner Anatomie mit der der höheren Affen sollten wir uns vielleicht nicht zu sehr blenden lassen, man hat gar zu viel Aufhebens davon gemacht. Die bewimperten Blauäuglein und die Haut des Schweines haben vom Menschlichen mehr als irgendein Schimpanse […].«*
> *»Es hat nicht eine, sondern drei Urzeugungen gegeben: Das Entspringen des Seins aus dem Nichts, die Erweckung des Lebens aus dem Sein und die Geburt des Menschen.«*

Dies deckt sich exakt mit Virchows Überzeugungen und zeigt sofort deren Grenzen auf: Wenn man die Evolutionstheorie nicht akzeptiert, wenn wir ebenso mit den Affen wie mit den Schweinen verwandt sind, bleiben drei Übergänge in der Geschichte des Lebens auf der Erde unverständlich. Virchow – und mit ihm Kuckuck – versucht, sie mit etwas noch Unverständlicherem zu erklären, nämlich mit geheimnisvollen spontanen Entstehungen. Wie dem auch sei, dieser Dialog zeugt davon, dass die Debatte um die Evolution in der ersten Hälfte des 20. Jahrhunderts nicht nur in engen Expertenkreisen, sondern auch in der gebildeten Öffentlichkeit die Gemüter erhitzte.

Ein Gegner Virchows und ein wackerer Verfechter von Darwins Evolutionstheorie war sein Landsmann Ernst Haeckel, ein Naturforscher und vollendeter Zeichner. Haeckel prägte im Vorgriff die Bezeichnung für das unbekannte, bislang noch fehlende Bindeglied zwischen Affe und Mensch: Pithecanthropus. »Am Ende des Jahrhunderts waren über seine Schriften mehr Menschen mit der Evolutionstheorie in Kontakt gekommen als über irgendwelche anderen Quellen, einschließlich derer Charles Darwins«, schreibt der Wissenschaftshistoriker Robert Richards. Ernst Haeckels missionarischer Eifer führt zu spektakulären Ergebnissen. Als sein begeisterter Leser setzt sich der niederländische Arzt Eugène Dubois in den Kopf, das berühmte fehlende Bindeglied aufzuspüren. An der Universität Amsterdam tätig, hat er bereits in Europa Grabungen durchgeführt, ist aber davon überzeugt, dass der Ursprung des Menschen anderswo, in den Tropen, zu suchen sei. Folglich kündigt er, heuert als Militärarzt an und lässt sich mit Frau und Sohn nach Niederländisch-Indien, ins heutige Indonesien, entsenden. Die Arbeitsbedingungen inmitten des Dschungels sind entsetzlich. Viele Mitarbeiter fliehen, einer kommt um, aber Dubois lässt sich nicht beirren. Er führt Grabungen zunächst auf Sumatra, dann auf Java durch. Dort, in Trinil, entdeckt er als verdiente Belohnung für seine eiserne Entschlossenheit 1891 den Backenzahn, das Schädeldach und den Oberschenkelknochen, die heute im Museum in Leiden verwahrt werden. Er ordnet sie einer Spezies »zwischen Mensch und Affe« zu, nennt diese zunächst Anthropopithecus, aber ersetzt die Bezeichnung dann durch den von Haeckel geprägten Begriff *Pithecanthropus erectus*. Dies ist erst der Anfang einer Geschichte, die mit zahlreichen Überraschungen aufwarten wird.

Nach Europa zurückgekehrt, wird Dubois nicht der triumphale Empfang zuteil, den er erwartet hatte. Viele Zweifel bestehen: Der Java-Mensch, sagen manche, sei vielleicht ein missgebildetes Individuum unserer Spezies, vielleicht auch nur ein Affe. Dazu macht sich auch Dubois Gedanken, mit einem eher unglücklichen Ergebnis, das die Lage verschlimmern wird: In der Tat schreibt er, der Java-Mensch »ähnelt einem Riesengibbon«, um die affenähnliche Komponente der Anatomie seines Fossils hervorzuheben, stärkt damit aber am Ende nur die Position derer, die behaupten, diese Knochen stammten eben doch nur von einem Affen. Und dann stellt sich ihm postum auch noch Darwin in den Weg: Gorillas und

Schimpansen, unsere nächsten Verwandten, so hatte dieser geschrieben, hätten in Afrika gelebt. Dies begründe die logische Annahme, dass unsere Spezies von dorther stamme (womit er wieder ins Schwarze getroffen hat). Dass Dubois möglicherweise das fehlende Bindeglied gefunden hat, aber außerhalb der erwarteten Region, nämlich in Asien anstatt in Afrika, verwirrt selbst die überzeugtesten Darwinianer. Keiner kann sich vorstellen, dass in Wahrheit zahlreiche Bindeglieder fehlen. Auch wenn seine Leistungen mit der Zeit anerkannt werden, isoliert sich Dubois innerhalb der Wissenschaftsgemeinde immer stärker und wird im Alter immer verbitterter.

Allerdings sind derweil Ausgrabungen vorangeschritten und zahlreiche Skelette zum Vorschein gekommen: wieder auf Java und vor allem bei Peking, in Choukoutien, das heute Zhoukoudian geschrieben wird. Die letztgenannten Funde werden anfänglich *Sinanthropus pekinensis* getauft. Doch sind *Pithecanthropus* und *Sinanthropus* unterschiedliche Arten und Gattungen oder zwei Populationen derselben Spezies? Bis zur Mitte des 20. Jahrhunderts lässt sich die Frage unmöglich klären, weil in der Taxonomie des Menschen große Verwirrung herrscht.

Begründet wurde die Taxonomie, also die wissenschaftliche Klassifikation der Organismen, im 17. Jahrhundert von dem großen schwedischen Naturforscher Carl von Linné oder Carolus Linnaeus, wie er in latinisierter Form heißt. Linné ordnete als Erster sämtlichen Lebewesen einen Familien- und Vornamen zu – einen (großgeschriebenen) für die Gattung und einen (kleingeschriebenen) für die Art: *Homo sapiens, Felis catus* (Hauskatze), *Quercus robur* (Stieleiche) und so weiter. Die Gattungen sind zu Familien zusammengefasst (wir sind Hominiden), die Familien zu Ordnungen (wir sind Primaten), die Ordnungen zu Klassen (wir sind Säugetiere), die Klassen zu Stämmen (wir sind Wirbeltiere) und die Stämme zu Reichen (und hier gibt es eine Neuheit: inzwischen gehören wir nicht mehr, wie uns in der Schule gelehrt wurde, einfach nur dem

Tierreich, sondern zusammen mit den Pflanzen und ohne die Bakterien auch noch der Domäne der Eukaryoten an). Linné war wie alle seiner Zeit allerdings ein Anhänger des Kreationismus und glaubte, sämtliche Arten seien von jeher unveränderlich gleich geblieben. Die damalige Taxonomie hatte folglich eine schier uferlose, aber gedanklich einfache Aufgabe: allen Arten der Schöpfung das passende Etikett aufzukleben. Mit Darwin und schon zuvor mit Lamarck wurde indes erkannt, dass die Spezies durch Weiterentwicklung vorangegangener Arten entstanden sind und sich im Lauf der Zeit verändern. Gattungen, Familien und Ordnungen sind folglich nicht nur Zusammenstellungen ähnlicher Lebewesen, sondern verweisen auch auf gemeinsame, mehr oder weniger entfernte Vorfahren, von denen diese Ähnlichkeiten herrühren. Darwin sagt dies auf den letzten Seiten von *Der Ursprung der Arten* klipp und klar: »Unsere Klassifikationen werden, so weit wie möglich, zu Genealogien werden [...].«

Aber einfacher gesagt als getan. Erst seit wenigen Jahren ermöglichen uns Vergleiche zwischen der DNA verschiedener Arten, ihren Verwandtschaftsgrad zu bestimmen und auf diese Weise Stammbäume zu erstellen, die nicht auf subjektiv empfundenen Ähnlichkeiten beruhen. Damit wurde die Idee in Darwins Theorie, wonach sich die Organismen, geleitet durch die natürliche Auslese, schrittweise weiterentwickeln, durch die Entdeckungen der Genetik im 20. Jahrhundert bestätigt.

Den Paläoanthropologen blieben all diese neuen Erkenntnisse verborgen, oder sie kümmerten sich nicht um sie. Man könnte sie hier in Schutz nehmen: Ausgebildet in Anatomie, waren sie darauf spezialisiert, Knochen zu erkennen, auch wenn nur Stückchen übrig waren. Und so versahen sie als aus der Zeit gefallene Linnéaner jedes neu entdeckte Fossil gedankenlos mit einem weiteren Namen, bis ihnen jemand die Augen öffnete. 1950 zählte man inzwischen 15 menschliche Gattungen, vom *Australopithecus* über den *Paläoanthropus, Protanthropus* und *Africanthropus* – neben unserem *Pithecanthropus* und *Sinanthropus* – bis zum *Homo*:

eine übermäßige Anzahl, die Zoologen und Botaniker die Nasen rümpfen ließ. Als es ihnen zu viel wurde, organisierten sie einen Kongress in Cold Spring Harbor bei New York. Vor einem zunächst peinlich berührten, dann resignierten Publikum aus Paläoanthropologen zerpflückten die wichtigsten Vertreter der Evolutionslehre die bestehenden Klassifikationen. Am strengsten war Ernst Mayr. Mayr, auch er gebürtiger Deutscher und über ein halbes Jahrhundert an der Harvard-Universität tätig, legte die Grundlagen der modernen Taxonomie mit einer Definition des biologischen Artbegriffs: Praktisch bedeutet dies, dass Esel und Pferd deswegen unterschiedlichen Spezies angehören, weil aus ihren Kreuzungen unfruchtbare Nachkommen – Mulis und Maulesel – hervorgehen. (Die Grenzen dieses Konzepts werden wir im letzten Kapitel sehen.) Mayr verkündete in Cold Spring Harbor, die im Umlauf befindlichen Benennungen würden bedeuten, dass die Evolution des Menschen so komplex verlaufen wäre, wie es sie in der Welt des Lebendigen noch nie gegeben habe. Deswegen seien sie allesamt falsch. Drei Arten einer einzigen Gattung würden genügen: *Homo transvaalensis* (den wir heute Australopithecus nennen), *Homo erectus* und *Homo sapiens.* Mit anderen Worten: Mayr kreiert den *Homo erectus,* indem er den Java- und den Peking-Menschen sowie weitere afrikanische und europäische Fossilien in eine Gruppe steckt. Nicht nur das: So wie er es sieht, hätten sich diese drei Spezies durch schrittweise Veränderungen in einer Art linearer Progression aus der jeweils vorangegangenen entwickelt, vom Transvaalensis über den Erectus bis zur komplexesten Spezies, dem Sapiens.

Diese drastische Vereinfachung, die Mayr den Paläoanthropologen aufzwang, hatte zwar den Vorteil, dass sie eine Menge überflüssige und willkürlich gewählte Etiketten ausmusterte, stieß aber auch an ihre Grenzen, wie sich in den folgenden Jahrzehnten mit dem Auftauchen neuer Fossilien zeigte. Sie schoss – diesmal in die entgegengesetzte Richtung – über das Ziel hinaus, weil nun der Blick dafür verlorenging, dass der Übergang von einer menschlichen Art zur nächsten weder linear noch zwangsläufig verlaufen war. Die Gehirne wurden nicht ganz allmählich größer, und manche Spezies gerieten in der Entwicklung in eine Sackgasse und starben aus. Manche Arten wie der Neandertaler verschwanden, obwohl sie ein ziemlich großes Gehirn hatten. Kurzum, Mayr fasste im *Homo erectus* fossile Arten zusammen, die sich zwar ähnelten, aber in weit auseinanderliegenden und unterschiedlichen Räumen (in den kalten Steppen Nordchinas, den feuchtheißen Wäldern Indonesiens, ganz zu schweigen von Afrika und Europa) gelebt hatten und deswegen wohl auch unterschiedliche Bezeichnungen verdienten. Heute umfasst der *Homo erectus* nur noch den Peking- und den Java-Menschen.

Darauf kommen wir in Kürze zurück. Zuvor erzähle ich aber noch von einem Abendessen in Florenz mit Ian Tattersall. Beim Dessert fragte ich ihn, wieso Mayr seiner Meinung nach so großen Einfluss hatte. Tattersall ist überzeugt, dass Mayr in seinem gesamten Leben nie einen menschlichen Schädel in der Hand hatte. Er war Vogelexperte und mit menschlicher Anatomie wenig vertraut. Aber mit der Schlagkraft von Argumenten, die noch nie in Erwägung gezogen worden waren, und dem Biss seiner Worte hat er die Paläoanthropologen überrumpelt und in eine schamvolle Defensive gedrängt. Und so gingen sie nach dem Kongress von Cold Spring Harbor Artbestimmungen jahrelang aus dem Weg: Um nichts Falsches zu sagen, bezeichneten sie ihre Fossilien nur noch nach dem Fundplatz – in bestimmten Fällen unvermeidbar, so wie hier auch vom Java- oder Peking-Menschen die Rede war. Aber wie erwähnt, dient die Taxonomie dazu, eine Orientierung zu geben, auch wenn sie keine exakte Wissenschaft sein kann. Laut Tattersall kristallisiert sich allmählich ein ausgewogener Ordnungsrahmen heraus, in dem wir *verschiedene Entwicklungslinien* in der Menschheitsgeschichte erkennen: kein lineares Fortschreiten, sondern viele parallel stattfindende Versuche, von denen ein einziger, der des *Homo sapiens,* immer noch weiterläuft.

Doch kehren wir zum *Homo erectus* zurück. Auch wenn wir die afrikanischen und europäischen Fossilien ausschließen (heute klassifiziert als *Homo ergaster,* also der Turkana Boy, und *Homo heidelbergensis,* auf den wir im nächsten Kapitel zu sprechen kommen), deckt diese Spezies einen außergewöhnlich langen Zeitraum ab. Was das Vorkommen auf Java angeht, so liegt laut den Berechnungen von Yahdi Zaim und seinen Mitarbeitenden das Alter der Funde in Sangiran bei 900 000 bis 1,5 Millionen Jahren, das derer in Trinil bei 430 000 bis 540 000 Jahren (zuvor wurden Datierungen von bis zu 900 000 Jahren vorgeschlagen) und das der von Ngandong bei nur 100 000 Jahren. Dies wäre der Beweis für eine extrem lange Verbreitung auf der Insel, die dort schon vor dem Eintreffen des *Homo sapiens* endete. (Wir sind also nicht schuld, dass sie ausgestorben sind.) Was China betrifft, so soll sich der *Homo erectus* dort bis vor 280 000 Jahren gehalten haben. Kurzum, auf Java und bei Peking sind wahrscheinlich zwei Gruppen des Erectus dokumentiert, die sich nach einem gemeinsamen Aufbruch aus Afrika irgendwo in Asien getrennt und unterschiedlich weiterentwickelt haben, worauf sie dann unabhängig voneinander ausstarben. Aber hier macht ein weiterer mysteriöser Sachverhalt die Dinge noch komplizierter.

Die Ausgrabungen in Zhoukoudian, die seit den 1920er-Jahren liefen, hatten rund vierzig Skelette des Erectus ans Licht gebracht, die anschließend im Peking Union Medical College verwahrt wurden. 1941 wurden sie angesichts der vorrückenden japanischen Truppen in zwei große hölzerne Transportkisten gepackt: Ein amerikanisches Schiff, das in einem nahegelegenen Hafen ankerte, sollte sie nach New York in Sicherheit bringen. Doch die Kisten verschwanden. Unklar ist, ob die Japaner sie unterwegs beschlagnahmt und sie irgendwo ihrem Schicksal überlassen haben oder ob sie an Bord des Schiffes gelangten, das dann allerdings versenkt wurde. Vielleicht landeten sie sogar in zermahlenem Zustand in Präparaten der Traditionellen Chinesischen Medizin. Tatsache ist, dass in der Nachkriegszeit in Zhoukoudian zwar weitere Fossilien zum Vorschein kamen, dass die verlorene ursprüngliche Sammlung aber nur mit den –

vergleichsweise rudimentären – Methoden aus der ersten Hälfte des 20. Jahrhunderts untersucht worden war.

Nichtsdestotrotz ließ sich vieles aufklären. Heute gewinnt die Spezies dadurch schärfere Konturen, dass die afrikanischen und europäischen Formen – für Mayr noch dem *Homo erectus* zugehörig – ausgeschlossen wurden. Dass dessen Skelett alle Merkmale zeigt, um aufrecht gehen zu können, besagt allein der Name. Mit bis über 1,80 Meter war er größer als seine Vorgänger. Ebenso übertraf sein Gehirnvolumen mit rund 1000 Kubikzentimetern das der vorangegangenen menschlichen Spezies, auch wenn es längst nicht an das des Neandertalers oder gar des modernen Menschen herankam. Auf Java tauchte der Schädel eines ungefähr einjährigen Kleinkindes auf. Das enthaltene Gehirn dürfte schon zu drei Vierteln so groß gewesen sein wie das eines Erwachsenen. Eine rasche Entwicklung der kognitiven Fähigkeiten auf das Niveau älterer Kinder erscheint als Merkmal vorteilhaft, ist es aber nicht. Fohlen können sich von Geburt an selbstständig fortbewegen und sind nur für sehr kurze Zeit auf die Elterntiere angewiesen, nicht aber Menschen. Unsere Spezies zeichnet sich gerade durch seine ganz besonders lange Kindheit aus, also die Phase, in der die Kleinen auf die Großen angewiesen sind – eine notwendige Vorbedingung für die Weitergabe von Wissen an die Kinder durch die Eltern. Dank der verlängerten Kindheit wird ein sich vergrößernder Erfahrungsschatz von einer Generation an die nächste weitergereicht, sodass nicht alles immer wieder von vorn erlernt werden muss. Die rasche Entwicklung des Gehirns des *Homo erectus,* die die Kindheit verkürzte, erwies sich mit Sicherheit als ein Handicap.

Ein großes Gehirn verbraucht mehr Energie, was eine größere Kalorienzufuhr erfordert. Bei den Fundplätzen des *Homo erectus* kamen Knochen großer Säugetiere zum Vorschein: Nashörner, Elefanten, Pferde und Wildschweine. Tierische Proteine waren für die Kost dieser Spezies offenbar grundlegend und so bedeutend, dass vermutet wurde, das Verschwinden der Erectus im Nahen Osten hänge mit dem ungefähr zeitgleichen

Aussterben des *Palaeoloxodon antiquus,* des europäischen Waldelefanten, zusammen. Man kann davon ausgehen, dass sich die Gemeinschaften je nach Nahrungsangebot unterschiedlich verköstigten. Auf dem Gebiet des heutigen Israel dienten vor 700 000 Jahren Nüsse, Samen und Knollen zur Ernährung. In den küstennahen Regionen fanden sich die Überreste von Mahlzeiten aus Schalentieren und Mollusken, in der Nähe von Seen die von Krokodilen und Welsen. Das Fleisch vieler dieser Tiere ist zäh, aber anscheinend hatte der *Homo erectus* Methoden entdeckt, um es zarter zu machen, zumindest ab der Zeit von vor 400 000 oder 300 000 Jahren: Er garte sie.

Dem *Homo erectus* wird üblicherweise die erstmalige Nutzung des Feuers zugeschrieben. In Zhoukoudian finden sich rußgeschwärzte Höhlenwände und Kohle im Boden, beides mutmaßlich verursacht durch Holzfeuer. Wir wissen nicht, ob Erectus schon in der Lage war, selbst Feuer zu entzünden, oder ob er nur vom Blitz entzündetes Holz am Brennen hielt, und vor allem ist unklar, ob schon frühere Menschenarten mit Feuer umgehen konnten: Spuren von dessen Gebrauch verschwinden gewöhnlich rasch. Auf die eine oder andere Weise markiert diese Fähigkeit jedenfalls einen Wendepunkt in unserer Geschichte. Mit Feuer verfügten wir über ein Mittel, um uns aufzuwärmen, Licht zu machen, Tiere zu vertreiben und raffiniertere Werkzeuge herzustellen – und natürlich Nahrung zuzubereiten.

Möglicherweise spielte der Übergang zu einer Kost aus Gegartem eine grundlegende Rolle dabei, dass sich das menschliche Gehirn weiterentwickelt hat. Vertreten wurde dies schon 1876 von Friedrich Engels (im Aufsatz »Anteil der Arbeit an der Menschwerdung des Affen«). Auch wenn Engels noch nichts von der Menge und Art der fossilen und archäologischen Relikte wissen konnte, die im Verlauf des 20. Jahrhunderts zutage gefördert würden, könnte er laut dem Primatologen Richard Wrangham von der Universität Harvard auf der richtigen Spur gewesen sein. Wrangham beginnt seine Überlegungen mit der Frage, worin genau der Vorteil besteht, wenn Nahrung gegart wird. Vielleicht darin, dass Gegartes in gewisser Weise vorverdaut ist, was Energie sparen hilft (einigen Untersuchungen zufolge bis zu 35 Prozent). Garen macht es auch möglich, sich ein breiteres Spektrum an Nahrungsquellen zu erschließen. Zudem töten hohe Temperaturen Bakterien ab, was vor Infektionen schützt. Wie dem auch sei, Personen, die ihre Nahrung gegart zu sich nehmen, sind körperlich klar leistungsfähiger als andere, die sie nicht kochen oder braten (zum Beispiel bestimmte Gruppen australischer Aborigines, die sich zu 87 Prozent von Rohkost ernähren). Vorteile bestehen also durchaus. Dass im Verlauf der Entwicklung vom *Homo habilis* zum *Homo erectus* Körper und Gehirn größer geworden sind, deutet Wrangham als Folge einer verbesserten Energiezufuhr dank des Garens von Nahrung. Wenn dem so war, müsste das Verdienst der Innovation (und damit der systematische Gebrauch des Feuers) verschiedenen Menschenarten, darunter dem *Homo erectus,* zugeschrieben werden. Und sie hätten diese Nutzung dann unabhängig voneinander zu verschiedenen Zeitpunkten entwickelt.

Eine letzte Frage stellt sich: Was geschah mit dem Erectus? Ist er einfach ausgestorben, oder hat er in den nachfolgenden menschlichen Arten etwas von sich hinterlassen? Mayrs Idee, wonach er der gemeinsame Vorfahr von uns und dem Neandertaler gewesen sein soll, ist heute nicht mehr haltbar. Aber sie bildete den Ausgangspunkt für eine Hypothese über den multiregionalen Ursprung des Menschen, auch multiregionales Modell genannt, die vierzig Jahre lang einen gewissen Erfolg hatte. Obwohl nicht mehr aktuell, lohnt sie eine Erörterung, weil sie uns verstehen hilft, wie wissenschaftliche Entdeckungen und die von ihnen befeuerten theoretischen Debatten parallel zueinander voranschreiten. In den 1930er-Jahren waren Ähnlichkeiten zwischen dem Erectus und den modernen chinesischen Bevölkerungen aufgefallen, insbesondere mit Blick auf ihre spatelförmigen Schneidezähne. Das führte zu der Hypothese, Erectus sei der direkte Vorfahr der asiatischen Bevölkerungen gewesen. Entsprechend sollten die Europäer unmittelbar vom Neandertaler abstammen und die Afrikaner aus nicht näher bezeichneten archaischen Bevölkerungen hervorgegangen sein. Auf diese Weise habe sich die Spezies *Homo sapiens* in drei (in manchen Versionen des Modells sogar in fünf) geografischen Regionen als Folge jeweils unabhängiger Entwicklungen herausgebildet.

Dieser Ansatz stößt auf ernsthafte Einwände. Erstens war im Tierreich ein solches Phänomen – drei Arten verschmelzen zu einer einzigen – noch nie zu beobachten. Wenn sich verschiedene Gruppen voneinander trennen, geht der Trend in Richtung einer Anhäufung von Unterschieden zwischen ihnen. Daher leuchtet es nicht ein, wie sich Gruppen am Ende so ähnlich geworden sein könnten, dass sie eine Art bilden. Die argentinische Anthropologin Marta Mirazón hat Schädel von modernen und Frühmenschen aus der ganzen Welt miteinander verglichen und gezeigt, dass der (durchaus vorhandenen) Ähnlichkeit zwischen den Vorderzähnen prähistorischer (der Erectus) und moderner Asiaten keine allzu große Bedeutung beizumessen ist: Es gibt auch andere, ebenso auffällige Ähnlichkeiten zwischen archaischen und modernen Menschen, die auf unterschiedlichen Kontinenten lebten oder leben. Den Todesstoß versetzte dem multiregionalen Modell die Genetik (bzw. schlug den »letzten Nagel in seinen Sarg«, wie ausdrucksstark auch geschrieben wurde). Auch wenn bislang noch niemand die DNA eines *Homo erectus* untersuchen konnte, ist die des Neandertalers bekannt. Sie zeigt, dass dieser im menschlichen Stammbaum einen gesonderten Zweig bildet, der von den heutigen Europäern und Asiaten gleich weit entfernt liegt. Kurzum, der Neandertaler ist ein Vetter aller Sapiens, kein ausschließlicher Vorfahr der Europäer. Wie wir heute wissen, hat sich eine Population afrikanischen Ursprungs (welche, erörtern wir in den nächsten Kapiteln) als *Homo sapiens* über die ganze Welt ausgebreitet: nach dem sogenannten Recent-African-Origin-Modell, das besser als Out-of-Africa-Theorie bekannt ist. Auch wenn über deren Einzelheiten noch diskutiert wird, herrscht Einigkeit darüber, dass wir alle aus Afrika stammen. Der *Homo erectus* bleibt dabei außen vor, weil er kein direkter Vorfahr des anatomisch modernen Menschen ist: Nach einer sehr langen und sicher nicht belanglosen Existenz ist er einfach ausgestorben.

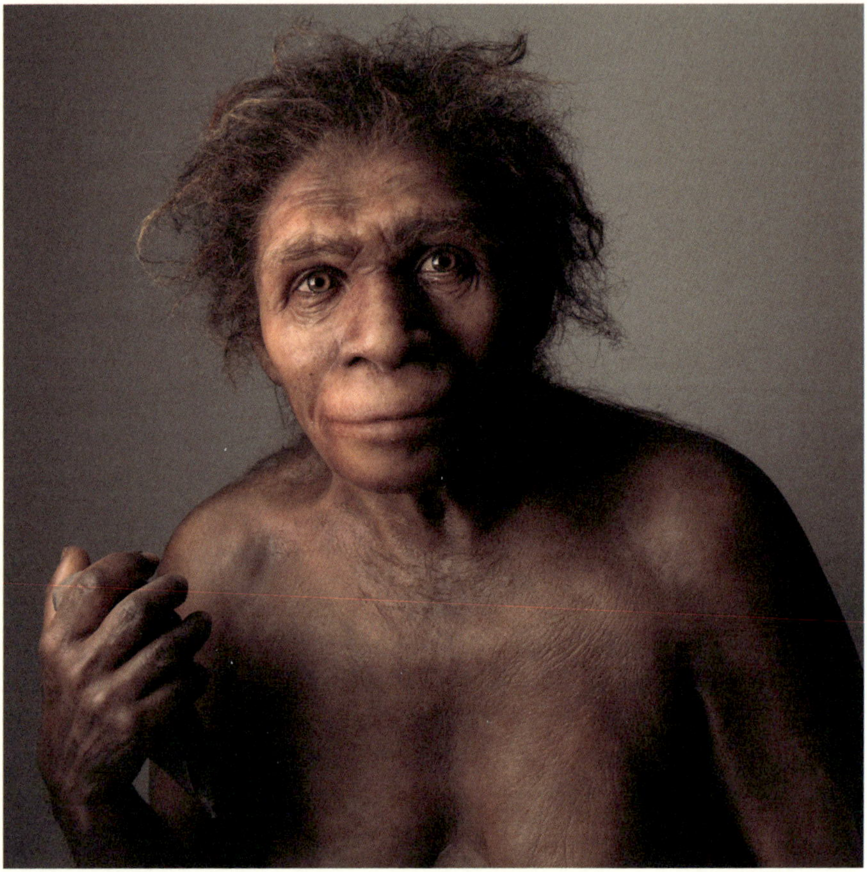

vor 6 Millionen Jahren | vor 2 Millionen Jahren | vor 200 000 Jahren

gemeinsamer Vorfahr von Mensch und Schimpanse | *Homo* verlässt Afrika | *Homo sapiens* in Afrika

1933 von Fritz Berckhemer und Max Bock in Steinheim an der Murr bei Stuttgart entdeckt

nur durch den Schädel vertreten

5. Genealogischer Dschungel: *Homo heidelbergensis*

Steinheim → *vor 350 000 Jahren*

Schließen wir den Erectus also aus. Von ihm stammen wir nicht ab. Aber von wem dann? Die Verwandtschaftsverhältnisse zwischen den menschlichen Spezies, der einzigen heute verbreiteten und den zahlreichen ausgestorbenen, sind verwickelt, häufig mehrdeutig und schwer aufzuklären: Eher als einem Stammbaum ähneln sie einem Dschungel. Trotzdem darf man sich dazu Gedanken machen, wobei die nebenan abgebildete Dame als eine aussichtsreiche Kandidatin für den Status unserer Urmutter gelten kann. Sie stammt aus Deutschland, aus Steinheim an der Murr, und ist 350 000 Jahre alt. Einverstanden, diese frühe Bewohnerin der Region des heutigen Baden-Württemberg hat noch einen deutlich massiveren Unterkiefer als wir heute und kein richtiges Kinn: Ein bisschen ähnelt sie uns und ein bisschen auch nicht. Doch ihre Stirn ist breiter als die bisher gesehenen: ein Zeichen, dass sich die Form ihres Gehirns allmählich unserem annähert. Und mit einem Volumen von 1000 Kubikzentimetern, einem Liter, ist es größer als das jedes anderen vorherigen Frühmenschen. Als sichtbare Folgen davon hält sie einen zugespitzten Stein in der Hand, feiner und besser bearbeitet als die steinernen Artefakte, die an den Fundplätzen des *Homo ergaster,* unseres Turkana Boy, aufgetaucht sind: Mit der Vergrößerung des Gehirns verfeinert sich die Technik. Im niedersächsischen Schöningen wurden neun 300 000 Jahre alte Wurfspeere aus Fichten- und Kiefernholz gefunden. Eine spektakuläre Entdeckung, in zweierlei Hinsicht: Denn erstens hält sich Holz selten so lange. Und zweitens sind sie die ältesten uns bekannten Wurfwaffen. Um sie zu fertigen, war Feuer erforderlich: *Homo heidelbergensis* stellte nicht nur Waffen her, mit denen er Beutetiere (darunter Pferde, deren Knochen sich in Schöningen haufenweise finden) aus der Distanz erlegen konnte, sondern härtete die Spitzen auch mithilfe von Feuer, das er wahrscheinlich auch zu zahlreichen weiteren Zwecken nutzte. Ein trauriges Detail: Die porträtierte Dame hatte einen Gehirntumor, ein Meningeom. Wenn sie trotzdem lächelt, so wohl deshalb, weil diese Art Geschwulst sehr langsam wächst. Es ist also nicht gesagt, dass sie gelitten hat und an dieser Erkrankung gestorben ist.

Lassen wir uns von der Bezeichnung nicht täuschen. Diese Frühmenschenart heißt *Homo heidelbergensis*, weil ihr erstes Fossil in der Umgebung von Heidelberg auftauchte, aber sie lebte in zahlreichen Regionen, auch in Asien und Afrika. Und gerade dies macht sie zu etwas Besonderem: Der gemeinsame Vorfahr von Sapiens und Neandertaler – Erectus haben wir als Kandidaten ausgeschlossen – muss auf einem riesigen Territorium verbreitet gewesen sein, damit er sich sowohl zur europäischen Spezies, also zum Neandertaler, als auch zur afrikanischen, dem Sapiens, weiterentwickeln konnte. Ein noch besseres Indiz wäre eine anatomische Ähnlichkeit mit dem Turkana Boy, also dem *Homo ergaster*, aus dem er sich seinerseits entwickelt haben könnte. Und der Heidelberg-Mensch weist diese Merkmale auf. Seiner Spezies wurden im Verlauf der Zeit Fossilien zugeordnet, die in Ceprano bei Rom (450 000 Jahre alt), in Petralona auf der griechischen Halbinsel Chalkidiki (700 000 Jahre alt), in Arago in Frankreich (vielleicht 500 000 Jahre alt), in Dali und Jinniushan in China (beide um 260 000 Jahre alt), in Kabwe in Sambia (600 000 Jahre alt) und in Bodo im Rift Valley in Äthiopien (600 000 Jahre alt) entdeckt wurden – eben nebst jenen, die in Heidelberg (600 000 Jahre alt) und in Steinheim an der Murr auftauchten.

Der Großteil unserer Informationen zum *Homo heidelbergensis* stammt allerdings aus Spanien, aus der Sierra de Atapuerca und dort insbesondere aus der Sima de los Huesos, der »Knochengrube«. Hier kamen ab den 1990er-Jahren Tausende von fossilen menschlichen Überresten ans Licht, von mindestens 28 Individuen, die vor rund 430 000 Jahren gelebt hatten. Allerdings nicht lange: Nur eines war älter als 45 Jahre geworden. Von den Schädeln waren einige groß und beherbergten Gehirne in vergleichbarer Größe der heutigen. Entdeckt wurden zudem zahlreiche Tierknochen, insbesondere von einer Art des Höhlenbären: ein unbehagliches Zusammenleben, aber offenbar alternativlos. Unter den menschlichen Relikten fand sich auch der missgebildete Schädel eines Kindes, Folge einer schweren Entwicklungsstörung, der Kraniosynostose, bei der die Schädelnähte vorzeitig verknöchern. Das behinderte Kind hat bis in ein Alter von fünf Jahren überlebt. Das kann nur bedeuten, dass es von jemandem versorgt wurde, und dies in einer Gesellschaft, in der die Nahrungsbeschaffung ein tägliches Problem darstellte. Aber so ein Faktum ist keineswegs neu: Wie wir sahen, liefert uns auch der *Homo georgicus* ein Beispiel für die Versorgung eines Beeinträchtigten.

Damit nicht die falsche Vorstellung aufkommt, dass in Sima de los Huesos immer alle nett zueinander gewesen wären: Aus dieser Fundstätte stammt auch der früheste Beleg für eine Tötung. Schädel 17 weist in der Stirn zwei Löcher auf, hervorgerufen durch zwei unter demselben Winkel geführte Schläge. Die Paläontologen der Gruppe unter Juan Luis Arsuaga und Eudald Carbonell, die in Sima de los Huesos maßgeblich forschten, untersuchten den Schädel forensisch unter dem Mikroskop. Sie kamen zum Schluss, dass die Löcher nicht vom Biss eines Raubtieres stammen, weil dessen Zähne leicht erkennbare andere Spuren hinterlassen hätten. Auch ist schwer vorstellbar, dass hier zwei aufeinanderfolgende Unfälle zu identischen Verletzungen geführt haben. Nach der einfachsten Erklärung wurden dem Schädel die Löcher folglich in Tötungsabsicht beigebracht, mit einer Waffe, die das Opfer zweimal unter dem gleichen Winkel traf, bei einem Kampf von Angesicht zu Angesicht. Kurzum, sowohl die Fürsorge für Behinderte als auch der Totschlag haben eine lange Geschichte, und auch darin könnte *Homo heidelbergensis* unser Vorläufer gewesen sein.

Dass sich an ein und demselben Ort so viele Knochenreste angesammelt hatten, entfachte zahlreiche Diskussionen. Arsuaga und seine Gruppe setzten sich mit vier Hypothesen auseinander: Die Frühmenschen könnten durch irgendwelche geologischen Gegebenheiten, zum Beispiel durch einen unterirdischen Wasserlauf, an ihren Fundort gelangt sein; ein Raubtier könnte seine Opfer in das Loch geschleppt haben, um sie in Ruhe zu verzehren; diese 28 Individuen könnten versehentlich in das Loch gestürzt sein und in der Falle gesessen haben; sie könnten dort absichtsvoll beigesetzt worden sein. Da die beiden ersten Hypothesen offenbar ausscheiden, führte der *Homo heidelbergensis* entweder ein gefährliches Leben, das oft mit einem Sturz in ein Loch endete (und der Besitzer von Schädel 17 wurde dann absichtlich hineingestoßen), oder Tote wurden schon vor 430 000 Jahren gemeinschaftlich in einem für sie bestimmten Ort bestattet. Ob dies auch bedeutet, dass in Sima de los Huesos Bestattungsriten stattfanden (was seinerseits auf ein ausreichend entwickeltes Denken der dortigen Population hindeuten würde, um sich ein Leben nach dem Tod vorzustellen), ist ein heikles Thema, zu dem ich mich – pardon – nicht äußern kann.

Stattdessen sage ich etwas zu einem Thema, das wir im Kapitel über den *Homo ergaster* nur gestreift haben. Unsere Gehirne (und der Schädel drum herum) sind im Verlauf der Evolution asymmetrisch geworden: Die linke und die rechte Hirnhälfte sind nicht exakt spiegelbildlich angelegt. Parallel zu dieser Entwicklung sind wir dazu übergegangen, vorzugsweise eine bestimmte Hand zu gebrauchen. Wenn wir wissen wollen, ob jemand Rechts- oder Linkshänder ist, müssen wir nur sein Verhalten beobachten, aber dazu muss er noch am Leben sein. Bei Verstorbenen müssen wir darauf zurückgreifen, ihren Schädel, ihre Steinwerkzeuge und – wohl etwas überraschend – ihre Zähne daraufhin zu untersuchen, wie sie abgenutzt sind. Eine Computer- und eine Magnetresonanztomografie des Schädels bringen feinste Unterschiede zwischen den Gehirnhälften zum Vorschein. Was die Artefakte betrifft, so lässt sich in vielen Fällen feststellen, ob die notwendigen Abschürfungen, mit denen ein Stein zu einem Werkzeug verarbeitet wurde, von der rechten oder der linken Hand ausgeführt wurden. Entsprechendes gilt auch für die Zähne. Unsere Vorfahren benutzten sie nicht nur zum Kauen, sondern hielten mit ihnen auch die Steinwerkzeuge fest, an denen sie gerade arbeiteten. Dabei geschah es oft, dass ein Fragment absprang und an ihnen feine Kratzer verursachte. Vielleicht bemerkten sie dies nicht einmal oder stießen einen prähistorischen Fluch aus und arbeiteten weiter. Heute zeigen Untersuchungen mit dem Mikroskop, dass 19 der 20 Gebisse aus Sima de los Huesos auf der rechten Seite solche Mikrotraumen aufweisen: Die Frühmenschen hielten ihr Material mit der linken Hand und den Zähnen fest und bearbeiteten es mit der rechten. Zahlreiche Untersuchungen an Schädeln und Artefakten bestätigen, dass sich die Rechtshändigkeit über die Jahrtausende fortschreitend durchgesetzt hat. Eine letzte Kuriosität: Die Gebisse aus Sima de los Huesos wiesen allesamt Anzeichen einer solchen Abnutzung auf, auch das eines vierjährigen Kindes. Der *Homo heidelbergensis* hatte uns also auch schon die Ausbeutung Minderjähriger zu Arbeitszwecken voraus.

Kurzum, dieser Frühmensch erscheint als der ideale Kandidat für den Status als direkter Vorfahr von Sapiens und Neandertaler, ganz zu schweigen davon, dass von ihm auch eine dritte Spezies abstammen könnte: der Denisova-Mensch. Dass ich ihn nicht gesondert in einem Extrakapitel mit abgebildeter Rekonstruktion behandle, hat seinen Grund: Von ihm ist fast nichts übrig. Doch der Reihe nach. Die Denissowa-Höhle – die Schreibung folgt hier der deutschen Umschrift – liegt im Altai-Gebirge im südlichen Sibirien. Ihren Namen verdankt sie einem Eremiten Denis, der dort im 18. Jahrhundert gelebt hat. Die Ausgrabungen, die russische Archäologen über fünfzig Jahre durchführten, brachten Werkzeuge mit einem Alter zwischen 30 000 und 50 000 Jahren zum Vorschein, darunter die vielleicht älteste jemals entdeckte Nadel sowie Knochen. Viele von diesen stammen von Sapiens und Neandertalern – davon ist im nächsten Kapitel noch die Rede –, wobei jedoch zwei Zähne ungewöhnlich gestaltet waren. Und mit ihnen tauchte ein Knöchelchen auf, das später als das letzte Glied eines kleinen Fingers identifiziert wurde. In den niedrigen Temperaturen Sibiriens hält sich DNA deutlich besser als in wärmeren Gefilden: Svante Pääbo, ein Anthropologe und Genetiker, von dem noch öfter die Rede sein wird, konnte aus diesem Fingerglied DNA in bestem Erhaltungszustand gewinnen, und zwar eine, die weder uns noch dem Neandertaler zuzuordnen ist: Dies macht den Denisova-Menschen zur ersten Spezies, die nicht anhand ihrer Anatomie – wir kennen sie nicht –, sondern anhand ihres Genoms beschrieben wurde. Und dank seiner DNA können wir sagen, dass er mit uns verwandt ist, wenn auch nicht so eng wie der Neandertaler. Aber ich denke, hier braucht es einen kurzen fachlichen Exkurs.

Wie bereits gesagt, unterlaufen bei der Replikation der DNA Fehler in Form von Mutationen. Auch wenn ein solches Ereignis selten, ja extrem selten eintritt, ist zu berücksichtigen, dass in einer Zelle viel DNA enthalten ist. Wenn wir davon ausgehen, dass sich bei der Bildung jeder Ei- und jeder Spermazelle, die drei Milliarden Basenpaare enthalten, nur bei einer von einer Milliarde ein solcher Fehler einschleicht, erwarten wir im Durchschnitt drei neue Mutationen. Was dann geschieht, hängt von der jeweiligen Mutation ab: ob sie große, kleine oder gar keine Folgen hat. An diesem Punkt sei daran erinnert, dass nur ein kleiner Teil der DNA, großzügig geschätzt vielleicht nur ein Viertel, eine Funktion erfüllt, zum Beispiel in Form von Genen, die Anweisungen zum Aufbau der Proteine enthalten, aus denen unser Körper besteht. Eine Mutation in einem Gen führt zu einer Veränderung in einem Protein, und hier greift möglicherweise die natürliche Selektion, von der in Kapitel 2 die Rede war. Wenn das mutierte Protein funktionstüchtig ist, wird es von seinem Träger an dessen Nachkommen vererbt und von diesen ihrerseits weitergegeben. So bleibt es im Umlauf und trägt zur biologischen Vielfalt der Population bei. Ist das Protein dagegen nicht funktionstüchtig, wird es (und mit ihm das mutierte Gen, durch das es entsteht) durch die natürliche Selektion früher oder später ausgesondert. Die Effekte der natürlichen Selektion sind schwer vorherzusehen, auch wenn wir sie im Nachhinein nach ihrem Eintreten erkennen. Um zu verstehen, wer mit wem verwandt ist, müssen wir uns also anderswo, außerhalb der Gene, bei den Mutationen umschauen, die folgenlos bleiben.

Der Bereich außerhalb der Gene bildet den größten Teil der DNA, die sogenannte nichtcodierende DNA. Die Mutationen, die diese DNA betreffen, wirken sich weder positiv noch negativ aus, weil sie keine Proteine verändern. Da sie für diese folgenlos bleiben, unterliegen sie nicht der natürlichen Selektion und heißen deswegen neutrale Mutationen. Zahlreiche Studien zeigen, dass sich diese Mutationen im Lauf der Zeit praktisch mit konstanter Geschwindigkeit anhäufen. Arten mit gemeinsamen Vorfahren aus jüngerer Zeit (zum Beispiel wir und die Gorillas) unterscheiden sich nur durch wenige neutrale Mutationen, während Spezies, die in der fernen Vergangenheit gemeinsame Vorfahren haben (zum Beispiel wir und die Schildkröten) sich diesbezüglich stärker voneinander unterscheiden. Wenn dem so ist (und in etwa ist es so), können wir die nichtcodierende DNA als einen Maßstab verwenden, der uns verrät, wie viel Zeit seit der Aufspaltung einer Spezies in zwei nachfolgende vergangen ist. Diese Methode wird als die molekulare Uhr bezeichnet: Die DNA-Moleküle funktionieren im Grunde wie eine Uhr, die anzeigt, wie weit die Evolution seit einer bestimmten Zeit weiter vorangeschritten ist. Anstatt mit jeder Sekunde rücken die Zeiger der molekularen Uhr mit jeder Mutation ein Stück weiter voran. Ein kleines Beispiel: Wie wir bereits sagten, lebte der gemeinsame Vorfahr von Mensch und Schimpanse vor rund sechs Millionen Jahren. Wenn wir in einer bestimmten Region der nichtcodierenden DNA zwölf Unterschiede zwischen Mensch und Schimpanse und zwanzig zwischen Mensch und Gorilla vorfinden, können wir anhand dieses Verhältnisses das Datum der Trennung zwischen Mensch und Gorilla wie folgt berechnen:

12 Unterschiede : 6 Millionen Jahre = 20 Unterschiede : X Jahre

Dabei gelangen wir zu dem Ergebnis, dass wir uns vom Gorilla vor rund zehn Millionen Jahren getrennt haben. Die moderne Taxonomie, die Tiere und Pflanzen anhand ihrer genealogischen Beziehungen zueinander klassifiziert, nutzt Methoden im Zusammenhang mit der molekularen Uhr.

So haben wir anhand eines Vergleichs zwischen unserer DNA und der des Neandertalers eine Vorstellung gewonnen, wie viel Zeit seit unserem gemeinsamen Vorfahren vergangen ist. Auch wenn die Schätzungen variieren und immer eine gewisse Fehlervarianz berücksichtigt werden muss, dürften wir nicht allzu weit danebenliegen, wenn wir die Trennung der Spezies bei einer Zeit von vor 500 000 bis 700 000 Jahren ansetzen. Diese deckt sich mit der Zeit, für die der *Homo heidelbergensis* in Europa belegt ist, und steht somit im Einklang mit der Hypothese von ihm als dem gemeinsamen Vorfahren von Sapiens und Neandertaler. Das Problem liegt darin, dass zahlreiche Fossilien des Heidelbergensis auf eine spätere Zeit, bis auf vor gut 200 000 Jahren, datiert wurden. Während sich also die europäischen Populationen des Heidelbergensis zu Neandertalern und die afrikanischen zu Sapiens weiterentwickelten, scheinen andere Populationen ihre angestammten Merkmale beibehalten zu haben. Seltsam, nicht? Aber inzwischen müsste deutlich geworden sein, dass die Feststellung, wo eine Spezies geendet und eine neue begonnen hat, immer problematisch ist. Und noch problematischer ist dies, wenn die fossilen Überreste wie in unserem Fall aus einem Zeitraum von 400 000 Jahren stammen und über drei Kontinente verstreut gefunden wurden. Kurzum, der Dschungel unserer Genealogie lässt sich kaum lichten, und der *Homo heidelbergensis* bleibt eine schwer zu knackende Nuss. Insbesondere für Europa ist es schwierig, zwischen den letzten Vertretern seiner Art und den ersten Neandertalern eine Grenzlinie zu ziehen.

Einiges klärte sich auf, als Svante Pääbos Gruppe 2016 erste Daten zur DNA der Fossilien aus der Sima de los Huesos veröffentlichte. Eine spektakuläre Leistung: Bislang war es noch niemandem gelungen, aus derart alten Proben, in denen die DNA zu Bruchstücken aus wenigen Dutzend Basen zerfallen war, Ergebnisse zu gewinnen. Eine Vorstellung vom Aufwand vermittelt die Tatsache, dass dazu über drei Milliarden dieser Fragmente analysiert werden mussten, die aus den Zellen zweier Oberschenkelknochen, eines Schulterblatts und zweier Zähne stammten. Dabei ergab sich eine enge Verwandtschaft mit dem Neandertaler und eine deutlich entferntere zwischen uns und dem Denisova-Menschen. Das überrascht eigentlich nicht: Die Fossilien aus der Sima de los Huesos gehörten zur europäischen Population des *Homo heidelbergensis,* dem wahrscheinlichen Vorfahren der Neandertaler. Die direkten Vorfahren der Afrikaner (also unsere) und der Asiaten (Denisovaner) sind in anderen Heidelbergensis-Populationen zu suchen, von denen zu hoffen ist, dass von ihnen früher oder später Überbleibsel zur Untersuchung vorliegen werden. Vielleicht auch in einer anderen Spezies, denn die Abstammung der Sapiens von den Heidelbergensis ist keineswegs gesichert.

Eine Frage bleibt: Waren die Heidelbergensis die ersten Europäer? Zur Abwechslung ist die Antwort mal klar: keineswegs. Wie in Afrika finden sich auch in Europa Spuren des Durchmarschs von Bipeden: an der Ostküste Englands am Strand eines Städtchens, das den glücklichen Namen Happisburgh trägt. Diese Fußabdrücke lagen über 800 000 Jahre unter Sediment begraben und wurden 2013 durch die Flut freigespült. Binnen zwei Wochen wurden sie durch die Gezeiten dann wieder ausgelöscht. Aber zuvor war es Forschenden vom British Museum noch gelungen, von ihnen 3D-Aufnahmen zu erstellen und sie so gewissermaßen zu retten. Ihr Alter ließ sich präzise bestimmen, aber in der Frage, welche Art Frühmenschen sie hinterlassen hatten, tappen wir im Dunkeln. Tatsächlich mussten diese aus Afrika stammen, mit Vorfahren, die deutlich vor dem *Homo heidelbergensis* halb Europa durchquert hatten und schließlich zu Fuß (dank des damals tiefer liegenden Meeresspiegels) bis zur Themsemündung gelangt waren.

Für eine Vorstellung von der äußeren Erscheinung der ersten Europäer lohnt es sich, zur Sierra de Atapuerca zurückzukehren, diesmal allerdings nicht zur Sima de los Huesos, sondern etwas weiter entfernt zur Gran Dolina und zur Sima del Elefante. Hier tauchten ganz besonders alte Fossilien auf. Das älteste ist ein Fragment eines Unterkiefers mit Kinn und Zahnfächern aus einer Zeit von vor 1,2 Millionen Jahren. Derzeit ist es jedoch schwierig, sich ein Bild des Frühmenschen zu machen, von dem es stammt. Andere Fossilien, ebenfalls fragmentiert, aber in größerer Zahl, sind 780 000 Jahre alt. Die besser erhaltenen stammen von einem zehnjährigen Kind. Ihre besonderen Merkmale veranlassten Juan Luis Arsuaga, diese Spezies zwischen dem *Homo georgicus* und dem *Homo heidelbergensis* einzuordnen – unter der Bezeichnung *Homo antecessor:* der »Vorläufer« oder »Pionier«. Sie könnte mit den Frühmenschen verwandt gewesen sein, die einst da herumspazierten, wo heute der Strand von Happisburgh verläuft, aber ein Nachweis ist schwierig. Angesichts des Alters dieser Fossilien ist es unwahrscheinlich, dass es irgendwann gelingt, aus ihnen eine analysierbare DNA zu extrahieren, die uns ein klareres Bild vermitteln könnte.

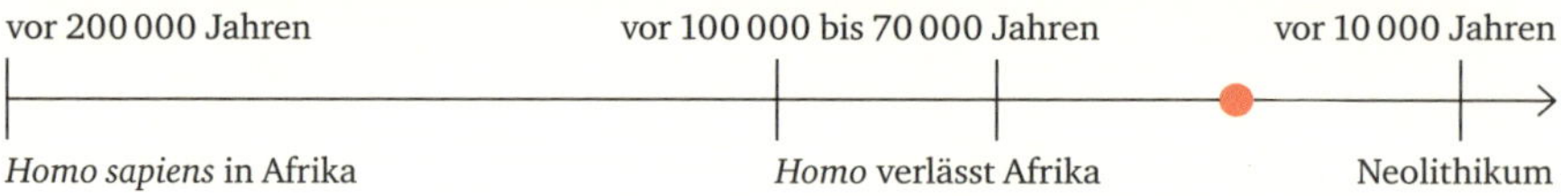

1856 von italienischen Steinbrucharbeitern in der Kleinen Feldhofer Grotte im Neandertal bei Düsseldorf entdeckt

besteht aus einem Schädeldach, zwei Oberschenkelknochen, fünf Armknochen, einem Teil des linken Darmbeins sowie Fragmenten von Rippen und Schulterblättern

6. Ein uriger Typ: *Homo neanderthalensis*

Feldhofer 1 → *vor 40 000 Jahren*

Während die Sonne über dem Neandertal scheint, kneift dieser etwas betagte und urige Herr die Augen zusammen. Er wirkt erschöpft und hat sicherlich viel mitgemacht. Man kann sagen, dass mit ihm die Paläontologie des Menschen begonnen hat. Nicht mit seiner Geburt (vor rund 40 000 Jahren), sondern mit der Ausgrabung seines Skeletts in der Kleinen Feldhofer Grotte (1856). Und sein Ruf hat sich mit der Zeit deutlich verbessert. 1909 zeigte ihn eine berühmte Illustration des tschechischen Malers František Kupka noch als einen behaarten Muskelprotz, der hinter einem Felsen, offenbar in übelster Absicht, eine riesige Keule schwingt. Die Gelehrten vom Anfang des 20. Jahrhunderts haben in ihren Darstellungen besonders auf das Nichtmenschliche des Neandertalers abgehoben. Nicht nur Kupka ließ sich davon beeinflussen: Noch 1953 wurde dieser Vertreter der Gattung *Homo* auf Filmplakaten für *The Neanderthal Man,* einen zweitklassigen amerikanischen Film, als »halb Mensch, halb Tier« bezeichnet (und im Film führt er sich auch so auf). Ganz anders die geradezu liebevolle Rekonstruktion der Kennis-Zwillinge, die im Gegensatz dazu herausarbeiteten, wie viel wir mit diesem Ureuropäer gemein haben.

Die Riesennase und die helle Haut, die an Herrn Feldhofer 1 sogleich ins Auge stechen, stellen zwei Formen der Anpassung an die Umwelt dar. Bei Kälte (und kalt war es, denn wieder liegt der Schauplatz in Deutschland, diesmal in der Gegend um Düsseldorf) ist man mit einem großen Nasenraum, der die Luft vor dem Hinabziehen in die Lunge anwärmt, vor einer Bronchitis besser geschützt. Warum wir sagen können, dass der

Neandertaler eine helle Haut hat, sehen wir in Kürze und einige Kapitel weiter hinten dann auch, warum sie einen Vorteil bot. Der Mann hält seinen linken Arm angewinkelt, weil er ihn nicht ganz ausstrecken kann: Schuld ist ein schlecht zusammengewachsener Bruch, bei dem unklar ist, wie er ihn sich zugezogen hat. Mit dem anderen Arm stützt er sich mit einem Stock ab, der auch ein Speer sein könnte, wobei aber unklar ist, ob er ihn überhaupt als eine Wurfwaffe hätte einsetzen können. Tatsächlich kamen an keinem einzigen Fundplatz des Neandertalers in Europa oder Asien Wurfspeere wie die zum Vorschein, mit denen der *Homo heidelbergensis* schon zig Jahrhunderte zuvor auf die Jagd gegangen war. Da sich Holz sehr schnell zersetzt, könnten sämtliche von Neandertalern gefertigte Speere verschwunden sein, aber möglich ist auch, dass er schlichtweg keine benutzte. Für die zweite Möglichkeit spricht immerhin die Anatomie seiner Arme. Der menschliche Oberarmknochen hat in der Regel einen elliptischen Querschnitt. Wird der Arm beim Werfen von Objekten nach oben bewegt, wirken auf ihn Kräfte ein, durch die dieser Knochen bei häufiger Wiederholung robuster wird und sich umgestaltet. So nehmen zum Beispiel die Oberarmknochen von Speerwerfern oder Baseballspielern einen rundlichen Querschnitt an. Dagegen ist dieser bei Neandertalern (im Vergleich zu denen früher Sapiens) deutlich elliptisch ausgeprägt. Mit anderen anatomischen Merkmalen deutet dies darauf hin, dass Neandertaler die Bewegungsabläufe, die notwendig sind, um einen Speer zu werfen, nicht gut ausführen konnten, vielleicht weil es ihre Bänder nicht zuließen. Wenn dem so war, hätten sie Boccia, aber nicht Baseball spielen können. Wir wissen nichts darüber, ob ihnen diese Einschränkung zu schaffen machte, können deren praktische Konsequenzen aber einschätzen. Auch wenn man Speere nicht weit werfen kann, sind sie für die Jagd immerhin noch als Stoßwaffen nützlich. Dazu muss man sich allerdings nahe, sehr nahe an die Beutetiere heranschleichen, und das wird bei Kolossen gefährlich. Neandertaler praktizierten die Großwildjagd: An ihren Fundstätten tauchten Reste von Mammuten, Wisenten,

Höhlenbären und Uren auf, also von den im 17. Jahrhundert ausgerotteten Auerochsen oder Urrindern. Und tatsächlich weisen von den aufgefundenen Neandertalerknochen beachtlich viele Brüche auf. Solche Traumata gehörten im Leben dieser Frühmenschen also fast schon zum Alltag. Eine gute Nachricht für Liebhaber von egalitären Gesellschaften: In dieser Hinsicht gab es zwischen Männern und Frauen keine erheblichen Unterschiede. Wie es scheint, waren die Risiken für einen Jagdunfall gleichmäßig verteilt, offenbar sogar mit Blick auf die Kinder. Thomas Berger und Erik Trinkaus haben die Läsionen an Fossilknochen von Neandertalern mit denen an Knochen moderner Individuen verglichen. Dabei machten sie eine Berufsgruppe aus, unter der ähnliche Frakturen wie beim Neandertaler vorkommen: amerikanische Rodeoreiter.

Tatsächlich wissen wir nicht einmal, wann sich die Techniken des Fernkampfs herausgebildet haben, da Holz, wie schon erwähnt, ja nicht lange erhalten bleibt. Die frühesten Zeugnisse, die in Fundstätten des *Homo sapiens* zum Vorschein kamen, stammen aus der Zeit von vor ungefähr 80 000 Jahren: Steinspitzen, die wahrscheinlich oben auf Speeren oder Pfeilen befestigt wurden. Folglich verfügte der Sapiens bei seinem Aufbruch aus Afrika über Waffen für den Fernkampf. In den Fundplätzen der Neandertaler wurden derartige Spitzen niemals entdeckt. Zusammen mit der Struktur ihrer Oberarmknochen lässt dies vermuten, dass sich diese Frühmenschen anderer und weniger wirkungsvoller Jagdmethoden bedienten. Die Folgen sehen wir in Shanidar, einer Fundstätte im heutigen Irak, aus der mehr oder weniger vollständige Skelette von Neandertalern stammen, die dort vor 35 000 bis 65 000 Jahren gelebt haben. Eines, Shanidar 3, das heute im Nationalmuseum für Naturgeschichte in Washington ausgestellt ist, weist eine Läsion an der neunten Rippe links auf, die von einem spitzen Gegenstand und nicht von einem Sturz herrührt. So tief, wie sie ist, deutet sie auf eine Verletzung hin, die zu einem Lungenkollaps führte: ein weiterer Tod durch Fremdeinwirkung. Steven Churchill und seine Gruppe von der Duke University führten Experimente (keine Angst:

nicht am lebenden Menschen, sondern an toten Schweinen) durch, um nachzuvollziehen, auf welche Weise eine Steinspitze so eine Verletzung hätte verursachen können. Wie sie feststellten, hätten Hiebe aus der Nähe mit einem Speer oder Dolch unweigerlich auch die Rippen daneben verletzen müssen, aber so war es nicht. Die einzig mögliche Erklärung lautet, dass Shanidar 3 von einer schmalen Spitze mit »geringer kinetischer Energie« getroffen wurde – also von einem Pfeil. Wenn sie richtigliegen, war der Angreifer sicher kein anderer Neandertaler, sondern ein Sapiens, für dessen Spezies eine erstmalige Verbreitung in Westasien in ebendieser Zeit belegt ist. Ein Zusammenleben mit unseren Artgenossen war noch nie und für niemanden einfach.

Unser Feldhofer 1 hatte das Glück, dass er auf dem Gebiet des heutigen Deutschland in relativer Sicherheit lebte. Die Rekonstruktion zeigt ihn auffälligerweise mit einer Rasur, auch wenn sich über das Ergebnis geschmacklich streiten lässt. Die Kennis-Zwillinge fügten dieses Detail deshalb hinzu, weil Muscheln und Obsidianklingen gefunden wurden, die als Rasiermesser hätten dienen können. Zudem zeigen andere Rekonstruktionen Neandertaler mit schwarzen Streifen auf den Armen und Schultern, weil in neueren archäologischen Fundstätten Pigmentspuren aufgetaucht sind: Wahrscheinlich schmückten sie ihre Körper, zumindest gegen Ende ihrer Geschichte. In dieser Rekonstruktion verdeckt der Bart immer noch ein fliehendes Kinn, das anders als das der Sapiens nicht hervorsteht. Wie bei allen Frühmenschen hat auch unser Feldhofer 1 eine stark zurückweichende Stirn und die charakteristischen Überaugenwülste. Würden wir ihn im Profil betrachten, bekämen wir einen Schädel zu sehen, der im Bereich des Hinterkopfes weit nach hinten ausládt: Das enthaltene Gehirn könnte noch größer gewesen sein als unser heutiges. Ebendiese Beobachtung führte – insbesondere bei Thomas Huxley – zu ersten Vermutungen, was die Verwandtschaft zwischen Neandertalern und uns angeht. Aber hier wird eine Rückblende fällig, sagen wir in die Mitte des 19. Jahrhunderts.

Wie wir wissen, war die Evolutionstheorie zu jener Zeit noch sehr umstritten. Charles Darwins Ideen fanden Verbreitung, stießen aber auch auf Hindernisse. Für eines war er selbst oder, besser gesagt, sein Widerwille verantwortlich, seine bereits im Umlauf befindliche Theorie auf systematische Weise in einer Schrift darzulegen: Die erste englischsprachige Ausgabe von *Der Ursprung der Arten* erschien erst 1859. Das wohl größte Hindernis war freilich psychologischer Natur: Vielen widerstrebte schlicht der Gedanke, dass der Mensch von nichtmenschlichen Vorfahren abstammen könnte, und dazu noch von den gleichen, aus denen sich auch die Affen entwickelt hatten. Und als ein drittes Hindernis fehlten noch Fossilien als Belege. Bestimmte Skelette aus uralter Zeit (wie von Mammuten) sind gegenwärtigen (wie denen von Elefanten) ausreichend ähnlich, unterscheiden sich von ihnen aber auch genügend, um einerseits auf eine Verwandtschaft und andererseits auf eine Weiterentwicklung schließen zu lassen. Für dieselbe Beobachtung am Menschen fehlte es dagegen noch an Überresten anderer Arten, die als empirische Nachweise für eine Entwicklungsgeschichte hätten dienen können: daher die Zweifel und absonderlichen Theorien, von denen in Kapitel 4 die Rede war.

Genau genommen waren einige wenige Fossilien von Frühmenschen – so 1830 im belgischen Engis und 1848 in Gibraltar – bereits aufgetaucht, in ihrer Bedeutung aber verkannt worden. Die Paläontologie des Menschen wurde offiziell erst einige Jahre später aus der Taufe gehoben, mit dem Fund im Neandertal, das seinen Namen dem protestantischen Pfarrer Joachim Neumann aus dem 17. Jahrhundert verdankt. Das Tal schrieb sich damals noch mit einem »th«, das denn auch in die lateinische Bezeichnung *Homo neanderthalensis* einging. Pfarrer Neumann hatte seinen Familiennamen den damaligen Gepflogenheiten entsprechend zu Neander gräzisiert (ich sehe die Kundigen des klassischen Griechisch hier die Nase rümpfen). Das Neandertal ist also das Tal des »neuen Mannes«, aber, welch ein Zufall, auch die Gegend, wo – in der Kleinen Feldhofer Grotte – die ersten uralten Überreste eines Menschen auftauchten, der sich von uns klar unterschied: zwei Oberschenkelknochen, Armknochen, ein Schulterblatt und vor allem ein stark zertrümmertes Schädeldach.

Die Bergbauarbeiter, die im August 1856 beim Graben auf sie stoßen, vertrauen sie Johann Carl Fuhlrott an, einem Lehrer an der Oberrealschule im nahegelegenen Elberfeld. Fuhlrott hat Geologie studiert. Er erkennt, dass es sich um besonders alte Knochen handelt, kann sie aber nicht klar einordnen und übergibt sie deshalb Hermann Schaaffhausen, einem Dozenten der Anatomie an der nahegelegenen Universität Bonn. Schaaffhausen ist jung und ein begeisterter Wissenschaftler. Er kennt Darwins Werk nicht direkt, hat aber von ihm gehört und eine Studie veröffentlicht, in der er erklärt, dass »die Unveränderlichkeit der Art [...] nicht erwiesen« sei. Er sieht auf Anhieb, dass er jetzt den Beweis für die Entwicklung der menschlichen Spezies in Händen hält. Und er wahrt Anstand: Als er im Jahr danach auf der Fachtagung einer naturkundlichen Gesellschaft einen Bericht zu der Entdeckung vorlegt, trägt dieser auch Fuhlrotts Unterschrift, obwohl Fuhlrott gar nicht mehr an der Universität tätig ist. Schaaffhausens und Fuhlrotts Schlussfolgerung lautet, dass dieser Schädel von einer »wilden und barbarischen Rasse« der Menschheit stammen müsse, die wahrscheinlich gleichzeitig mit den Mammuten gelebt habe. Abgesehen von der ziemlich unkorrekten Bezeichnung (verständlich, weil Feinheiten damals kaum zählten) hatten sie hier eine ausgezeichnete Intuition.

Bis sich alle Gelehrten darauf einigen konnten, dass der Mann aus dem Neandertal ein Urmensch gewesen war, mussten freilich etliche Jahre mit vielerlei Streitereien vergehen. Genannt wurde bereits Rudolf Virchow, der die Verwandtschaft des Menschen mit den Affen leugnete und behauptete, wir hätten im Grunde mehr mit Schweinen gemein. Virchow ist als bedeutender Pathologe im Gegensatz zu Schaaffhausen einflussreich und berühmt. Er hat die Deutsche Gesellschaft für Anthropologie, Ethnologie und Urgeschichte begründet und sitzt ihr vor. Bei einer Begutachtung der Knochen lautet sein Urteil, sie seien gar nicht so alt, mehr oder weniger hundert Jahre, und ihr Eigentümer habe an schweren

Erkrankungen gelitten: Arthritis, Rachitis, vielleicht das Down-Syndrom. Im Fahrwasser dieser Meinungen kommt die Hypothese auf, das Skelett aus der Kleinen Feldhofer Grotte stamme von einem »rachitischen mongolischen Kosaken«, der während der napoleonischen Feldzüge in der Höhle umgekommen sei, oder es sei das eines Polen. Natürlich hätte eine Überprüfung leicht ergeben, dass ein solches Schädeldach unmöglich einem Kosaken oder Polen zuordenbar wäre, aber so geht es eben manchmal. Während sich in Deutschland das Evidenzprinzip nur zögerlich gegen die Kraft des Vorurteils durchsetzt und sich keine Debatte entzündet, kommen in Europa Zeichnungen und Drucke des Feldhofer-Schädels in Umlauf. Sie gelangen nach England, wo sie schließlich der Paläontologe George Busk mit menschlichen Relikten aus Gibraltar vergleicht. Beim besten Willen, so kommentiert Busk sarkastisch, könne er sich schwerlich vorstellen, dass ein *zweiter rachitischer mongolischer Kosake* seine Tage im äußersten Süden der Iberischen Halbinsel beschlossen habe. 1861 erhält die archaische menschliche Spezies, zu der die Fossilien aus der Kleinen Feldhofer Grotte, aus Gibraltar und aus Engis gehören, den Namen *Homo neanderthalensis*.

Als Darwin 1859 den Originaltext von *Der Ursprung der Arten* veröffentlicht, weiß er nichts von Schaaffhausens und Fuhlrotts Artikel, der in einer zweitrangigen Zeitschrift erschienen und erst später ins Englische übersetzt worden ist. Aber von ihm gehört hat er sicher, als er 1871 an der Originalausgabe von *Die Abstammung des Menschen* schreibt. In ihr bezieht er immer noch nicht klar Stellung, sondern windet sich mit einem seltsam unverfänglichen Satz heraus, dass »einige Schädel von sehr hohem Alter, wie z. B. der berühmte Neandertalerschädel, sehr gut entwickelt und geräumig sind«. Keine eingehende Auseinandersetzung, kein Bemühen, der Perspektive nachzugehen, welche die neue Entdeckung eröffnet hat. Und so ordnet nicht er, sondern sein Freund und Mitarbeiter Thomas Huxley den Neandertaler in unseren Stammbaum ein. Huxley, der über einen Abguss des Schädels aus der Feldhofer-Höhle verfügt, bezeichnet ihn als »den pithekoidesten«, also affenähnlichsten, sämtlicher bekannter menschlicher Schädel. Es ist allerdings ein großer Schädel, und gerade deswegen deutet er ihn nicht als ein Glied in der Kette der Veränderungen, die zum modernen Menschen führte. Warum, so fragt er sich, sollte die Evolution immer größere Gehirne hervorbringen und an einem bestimmten Punkt dann die Gegenrichtung einschlagen? Folglich schreibt er, dass »die Gebeine aus dem Neandertal in keiner Hinsicht als die Überreste eines menschlichen Wesens zwischen Mensch und Affe gelten können. Sie belegen höchstens die Existenz von Menschenarten, die dem pithekoiden Typus in gewisser Weise nahestehen.«

Damit hat er den Kern getroffen, aber dazu brauchte es einigen Mut. Mit den fossilen Funden ist es möglich geworden, die Sapiens über die Neandertaler in eine Verwandtschaftslinie mit den Affen zu stellen und damit ein zentrales Problem zu lösen. Dabei weist Huxley aber die banalste Erklärung – die einer direkten Abstammung vom Neandertaler – zugunsten einer Hypothese zurück, die keineswegs einfach zu belegen ist: dass nämlich viele Bindeglieder fehlen und die Evolution nicht nur uns, sondern parallel auch verschiedene weitere menschliche Spezies hervorgebracht hat. Es dauert ziemlich lange, bis dieser Gedanke akzeptiert wird. Noch heute sieht man auf Websites oder auf T-Shirts allenthalben gezeichnete Darstellungen der Evolution des Menschen mit fünf oder sechs Gestalten in einer Reihe, die von der affenähnlichsten auf der linken bis zu uns auf der rechten Seite führt. Aber sie beruhen auf einem Irrtum, der Prozess lief nicht linear ab. Und damit endet unser Ausflug ins 19. Jahrhundert. Ausführlicher erörtern wir die Beziehung zwischen uns und den Neandertalern im nächsten Kapitel.

Einstweilen kann ich sagen, dass eine Studie aus allerneuester Zeit die Tür zu einem Verständnis dessen, wie Neandertaler dachten, einen Spaltbreit geöffnet hat. Kurz gesagt, sie dachten anders als wir. Auch wenn das Gehirn bekanntermaßen keine Fossilien hinterlässt, verraten uns die Ausgestaltung der Hirnkapsel und heute auch die Analyse eines Gens etwas darüber, wie es beschaffen war und funktionierte. Dass der Mensch fantastische kognitive Fähigkeiten besitzt, beruht auf der Größe seines Gehirns (und damit der Anzahl der enthaltenen Neuronen) sowie auf der komplexen Architektur von dessen äußerster Region, dem Cortex, also der Hirnrinde. Vor allem im präfrontalen Cortex fließen zahlreiche Informationen aus der Außenwelt sowie aus unserem Körperinneren zusammen: In dieser Region laufen die komplexesten mentalen Prozesse ab. Nach Meinung mancher soll in ihr sogar unsere Persönlichkeit sitzen. Auch wenn das schwer überprüfbar ist, verdanken wir es dem präfrontalen Cortex, dass wir Entscheidungen treffen, Pläne schmieden, Strategien zur Umsetzung entwickeln, unsere Gefühle beherrschen und noch weitaus mehr vermögen.

Forschende an Max-Planck-Instituten in Leipzig (darunter Svante Pääbo) und Dresden entdeckten im Gen TKTL1 eine kleine Veränderung, durch die wir uns von den Neandertalern und den übrigen Menschenaffen unterscheiden: eine andere Base in der DNA. Auch wenn diese Veränderung nichtig erscheinen mag, hat sie bedeutende Auswirkungen. TKTL1 ist hauptverantwortlich für die Vervielfältigung der neuronalen Vorläuferzellen, aus denen die Gehirnzellen entstehen (fachsprachlich der basalen radialen Gliazellen). Die Max-Planck-Forschenden haben das Gen des Neandertalers in Mausembryonen und in Kulturen menschlicher Nervenzellen eingebracht. Wie sie feststellten, vervielfältigten sich die neuronalen Vorläuferzellen in diesen Medien nur geringfügig, sodass weniger Neuronen entstanden, was in der Natur zu einem schwächer ausgeprägten präfrontalen Cortex führt. Also mangelte es im Gehirn der Neandertaler, das so groß oder sogar noch größer war als unseres, an den wichtigen Nervenzellen: Diesem Frühmenschen fehlte die *genetische Ausstattung,* um so komplex zu denken wie wir. Auch wenn wir nicht genau wissen, was Intelligenz ist, und zahlreiche, teils widersprüchliche Definitionen im Umlauf sind, hat sie jedenfalls mit der Verarbeitung von Erfahrungen, mit dem Bewusstsein unserer selbst und unserer Gefühle, mit der Fähigkeit, die Handlungen anderer vorherzusehen, mit unserer Vorstellungskraft und kritischem Denken zu tun: alles schwer zu erbringende Leistungen ohne einen gut gerüsteten präfrontalen Cortex. Vielleicht liegt in dieser Einschränkung einer der Gründe, warum die Neandertaler dem Konkurrenzkampf mit den Sapiens nicht standhielten.

Nun sei noch etwas dazu gesagt, wie die Neandertaler mit ihrem großen, aber sich von unserem unterscheidenden Gehirn durchs Leben kamen, weil es auch dazu einige Vorstellungen gibt.

Wie erwähnt, hatten diese stämmigen Menschen mit ihren kurzen und massigen Beinen eine ausgeprägte Neigung, sich Verletzungen zuzuziehen. Dabei unerwähnt blieb, dass sie sich nach Unfällen wieder gut erholen konnten. Tatsächlich finden sich unter den Neandertalerknochen Beispiele für ausgeheilte Brüche: Belegt sind sie durch Knochenkallus, also Gewebe, das sich über Wochen bildet und den Schaden repariert, wenn das Opfer seinen Unfall überlebt. In einzelnen Fällen handelte es sich um schwerwiegende Verletzungen. Ein Skelett aus Shanidar, Shanidar 1, stammt von einem Mann, der das (für Neandertaler) beachtliche Alter von rund vierzig Jahren erreichte. Irgendwann in seinem Leben wurde Shanidar 1 an der linken Gesichtshälfte von einem heftigen Schlag getroffen, der seinen Schädel so stark deformierte, dass er auf dieser Seite aller Wahrscheinlichkeit das Seh- und Hörvermögen verloren haben musste. Weil ein Unglück selten allein kommt, litt er auch noch an einer degenerativen Knochenerkrankung, wegen derer er in seiner letzten Lebenszeit nicht mehr gehen konnte. Und ihm fehlte der rechte Arm, dem Anschein nach wegen einer Amputation auf der Höhe des Oberarms (vielleicht der früheste Beleg für einen chirurgischen Eingriff). Wenn er trotz all dieser Schädigungen so lange überlebt hat, kann das nur bedeuten, dass er von jemandem versorgt wurde.

Die sozialen Beziehungen der Vorgeschichte sind schwer erforschbar. Sie hinterlassen nur minimale oder gar keine Spuren. Aber Fälle wie der von Shanidar 1 – und die erwähnten aus Dmanissi und der Sima de los

Huesos – zeigen, dass man sich in der Gattung Mensch seit fast zwei Millionen Jahren umeinander kümmerte. Formen von Altruismus kennen zwar auch die Schimpansen, aber mit steigendem Konkurrenzdruck hat – abgesehen von Muttertieren, die ihre Jungen versorgen – jeder nur noch sich selbst im Blick. Bei uns ist dies anders. Shanidar 1 hatte sicher keine beschützende Mutter mehr um sich, und der Überlebenskampf war auch zu seiner Zeit kein Spaziergang. Und doch hat er – wie auch andere versehrte Individuen des *Homo georgicus* und des *Homo heidelbergensis* – mit seinen schwerwiegenden Beeinträchtigungen überlebt. Es muss ein wahrscheinlich dünnes, aber in manchen Fällen wirksames schützendes Netz gegeben haben, das Individuen am Leben erhielt, die nicht mehr selbst jagen gehen oder sich, wie in Dmanissi, nicht mehr selbstständig ernähren konnten: Jean-Jacques Hublin meint, Empathie sei für die menschliche Gattung ein kennzeichnender Charakterzug. Vielleicht war die Neigung, auch nichtverwandte Mitglieder der Gemeinschaft zu unterstützen, ein wichtiger Faktor im Konkurrenzkampf mit Gruppen mit geringerem Zusammenhalt. Darüber, wie sich diese Neigung entwickelte, können wir nur Hypothesen formulieren, aber auch dabei dürften die länger aufrechterhaltenen Beziehungen zwischen Müttern und Kindern gezählt haben, insbesondere in der Phase, in der eine Mutter nicht zur Jagd gehen kann, weil sie sich um ihren Nachwuchs kümmern muss. Gewohnheitsmäßig für abhängige Mitglieder sorgen zu müssen, könnte die Ausbreitung altruistischer Verhaltensweisen gefördert haben, die dann von der gesamten Gemeinschaft übernommen wurden, weil sie letztlich Vorteile boten.

Aber zurück zur abgebildeten Rekonstruktion des Feldhofer 1. Er hat wie alle Neandertaler eine helle Haut. Für unsere Pigmentierung (von Haut, Haaren und Augen) sind Zellen, die Melanozyten, verantwortlich, die auf die Herstellung von zwei Pigmenten, den Melaninen, spezialisiert sind: Phäomelanin ergibt eine eher gelbliche, Eumelanin eine eher bräunliche Färbung. In die biochemische Reaktionskette, die zur Synthese von Melaninen führt, greifen zahlreiche Proteine ein: Folglich sind an der

Färbung von Haut, Haaren und Augen zahlreiche Gene beteiligt, beim Menschen ungefähr 70. In einem grundlegenden Schritt in diesen Reaktionsketten kommt das Gen MC1R ins Spiel, genauer gesagt, der Melanocortin-1-Rezeptor. Jaume Bertranpetit ist ein Glückspilz: Nicht nur weil er in einer wunderschönen Stadt (Barcelona) lebt und an einer herausragenden Universität (der Pompeu Fabra) arbeitet, sondern auch, weil er bei der Erforschung der Hautfarbe des Neandertalers in einer Vielzahl von Genen auf genau das richtige gestoßen ist. Mit Carles Lalueza Fox und dem in Potsdam tätigen Michael Hofreiter hat er in den Genomen von Neandertalern eine Mutation von MC1R entdeckt, die im modernen Menschen noch nie beschrieben wurde. Um deren Auswirkungen zu verstehen, brachten sie dieses Neandertaler-Gen in eine Kultur aus menschlichen Zellen ein. Dabei haben sie entdeckt, dass Melanozyten mit diesem Gen nur Phäomelanin, nicht aber das dunklere Eumelanin produzieren können. Neandertaler hatten also eine helle Haut sowie – höchstwahrscheinlich – rotes Haar und Sommersprossen.

In gleicher Weise ließ sich anhand von DNA aus Fossilien die Blutgruppe der Neandertaler oder zumindest die einiger von ihnen rekonstruieren: Gruppe 0. Wie weiterhin festgestellt wurde, konnten Neandertaler Milch nur in der frühen Kindheit verdauen, so wie heutige Menschen mit einer Laktoseintoleranz, und das ist auch kein Wunder: Solange nur Muttermilch verfügbar war, brachte eine Genaktivität, die Milch verdaulich machte, nach dem Abstillen von Kindern keinerlei Vorteil mehr. Tierische Milch gab es erst mit der Haltung von Schafen und Rindern, die später vom *Homo sapiens* im Neolithikum eingeführt wurde (davon wird in Kapitel 14 wieder die Rede sein), als der Neandertaler bereits ausgestorben war. Interessanter ist, dass Neandertaler ein weiteres Gen hatten, das auch wir besitzen. Dieses *FOXP2* machte im Zusammenhang mit der Erforschung einer englischen Familie Schlagzeilen, der sogenannten »KE Family« (der echte Name unterliegt zum Schutz der Privatsphäre der Geheimhaltung). 15 Mitglieder dieser Familie aus drei Generationen konnten Silben und Wörter nicht richtig artikulieren, weil sie die dazu notwendigen Bewegungen (von Lippen, Zunge und Kehle) nicht koordinieren konnten. Diese sogenannte verbale Dyspraxie zeigten in der KE-Familie sämtliche Mitglieder – und nur diese –, bei denen das Gen *FOXP2* von derselben Mutation betroffen war. Die Entdeckung löste ein breites Echo aus, worauf eine Zeitlang im Gespräch war (und, schlimmer noch, auch schriftlich veröffentlicht wurde), *FOXP2* sei das *Sprachgen*. Nein, ist es nicht: aus vielerlei Gründen und vornehmlich deshalb nicht, weil für eine so komplexe Fähigkeit kein einzelnes Gen, *das Gen,* verantwortlich ist (so wenig wie für die Haut- oder Haarfarbe, für Intelligenz, die Neigung zu Straftaten, Autismus, Schizophrenie oder irgendeine psychische Fähigkeit). Alle diese Merkmale haben eine genetische Komponente, und dies zwangsläufig: Als Angehörige des Tierreichs sind wir biologischen Beschränkungen unterworfen, die eben durch unsere Gene festgelegt werden. Wir werden es nie schaffen, tausend Rechenoperationen pro Sekunde durchzuführen oder einen Marathon in einer halben Stunde zu laufen, weil unsere Gene dies nicht zulassen. Hunderte oder Tausende Gene, viele davon noch unbekannt, ermöglichen uns im Zusammenspiel mit Umweltfaktoren die Verhaltensweisen, die unser soziales Leben begründen: Dazu sind viele notwendig, während keines allein genügt. Wir haben unsere Sprachfähigkeit nicht blitzartig wegen einer Mutation von *FOXP2* erworben, wie wir auch nicht von heute auf morgen auf zwei Beinen gingen.

Auch wenn *FOXP2* nicht *das* Sprachgen ist, so spielt es doch für die Artikulationsfähigkeit eine bedeutende Rolle: Wenn es nicht ordnungsgemäß arbeitet, sprechen wir undeutlich. Heute wissen wir, dass es sehr früh, während der Embryonalentwicklung, in Aktion tritt, wenn aus der befruchteten Eizelle unsere Milliarden Körperzellen entstehen und sich zu Geweben und Organen differenzieren. Damit dies geschieht, müssen die Gene koordiniert zusammenspielen. Dabei produziert jedes seine Proteine zu dem Zeitpunkt, wenn diese gebraucht werden, und schaltet sich ab, wenn kein Bedarf mehr besteht. Die Koordinierung übernimmt eine besondere Kategorie von Genen (die sogenannten Regulatorgene), die andere Gene aktivieren oder deaktivieren, also praktisch als Schalter fungieren. *FOXP2* ist so ein Schalter und erzeugt ein Protein, das die Aktivität anderer Gene steuert. Wenn es wie in der KE-Familie mutiert ist, funktioniert es nicht richtig. Das *FOXP2*-Gen haben auch viele andere Säugetierarten, aber nur das des Neandertalers ist mit unserem identisch. Schimpansen und Gorillas ähneln unter diesem Gesichtspunkt eher der Maus. Wie der Neandertaler redete, wissen wir nicht und werden es wohl nie erfahren, aber aus genetischer Sicht hatte er die Voraussetzungen für diese Fähigkeit.

Einige andere Ideen dazu, wie die Neandertaler ihre Zeit verbrachten, stammen aus der Erforschung gegenwärtiger menschlicher Bevölkerungsgruppen (in Neuguinea, Afrika oder Südamerika), die wie einst diese vom Jagen und Sammeln leben. Es handelt sich nie um große Gruppen, weil sie sonst Mühe hätten, alle Mitglieder täglich mit Nahrung zu versorgen: Tatsächlich bestehen sie nur aus einer oder wenigen Familien. Einiges spricht dafür, dass dies auch bei den Neandertalern der Fall war, wofür wir heute einen weiteren Beleg haben: eine Reihe von Fußspuren aus der Zeit von vor 80 000 Jahren, als sie in Europa noch die einzigen Menschen waren. Die Gruppe, die sie in der heutigen Normandie hinterlassen hat, umfasste ungefähr 15 Individuen, hauptsächlich Kinder, sowie einige Jugendliche und wahrscheinlich zwei Erwachsene. Auch wenn wir nie herausbekommen werden, ob es sich um eine einzelne Kernfamilie gehandelt hat, waren sie jedenfalls zusammen unterwegs. Wahrscheinlich unternahmen sie jahreszeitliche Wanderungen, bei denen sie zwischen sommerlichen und winterlichen Jagdgründen hin- und herpendelten, die über Generationen hinweg nie besonders weit auseinanderlagen. Sie lebten in der Regel in Höhlen, aber Spuren vor allem in wärmeren Regionen (zum Beispiel in Israel und der Ukraine) weisen auf eine Lebensweise ganz unter freiem Himmel hin. Dabei ist allerdings unklar, ob es sich um echte Lagerplätze oder nur um Orte handelte, an denen sie ihre Jagdbeute bequem zerlegen konnten. In so kleinen Gruppen waren am Ende alle miteinander verwandt. Auch wenn man einräumt, dass der schicksalhafte Funke manchmal bei einem oder einer Fremden zündete, waren blutsverwandtschaftliche geschlechtliche Verbindungen sehr häufig. Die DNA einer Neandertalerfrau aus der Denissowa-Höhle in Südsibirien verrät, dass ihre Eltern Halbgeschwister mit derselben Mutter waren. Inzucht erhöht die Häufigkeit von Erbkrankheiten und Missbildungen, und solche Fälle wurden in zahlreichen Neandertalergemeinschaften tatsächlich nachgewiesen.

Wir wissen nicht, was geschah, wenn sich verschiedene Gemeinschaften begegneten, und können es uns allenfalls vorstellen. Drei Möglichkeiten bestehen: Sie gingen sich aus dem Weg, kooperierten oder bekriegten sich. Die geringe Populationsdichte begünstigte fraglos die erste Strategie: Nach den verfügbaren – zwangsläufig sehr ungefähren – Schätzungen bestand die Population der Neandertaler, die über ein Gebiet verstreut lebte, das halb Europa und Westasien umfasste, aus höchstens 70 000 Gruppen. Auf Kooperation deuten einige Artefakte hin (aus Muscheln oder Obsidian, einem harten Gestein, aus dem sich Klingen herstellen lassen), die über Hunderte von Kilometern an ihren Fundplatz gelangt waren. Auch wenn sie Ausnahmen sind, belegen sie die Existenz von Netzwerken, die wir mit aller Vorsicht als Handelsverbindungen bezeichnen können und die natürlich gutnachbarschaftliche Beziehungen zwischen verschiedenen Gemeinschaften voraussetzten. Bei der dritten Möglichkeit, dem Krieg, ist die Faktenlage unklar. Wie wir sahen, starb Shanidar 3 zwar durch einen Pfeil, aber dieser wurde aller Wahrscheinlichkeit nach von einem Sapiens abgeschossen. Spuren einer gewalttätigen Auseinandersetzung zwischen Individuen zeigt auch das Neandertalerskelett, das in Saint-Césaire in Frankreich zum Vorschein kam: eine fast sieben Zentimeter lange Einkerbung auf der rechten Seite des Schädeldachs, hervorgerufen durch eine Klinge, die von oben auf dieses niedergesaust sein musste. Angesichts des Einschlagwinkels können wir sagen, dass der

Angreifer vor oder hinter dem Opfer stand, nicht aber, um welche Art Mensch es sich handelte, weil in der Zeit, aus der das Fundstück stammt – vor 36 000 Jahren –, sowohl Neandertaler als auch Sapiens in Europa lebten. Klarer sind die Fakten beim Kannibalismus, weil sie auf Jahrtausende vor Eintreffen des Sapiens in Europa zurückreichen und folglich keine Zweifel lassen, wer hier »von seinem wilden Fraße den Mund empor[hob]«, wie es bei Dante heißt.

In Moula-Guercy in Frankreich, in Goyet in Belgien und – mit Vorbehalten – auch in Krapina in Kroatien fanden sich auf Neandertalerknochen die gleichen Spuren einer Schlachtung wie auf den Tierknochen des jeweils selben Fundplatzes. Sie stammen von Klingen und Steinspitzen, die Sehnen durchtrennten, Muskeln herausschnitten und Knochen zertrümmerten, um ans Mark zu gelangen. In der Höhle von Moula-Guercy fiel nicht das kleinste Stückchen Fleisch der Verschwendung zum Opfer: Auf dem übriggebliebenen Unterkiefer eines Heranwachsenden sind Male sichtbar, wie sie beim Herausschneiden der Zunge entstehen, und Fingerglieder tragen die Abdrücke von Zähnen, die nicht etwa einem Bären oder einem anderen Raubtier, sondern einem Neandertaler zuzuordnen sind. Wie hinzugefügt werden muss, ist eine Ernährung mit Menschenfleisch (nach Darwin ist dieser »das dominanteste Tier, das je auf der Erde erschienen ist«) als Überlebensstrategie ebenso ineffizient wie eine Verköstigung mit Löwenfleisch. Sich von Früchten oder Kleintieren zu ernähren, ist deutlich besser. Aber dazu müssen diese eben auch verfügbar sein. Kannibalismus war die letzte Rettung für verzweifelte Menschen in der Not.

Die chemische Zusammensetzung der Zähne ermöglicht Rückschlüsse auf die vorherrschende Art der Ernährung. Auf dem Speiseplan des Neandertalers stand fast ausschließlich Fleisch, das er, wie wir in Kürze sehen werden, in großen Mengen benötigte. Dessen Beschaffung gestaltete sich über zigtausend Jahre eher einfach: Neandertaler lebten vornehmlich in kalten Steppen in Mitteleuropa, in denen sich Rentiere, Nashörner, große Hirsche und Mammute herumtrieben. Aber wie uns die Klimaforschenden sagen, begannen vor 120 000 Jahren allmählich die Temperaturen zu steigen, worauf sich die Umweltbedingungen langsam, aber grundlegend veränderten und die flachwüchsigen Pflanzen Bäumen wichen. In den entstehenden Wäldern lebten kleinere Tiere, Rot- und Damwild sowie Kaninchen. Die Jagd wurde schwieriger und erbrachte mit Blick auf die gewonnenen Kalorien dürftigere Ergebnisse. Der Zahnschmelz der Neandertaler verrät uns die Konsequenzen der sich ausbreitenden Krise: Seine Dicke nahm im Verlauf der Jahrtausende immer weiter ab, bis am Ende nur noch eine extrem dünne Schicht übrigblieb – Zeichen einer Mangelernährung. Der Kannibalismus in Moula-Guercy, Goyet und mit Vorbehalten in Krapina zeugt von lange währenden Hungerphasen, die wahrscheinlich die Grundursache für das Aussterben der Neandertaler waren, noch ehe die Sapiens eintrafen und es beschleunigten.

Ein letztes Wort zu unserem Feldhofer 1: Nach 40 000 Jahren bot er den Stoff für wissenschaftliche Pionierleistungen: Hatte sein Auffinden den Beginn der Paläontologie des Menschen markiert, so begründete die Erforschung seiner DNA eine weitere neue Disziplin, die Archäogenetik. 1997 gelang es nämlich der Leipziger Forschungsgruppe um Svante Pääbo (schon wieder er?; ja, natürlich: Pääbo hat die Erforschung alter DNA zwanzig Jahre lang vorangetrieben), aus seinem Oberarmknochen erstmals DNA einer ausgestorbenen menschlichen Spezies zu gewinnen. Bei diesem relativ kurzen Stück, das sich einfacher als die übrige DNA untersuchen lässt, handelte es sich um die sogenannte mitochondriale DNA, die nicht in den Chromosomen enthalten ist. Sie wird von den Müttern an die Nachkommen weitergegeben, sodass unsere mit der unserer Großmutter mütterlicherseits sowie mit der unserer Geschwister und aller Cousinen und Cousins mütterlicherseits identisch ist. Feldhofer 1 (so wie auch alle anderen untersuchten Neandertaler) hatte eine ganz eigene, bislang noch nie gesehene mitochondriale DNA, die sich von den Proben Tausender moderner Menschen unterschied. Dies bestätigen auch andere Analysen zu Neandertalern aus Russland, Kroatien, Spanien, Belgien und den Vizentiner Alpen bei Verona (Letztere als Ergebnis der Zusammenarbeit zwischen unserem Labor in Ferrara und dem von David Caramelli in Florenz): Kein Neandertaler hat eine mitochondriale DNA, wie man sie in irgendeinem modernen Menschen findet, und umgekehrt. Das heißt, zwischen den heutigen Europäern und denen aus grauer Vorzeit, den Neandertalern, besteht keine enge verwandtschaftliche Beziehung. Dies scheint der definitive Beweis zu sein, dass Neandertaler nicht in unseren Stammbaum gehören, weder mit Blick auf uns als anatomisch moderne Menschen noch auf uns als heutige Europäer. Sie gehören höchstwahrscheinlich einer anderen Spezies an: Von uns unterscheiden sie sich sowohl äußerlich als auch durch ihre DNA – es sei denn, zukünftige Forschungen mischen die Karten wieder neu. Aber dieses Thema macht ein gesondertes, nämlich das nächste Kapitel notwendig.

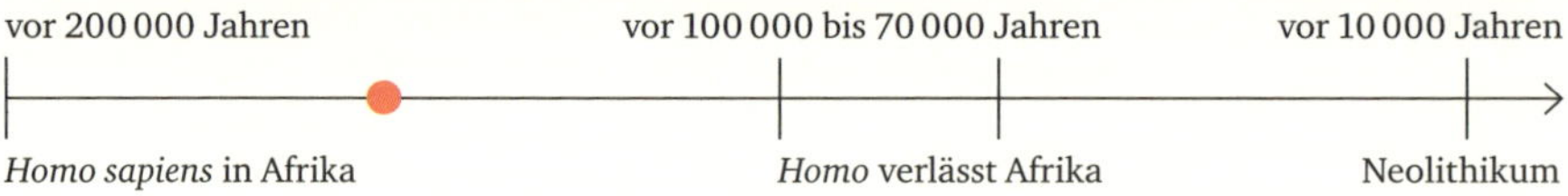

1993 von Lorenzo di Liso, Marco Milillo und Walter Scaramuzzi in der Grotta di Lamalunga bei Altamura in Apulien, Süditalien, entdeckt

ein mutmaßlich vollständiges, aber stark von Tropfsteinen überwuchertes Skelett

7. Der Mensch in den Tropfsteinen: *Homo neanderthalensis*

Altamura → *vor 150 000 Jahren*

Im süditalienischen Altamura haben sie ihn liebevoll Ciccillo (eine Koseform von Francesco) getauft – trotz seines argwöhnischen Blicks und seiner finsteren Miene. Aber dort ist er eine allseits bekannte Persönlichkeit. Wenn man hört, wie sie über ihn reden, erwartet man beinahe, ihm an einem Cafétisch auf der Piazza zu begegnen. Dazu wird es nicht kommen: Seine Überreste bleiben in der Grotta di Lamalunga, in der sie seit Jahrtausenden liegen. Mit einem Alter von 150 000 Jahren ist Ciccillo fast viermal so alt wie Feldhofer 1. Wenn wir erst jetzt von ihm sprechen, dann weil er erst viel später entdeckt wurde.

Könnte er seine Geschichte erzählen, dann wäre sie traurig. Obwohl wir nichts über seine Kindheit und Jugend wissen, künden seine Relikte von einem schrecklichen Ende. Wie andere fossile Gäste in dieser Höhle muss Ciccillo in sie hineingestürzt sein: Vielleicht hat er sich auf der Jagd bei der Verfolgung eines Beutetieres in sie hineinbegeben, vielleicht auch nur einen Blick hineinwerfen wollen. Der Boden über einem unterirdischen Wasserlauf war brüchig und gab nach. Der Sturz endete verheerend. Ciccillo brach sich einen Arm und ein Schulterblatt. Und das Verhängnis nahm seinen Lauf: Weil er den Schacht nicht nach oben klettern konnte, musste er einen anderen Weg ins Freie suchen, aber er verirrte sich. Ich stelle mir vor, wie er seinen gebrochenen Arm mit der anderen Hand festhält und mit zusammengebissenen Zähnen immer tiefer ins Dunkel eindringt, bis er sich in der heute so genannten Apsis wiederfindet, aus der er nicht mehr herauskommen wird. In Jules Vernes *Die Reise zum Mit-*

telpunkt der Erde bleibt der Protagonist Axel unter 30 Meilen Erdkruste allein im Dunkeln zurück:

> *Meine Verzweiflung war unbeschreiblich. Kein Wort der menschlichen Sprache könnte meine Gefühle ausdrücken. Ich war lebendig begraben; unter den Qualen des Hungers und Durstes hinzusterben, war mein Los.*

So erging es auch Ciccillo, der verletzt und ohne Essen und Trinken tagelang im Bauch einer totalen Finsternis ausharrte, bis das Ende kam.

Auf der Abbildung erkennt man seine stark abgeflachte Stirn und seine Überaugenwülste nicht besonders gut. Diese Merkmale sind für alle Neandertaler charakteristisch, aber bei Ciccillo sind sie stärker ausgeprägt. Tatsächlich hatten ihn die ersten Anthropologen, die ihn in der Höhle untersuchen konnten, vorsichtig als Präneandertaler klassifiziert. Dass er in Wirklichkeit zu den Neandertalern gehört, belegt seine DNA. Aber die anfänglichen Unsicherheiten erklären sich aus den besonders schwierigen Umständen, unter denen er untersucht werden musste.

Die Grotta di Lamalunga ist eine Karsthöhle, genauer, ein Komplex aus vom Wasser geschaffenen Hohlräumen, die durch horizontale Stollen und vertikale Schächte, sogenannte Dolinen, miteinander verbunden sind. In solchen Schächten sammelt sich mit der Zeit Geröll an, das gefährlich nachgeben kann, sobald man darauftritt. Und mitunter nagt unterirdisch fließendes Wasser so lange an den Felsschichten, bis sie einstürzen. Kurzum, solche Schächte bilden natürliche Fallen, wie unschwer zu erkennen ist: Im Lauf der Jahrtausende stürzten Dam- und Rothirsche, Rinder und sogar Säugetiere wie Hyänen in sie hinein, die in Apulien inzwischen ausgestorben sind. Im Norden mündet der Höhlenkomplex in eine Art Apsis, in den Hohlraum, in dem eine Gruppe von Speläologen 1993 erstmals auf Ciccillo gestoßen ist. Sein Skelett ist nach wie vor vollständig in das Kalziumkarbonat von Stalaktiten und Stalagmiten eingebettet, die in seinem Umfeld herangewachsen sind. Die Knochen gerieten mit der Zeit durcheinander: Der Schädel liegt umgedreht auf einem Oberschenkelknochen. Rings herum haben sich aus Tropfstein sogenannte Höhlenperlen gebildet, die im Schein einer Taschenlampe aufleuchten. Giorgio Manzi und Giacomo Giacobini haben einen Plan vorgelegt, wie sich der Schädel möglichst schonend herauslösen lässt, damit er im Labor untersucht werden kann. Hoffentlich wird er genehmigt. Bislang wurde jedoch lieber nichts angerührt. Sämtliche Knochen zu bergen, ohne sie zu beschädigen, wäre höchst schwierig, wenn nicht unmöglich. Was wir folglich im Augenblick von Ciccillo wissen, stammt aus Messungen mit Laserlicht und anderen Instrumenten für eine dreidimensionale Erfassung. Auch der Schädel, anhand dessen die Kennis-Zwillinge ihr Werk schufen, ist eine Computerrekonstruktion. Die wenige DNA, die wir von Ciccillo kennen, entstammt einem Fragment eines Schulterblatts, das aus dem hinteren, verdeckten Teil des Stalaktiten entnommen wurde, in den es eingebettet ist: Das dabei eingesetzte Verfahren ist mit der Laparoskopie verwandt, der chirurgischen Methode der Bauchspiegelung, bei der eine Videokamera an einem biegbaren Rohr in den Unterleib eingeführt wird.

Ciccillo war ungefähr 1,65 Meter groß und sehr stämmig. Er hatte breite Beckenknochen und die klassisch große Neandertalernase. Mit ungefähr 35 Jahren – jung für heutige Verhältnisse – hatte er damals ein stattliches Alter erreicht. Seine DNA, also die wenige mitochondriale, die gewonnen werden konnte, ist die typische seiner Spezies und ähnelt der seiner um 80 000 Jahre jüngeren Artgenossen wie Feldhofer 1 und von anderen in Südeuropa entdeckten: in Italien, Spanien und Kroatien. Dagegen zeigt die DNA von Neandertalern aus Russland einige Unterschiede, wie auch die einer dritten, weiter nördlich, in Frankreich und Belgien, vertretenen Gruppe. Dass auch ein zweiter Neandertaler aus der Kleinen Feldhofer Grotte, Neandertal 2, eine nördliche DNA aufweist, belegt allerdings zweierlei: dass sich erstens zwischen räumlich weit voneinander entfernt lebenden Populationen genetische Unterschiede anhäufen und dass zweitens schon damals nicht alle an ein und demselben Ort lebenden Individuen unbedingt die gleiche DNA hatten.

Uns fehlt ausreichend Material, um uns ein Bild von Ciccillos übriger DNA zu machen, aber auf diesem Gebiet wurden große Fortschritte erzielt. Seit 2010 erbrachte die Erforschung der Neandertaler-DNA neue Ergebnisse hervor: nicht mehr bei der relativ kurzen mitochondrialen, sondern beim Gesamtkomplex der DNA, also dem Genom. Als Ersten gelang dies – wer hätte es gedacht – den Forschenden von Svante Pääbos Gruppe, die Knochenfragmente von drei Individuen aus der Vindija-Höhle in Kroatien zusammen untersuchten. Das erste Neandertaler-Genom ist also nicht die Synthese aus der DNA nur eines, sondern dreier Fossilien. Das ist nichts Ungewöhnliches: Auch das erstmals veröffentlichte menschliche Genom stammt von fünf Individuen.

Wie wir im vorangegangenen Kapitel sahen, unterscheidet sich die mitochondriale DNA aller Neandertaler von der sämtlicher moderner Menschen. Wörtlich genommen, spräche ein derartiges Faktum dafür, dass wir zwei unterschiedlichen Spezies angehören. Aber auf diesem wie auf anderen Gebieten ist eine allzu schematische Einteilung nicht hilfreich. Und so ergab sich denn auch ein anderes Bild, als es gelang, das übrige Neandertaler-Genom zu untersuchen: Das aus der Vindija-Höhle deckt sich mit modernen Genomen deutlich stärker, als es bei der mitochondrialen DNA der Fall ist. Darauf kommen wir in Kapitel 9 zurück. Für den Augenblick konzentrieren wir uns auf die Beziehungen zwischen dem Genom der Vindija-Fossilien und fünf heutigen Genomen, die Pääbos Gruppe zum Abgleich untersucht hat: zwei afrikanische, ein französisches, ein chinesisches und ein papuanisches, also eines aus Neuguinea. Die Neandertaler-DNA ähnelt geringfügig, aber generell stärker der nichtafrikanischen als der afrikanischen DNA. »Geringfügig« heißt hier zu zwei bis vier Prozent. Dies aber regelmäßig: Viele weitere Vergleiche mit anderen modernen Genomen bestätigten diese Beobachtung. Was hat das zu bedeuten?

Zwei Szenarien sind vorstellbar: Nennen wir sie Hybridisierung beziehungsweise gemeinsame Abstammung. Hybridisierung heißt, dass die Neandertaler, die seit geraumer Zeit in Europa verbreitet waren, vor rund 50 000 Jahren auf die ersten aus Afrika zugewanderten Sapiens stießen. Die Begegnung verlief folgenreich. Angehörige aus beiden Gruppen zeugten gemeinsamen Nachwuchs (fachsprachlich: hybridisierten bzw. kreuzten sich), und dieser zeichnete sich durch einen Cocktail aus genetischen Merkmalen des Neandertalers und des modernen Menschen aus. Wie uns der Wert von zwei bis vier Prozent sagt, handelte es sich dabei um eine unausgewogene Mischung, zu der wenige Neandertaler und zahlreiche Sapiens beitrugen, ohne dass dabei aber die archaischen genetischen Merkmale vollständig verschwanden, da sie ja heute noch erkennbar sind. Eine Hybridisierung könnte also erklären, warum die Neandertaler den Europäern genetisch stärker ähneln als den Afrikanern. Und warum auch eine größere Ähnlichkeit mit Menschen in Regionen besteht, in die – wie China oder Neuguinea – Neandertaler niemals vordrangen, aber in die Sapiens eingewandert sind, deren Vorfahren sich Generationen zuvor mit Neandertalern fortgepflanzt hatten.

Auch wenn diese Hypothese einleuchtet, ist sie nicht die einzig mögliche Erklärung. Wenn wir unsere Genome mit denen von Kängurus und Schimpansen vergleichen, ähneln uns die Zweitgenannten stärker. Das heißt freilich nicht, dass wir uns mit Schimpansen gekreuzt haben, sondern dass unsere Zellen die Konsequenzen einer kürzer zurückliegenden gemeinsamen Abstammung bergen: Unsere gemeinsamen Vorfahren mit den Schimpansen lebten in neuerer Zeit. In gleicher Weise könnte eine aus früherer Zeit stammende Ähnlichkeit erklären, warum Nichtafrikaner mit den Neandertalern zwei bis vier Prozent mehr gemeinsame DNA haben als Afrikaner. Dies sehen wir im nächsten Kapitel: Die Vorfahren der Europäer, der Asiaten und auch der Papuas kamen aus Nordafrika, also aus einer Region unweit der Lebensräume der Neandertaler, und hatten mit diesen wahrscheinlich gemeinsame Vorfahren aus einer jüngeren Zeit als die Afrikaner im Westen, Osten oder Süden des Kontinents. Letztere könnten im Verlauf der Jahrtausende die genetischen Abweichungen angehäuft haben, durch die sich die heutigen afrikanischen Bevölkerungen von den Neandertalern stärker unterscheiden als die nichtafrikanischen.

Einmal formuliert, müssen solche Hypothesen natürlich auch anhand von Fakten überprüft werden. Ohne zu tief in statistische Einzelheiten einzusteigen, können beide Hypothesen die beobachteten Unterschiede zwischen dem Sapiens- und dem Neandertaler-Genom gut erklären – die der Hybridisierung und die einer gemeinsamen Abstammung. Letztere geht auf den italienischen Genetiker Andrea Manica zurück, der seit vielen Jahren in Cambridge forscht. Die Debatte ist also noch offen. Svante Pääbo neigt klar der ersten Deutung zu und muss mit seinem Standpunkt sicherlich ernst genommen werden. Trotzdem scheinen mir einige Zweifel immer noch angebracht. Sollte zwischen beiden Menschenarten tatsächlich eine Hybridisierung stattgefunden haben, muss irgendwo ein Frühmensch mit einem Schädel gelebt haben, der dazwischenliegende anatomische Merkmale aufwies, der also ein wenig unserem und ein wenig dem des Neandertalers ähnelte. Aber bislang ist noch kein solcher Schädel aufgetaucht. Die neuesten Forschungen gehen davon aus, dass der Neandertaler in Europa vor ungefähr 38 000 Jahren ausgestorben ist. Damit hätte er mit unseren aus Afrika stammenden Vorfahren einige Jahrtausende in Kontakt gelebt, wenn auch weniger lange als vormals angenommen. Nichtsdestotrotz sind sämtliche europäischen fossilen Skelette und Schädel der fraglichen Zeit entweder modern, also mehr oder weniger so wie unsere, oder archaisch, also wie die der Neandertaler.

Wieso aber sind die Neandertaler ausgestorben? Darauf gibt es keine einfache Antwort. Mehrere Faktoren dürften mitgespielt haben. Erwähnt wurden bereits Unterschiede in der Waffentechnik, die es dieser Frühmenschenart schwermachten, gegen Sapiens oder große Säugetiere aus der Entfernung zu kämpfen. Ein unterschiedliches Niveau an technischem Raffinement zeigt sich auch, wenn man die Steinwerkzeuge des Neandertalers (die zur Steinwerkzeugindustrie des Moustérien zählen) mit den ausgefeilteren vergleicht, die in den archäologischen Fundstätten des Sapiens auftauchten – wohl als Ergebnis der oben erwähnten größeren Menge an Neuronen im präfrontalen Cortex. Zudem stellten Mark Sorensen und William Leonard in einer interessanten Studie zum Grundumsatz und allgemein zum Stoffwechsel fest, dass die beiden menschlichen Spezies einen unterschiedlichen Energiebedarf hatten. Die beiden Forscher gingen von einer einfachen, von der Weltgesundheitsorganisation WHO entwickelten Gleichung aus. Sie ermöglicht es, anhand des Körpergewichts den mittleren Kalorienverbrauch zu berechnen. In diese Rechnung bezogen sie dann auch das kalte Klima im Lebensraum der Neandertaler und deren körperliche Aktivitäten mit ein. Sesshafte Menschen verbrennen heute täglich 1500 bis 2500 Kilokalorien. Da in der Vorgeschichte alle umherzogen, lag der Kalorienbedarf auch bei den Sapiens höher als bei uns heute. Aber die Neandertaler brachen alle Rekorde: Nach Sorensens und Leonards Berechnungen verbrauchten sie selbst dann, wenn sie sich an Ort und Stelle aufhielten, täglich über 4000 Kilokalorien, auf ganztägigen Jagden sogar über 6000 Kilokalorien. Zur Verdeutlichung: In einem Kilogramm Fleisch stecken 2500 Kilokalorien, sodass der durchschnittliche Neandertaler täglich mehrere Kilo davon benötigte. Wie man im Internet liest, gewinnt ein kundiger Metzger aus einem Rind mit einem Gewicht von 350 Kilogramm 200 Kilogramm Fleisch. (Prähistorische Rinder warfen gewiss weniger als heutige ab, aber sehen wir darüber hinweg.) Eine Gruppe von zwanzig Neandertalern kam also mit einem stattlichen Rind nur gut eine Woche aus. Dies sind nur ganz ungefähre und (zugegebenermaßen) behelfsmäßige Berechnungen, sie geben aber eine Vorstellung von den Verhältnissen. Dieser Bedarf forderte den Gemeinschaften der Neandertaler täglich die Beschaffung großer Mengen an Nahrung ab. Neuere Untersuchungen deuten darauf hin, dass zu ihrer Kost zudem pflanzliche Nahrung und im Nahen Osten auch Getreide gehörten. Fakt bleibt: Dass sich die Neandertaler in ihren Gemeinschaften mit deutlich mehr Fleisch versorgen mussten, bedeutete einen Nachteil im Konkurrenzkampf mit den Sapiens, dem sie auf lange Sicht nicht standhalten konnten. Vorstellbar ist zudem (auch wenn Belege fehlen), dass den Neandertalern Ähnliches widerfuhr wie sehr viel später, beim Eintreffen der Europäer, den Indigenen Amerikas: Möglicherweise schleppten die Sapiens Infektionskrankheiten ein, gegen die sie selbst eine Herdenimmunität aufgebaut hatten, denen die Neandertaler jedoch schutzlos ausgeliefert waren.

Zählt man all diese Faktoren zusammen – einschließlich der erwähnten Schwächung durch blutsverwandtschaftliche Verbindungen –, erscheint es logisch, dass die Neandertaler angesichts des Vormarschs einer Population, die besser bewaffnet und wahrscheinlich auch besser organisiert war, dem Konkurrenzkampf auszuweichen versuchten: Nach einigen üblen Erfahrungen dürften sie den Invasoren ihre besten Jagdgründe überlassen und sich in unwirtlichere Gegenden zurückgezogen haben. Dabei wird sich ihre Population allerdings immer stärker zersplittert haben – mit wachsenden Schwierigkeiten, ausreichend Nahrung und Partner zur Fortpflanzung zu finden. Während Kannibalismus und Inzest für uns heute ein Tabu darstellen (dem Arzt und Friedensaktivisten Gino Strada zufolge sollte auch der Krieg eines werden, aber danach sieht es nicht aus), haben die Neandertaler beides am Ende praktiziert. Der Ausgang ist bekannt. Fest steht, dass sich langfristig die Spezies durchsetzte, die eine höhere Kultur entwickelt hatte, die also eher in der Lage war, das notwendige Wissen zu erwerben und weiterzugeben, um sich mit besseren Werkzeugen und Waffen zu rüsten: für einen besseren Schutz vor Kälte, ausgefeiltere Jagdmethoden und eine effizientere soziale Organisation.

Aber wir haben auch Grund zu der Annahme, dass sich die Neandertaler vor ihrem Verschwinden gegen ihre Konkurrenz erbittert zur Wehr setzten. Im Februar 2022 entdeckte eine Gruppe französischer Archäologen unter der Leitung von Ludovic Slimak in der Halbhöhle Grotte Mandrin im Rhonetal die bislang ältesten Spuren der Präsenz von Sapiens in

Europa: einen Zahn, Pfeilspitzen und Klingen, die 54 000 Jahre alt sind, also 10 000 Jahre älter als die bislang ältesten bekannten Relikte (aus der Batscho-Kiro-Höhle in Bulgarien sowie der Grotta del Cavallo im süditalienischen Apulien). Diese Präsenz währte allerdings nur kurz, vielleicht einige Jahrzehnte. Jahrtausende davor und danach hausten in der Grotte Mandrin Neandertaler: Die Autoren der Studie sprechen deswegen von »kurzen Einfällen« in die Gebiete der Neandertaler. Die Angreifer verfügten bereits über Gerät, das ausgefeilter als das der Neandertaler war, verdrängten diese aber nur für einige Jahrzehnte und verschwanden für geraume Zeit wieder. Der Vormarsch der Sapiens war also kein Triumphzug, sondern ein lange währender (genauer: desorganisierter und planloser) Feldzug, an dessen Ende aus vielfältigen und komplexen Gründen allein wir übrigblieben. Noch ist es für gesicherte Schlussfolgerungen zu früh, aber angesichts einer so langen Periode, in der die beiden menschlichen Spezies auf einem Territorium (nicht immer friedlich) zusammenlebten, sollte über kulturellen Austausch nachgedacht werden, den archäologische Relikte in den Fundstätten der Neandertaler aus jüngerer Zeit belegen.

Tatsächlich kommt in der starren Kultur der Neandertaler gegen Ende ihres Werdegangs etwas in Bewegung. Objekte und Gewohnheiten, die seit der Zeit Ciccillos, also seit Jahrtausenden, unverändert blieben, verändern sich. Wir finden Spuren von Kreiden, mit denen sie wahrscheinlich ihre Körper bemalten, Knochen von Vögeln, denen die Federn ausgerissen worden waren, wahrscheinlich um als Schmuck zu dienen, und menschliche Überreste, die auf eine rituelle Bestattung hindeuten. Insbesondere in dieser Frage – ob die letzten Neandertaler ihre Toten wirklich beisetzten – gehen die Meinungen auseinander. Wenn ein Skelett in Fötusstellung ausgegraben wird, erkennt man schwer, ob sich der oder die Verstorbene in den letzten Augenblicken des Lebens zusammengekrümmt hat oder in dieser Position zur letzten Ruhe gebettet wurde. Eine Beisetzung würde bedeuten, dass der Neandertaler mental so weit entwickelt war, dass er einen Totenkult ersonnen und eine Jenseitsvorstellung gewonnen hatte. Hier warten wir besser auf neue Fakten. Aber Tatsache ist schon jetzt, dass sich vor ungefähr 40 000 Jahren in der Gesellschaft der Neandertaler etwas verändert hat. Sollten allerdings in jener Zeit – worauf die Ausgrabungen in der Grotte Mandrin hindeuten – Neandertaler und Sapiens aufeinandergestoßen sein, sich erst aus der Ferne und dann von Nahem beobachtet haben und dabei nicht nur in Konflikt geraten, sondern auch in ein friedliches Zusammenleben eingetreten sein, dann eröffnet sich ein anderes Szenario. Möglich ist, dass diese kulturelle Erneuerung durch Nachahmung erfolgte: ungefähr so wie bei kleinen Kindern, die sich bei größeren abschauen, wie man eine Sandburg baut. Die letzten Neandertaler könnten also durchaus nach und nach Bräuche von den neu Zugewanderten übernommen haben, als sie in der Cueva de los Aviones und der Cueva Antón in Spanien Muscheln durchbohrten, um sie zu Halsketten zu verarbeiten, in Fumane bei Verona in Italien wenig schmackhafte Vögel jagten und ihnen die Federn ausrissen, um sich mit ihnen wahrscheinlich zu verschönern, sich den Körper bemalten, Schmuck trugen und vielleicht den Leichnam von Angehörigen bestatteten. In der El-Castillo-Höhle in Spanien finden sich die vielleicht frühesten Formen von Malerei. Ehe die Neandertaler verschwanden – zur Zeit des Übergangs vom Mittleren zum Oberen Paläolithikum, also zur Steinzeit des Sapiens –, hatten sich bedeutende Veränderungen eingestellt. Wir wissen nicht, ob diese ihnen Angst eingeflößt (wahrscheinlich) und Unbehagen verursacht (wahrscheinlich) haben. Vielleicht (nicht ausgeschlossen) gaben sie ihnen auch das Gefühl, dass jetzt der Stillstand endete, in dem sie Hunderttausende von Jahren verharrt hatten, und dass nun (ziemlich provisorisch, wie wir wissen) Bewegung in ihre starre Zeit kam.

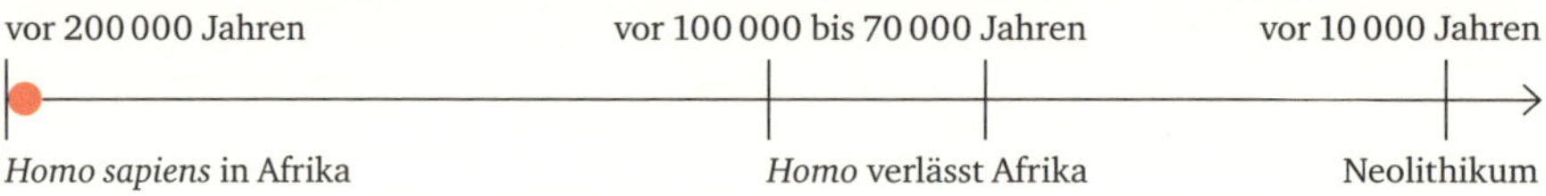

1987 wiesen Rebecca Cann, Mark Stoneking und Alan Wilson ihre Existenz mithilfe einer Genanalyse nach

ihre Verortung in Afrika steht mit allen fossilienkundlichen, genetischen und archäologischen Fakten im Einklang

8. Die Großmutter aller Großmütter: *Homo sapiens*

Mitochondriale Eva → *vor 200 000 Jahren*

Achtung: Die hier abgebildete Frau war durchaus aus Fleisch und Blut, auch wenn ihre fossilen Überreste nicht bis zu uns gelangt sind (und sollten sie irgendwann auftauchen, dann würden wir sie nicht erkennen). Jedoch ist sie in unserer Geschichte so wichtig, dass ihr ein Name gegeben wurde, der in wissenschaftlichen Veröffentlichungen immer wieder auftaucht und ab und zu in Zeitungen und Zeitschriften Schlagzeilen macht. Sie heißt mitochondriale Eva. Auch wenn wir nicht wissen, wie sie aussah, können wir einiges über sie sagen. Die Künstler der Firma Ecofauna, die bei Pisa dreidimensionale Lehrmodelle von Pflanzen und Tieren herstellt, haben diese Figur 2017 für eine Ausstellung im Palazzo delle Esposizioni in Rom angefertigt. Deren Titel lautete (ins Deutsche übersetzt): *DNA. Das große Buch des Lebens, von Mendel zur Genomforschung*. Eva saß im Halbdunkel in einem großen Saal, erkennbar schwanger und sichtlich guter Hoffnung. Wie wir in der Rückschau sagen können, hatte sie auch Grund dazu, denn sie hat uns allen einen Großteil ihrer DNA hinterlassen: als Großmutter aller Großmütter dieser Welt. Die hier fällige kleine Erklärung verschieben wir auf später, um uns auf die Person vor uns zu konzentrieren. Diese Eva ist die älteste Angehörige der Spezies *Homo sapiens*, die uns in diesem Buch begegnet, und das sieht man: an der Form des Gesichts, der inzwischen vertikalen Stirn, dem Kinn und den Körperproportionen. Als Ganzkörperfigur ist sie mit rauen und schmutzigen Knien dargestellt: In Gemeinschaften von Jägern und Sammlern (von denen es hier und da heute noch welche gibt) verbringen die Frauen viel Zeit auf den

Knien, um Früchte und Wurzeln zu sammeln und zu zerstampfen. Und Eva stammt ja aus einer Bevölkerung, die sich wie alle bis vor 10 000 Jahren durch Jagen und Sammeln mit Nahrung versorgte. Ihre Haare sind mit dem gleichen roten Schlamm imprägniert, mit dem ihre Ketten eingefärbt und der Strich über ihren Augenbrauen gezogen wurde. Wir sind nicht die einzige Spezies, die sich gern schön macht. Wie erwähnt, schmückten schon die Neandertaler ihre Körper mit Muscheln und Adlerfedern. Aber für *Homo sapiens* ist ein gutes Erscheinungsbild ein kategorischer Imperativ, dem sich auch Eva trotz ihres ehrwürdigen Alters von 200 000 Jahren nicht verweigert. Am auffälligsten an ihr sind freilich die Hände, die ihren Bauch streicheln. Reden wir also von dem Sohn, den sie in sich trägt, oder vielmehr der Tochter, denn in dieser Geschichte zählen endlich die Frauen. Oder sogar von den Töchtern, denn Eva hatte mindestens zwei.

Unser Wissen, dass, und sogar eine Vorstellung davon, wann Eva gelebt hat, verdanken wir der Arbeit des brillanten neuseeländischen Biologen Allan Wilson. Sein Laboratorium in Berkeley bei San Francisco hat die Methoden entwickelt, mit denen wir aDNA untersuchen können, also sogenannte antike oder alte DNA beziehungsweise DNA von Organismen, die vor Tausenden von Jahren lebten. Bei ihm erhielten einige der wichtigsten Experten der nachfolgenden Generation ihre Ausbildung: Svante Pääbo, aber auch Mark Stoneking, ein herausragender Populationsgenetiker, von dem in Kürze die Rede sein wird. 1987 hatte Allan Wilson eine großartige Idee, wie man die Entwicklungsgeschichte des Menschen anhand der DNA rekonstruieren könnte.

(Und schon bereue ich diesen Satz. Er erinnert an die Glühbirne über dem Kopf von Daniel Düsentrieb, dem Erfinder in den Micky-Maus-Comics, wenn ihm ein Licht aufgeht: Wie vom Himmel gefallen, liegt die Erkenntnis plötzlich fix und fertig vor uns. Das stimmt natürlich nicht. Zur Zeit des Archimedes von Syrakus mag es sich so abgespielt haben, aber heute diskutieren Forschende miteinander, persönlich oder über die verschiedenen Kommunikationskanäle. Sie besprechen das Mögliche, echauffieren sich und werden mitunter sogar laut. Mehr oder weniger widerwillig geben sie am Ende Ideen auf, die anfangs brillant erschienen, sich aber als Fehlschläge herausstellen. Und nach und nach tüfteln sie gemeinsam die Vorgehensweise oder Argumentation aus, um ein Schrittchen voranzukommen. Keine Entdeckung der Neuzeit ist das Werk eines einzigen Geistes, so genial er auch sein mag. Ich lasse den Satz trotzdem stehen, weil Allan Wilson das Verdienst gebührt, als Erster etwas gesehen zu haben, das vor aller Augen lag, ohne dass jemand die Hellsicht gehabt hätte, es ganz zu durchschauen.)

Stellen wir uns in einem Gedankenexperiment eine Gruppe von Personen, sagen wir hundert, vor: Verfolgen wir die genealogischen Linien durch die Zeit von den Kindern zu deren Eltern und weiter zu deren Vorfahren von vor drei, vier, ja tausend Generationen zurück. Aber langsam: In unserer wie in vielen anderen Spezies hat jedes Individuum einen Vater und eine Mutter, womit sich folglich bei der Rückverfolgung durch die Vergangenheit die Anzahl der Vorfahren mit jeder Generation verdoppelt: vier Großeltern, acht Urgroßeltern … zu viele und zu kompliziert. Um uns das Leben zu erleichtern, erinnern wir uns daran, dass es immer nur eine Mutter gibt, konzentrieren wir uns auf sie. Für unsere hundert Personen gibt es nur zwei Möglichkeiten: Entweder hat jede eine andere Mutter, womit es vor einer Generation nur hundert Mütter, hundert Ahninnen gibt, oder zwei oder mehr von ihnen sind Kinder derselben Mutter, womit nur noch 99, 98 oder noch weniger Vorfahrinnen zu zählen sind. Gehen wir jetzt noch einen Schritt, eine weitere Generation zurück. Hier ergibt sich genau das Gleiche: Die Anzahl der Ahninnen bleibt konstant oder nimmt ab. Egal, wie weit wir in die Vergangenheit auch zurückgehen, die Anzahl bleibt zwangsläufig immer entweder gleich oder verringert sich, bis am Schluss eine einzige übrigbleibt: die früheste gemeinsame Ahnin des gesamten Stammbaums.

In der Genetik heißt das Phänomen, wenn bei der zeitlichen Rückverfolgung zwei genealogische Linien in einer Person zusammenlaufen,

Koaleszenz. Wenn wir, ausgehend von hundert Personen, über eine Reihe von Koaleszenzen, genau gesagt 99, die weiblichen genealogischen Linien von der Gegenwart aus zeitlich zurückverfolgen, stoßen wir (wann, wissen wir nicht, aber jedenfalls irgendwann) auf die gemeinsame Vorfahrin. Überflüssig zu sagen, dass sich die gleichen Überlegungen für männliche genealogische Linien anstellen ließen. Denken wir jetzt groß, wie Allan Wilson es getan hat: Nehmen wir anstatt hundert Personen die gesamte Menschheit oder zumindest eine repräsentative Stichprobe, in die Menschen auf allen Kontinenten einbezogen sind. Es funktioniert genau so, nur dass die gemeinsame Vorfahrin weltweit aller Menschen früher in der Vergangenheit gelebt haben muss. (Die gemeinsame Urahnin der Einwohner aus Palermo und aus Messina dürfte im Durchschnitt in späterer Zeit zu finden sein als die von Palermitanern und Koreanern.) Wenn sie die Urmutter aller Menschen ist, darf man sie getrost Eva nennen, so wie wir ihren männlichen Gegenpart Adam taufen können. Eva muss mindestens zwei Kinder gehabt haben, denn sie ist ja per Definition der letzte Punkt, an dem die genealogischen Linien zahlreicher Stammbäume zusammenlaufen. Ehe wir uns in schwierige biblische Probleme verstricken, fügen wir lieber hinzu, dass dies natürlich etwas scherzhaft gemeint ist. Es gibt keine Garantie, dass unsere Eva und unser Adam zur selben Zeit am selben Ort gelebt haben oder sich jemals begegnet sind. Im Gegenteil, praktisch ist dies unmöglich. Woher wir das wissen? Bislang haben wir von Stammbäumen gesprochen, also davon, wer wessen Tochter ist. Um Adam und Eva zeitlich richtig einzuordnen, müssen wir auf die Genetik zurückgreifen.

In jeder unserer Zellen ist in den 46 Chromosomen, die jeweils zur Hälfte von unserer Mutter und unserem Vater stammen, unser Genom enthalten. Doch es gibt zwei Ausnahmen: Ein kleiner DNA-Abschnitt, die schon erwähnte mitochondriale DNA, wird nur von der Mutter an sämtliche Kinder weitergegeben. Und ein Chromosom, das Y-Chromosom, reichen nur die Väter an ihre Söhne weiter. Wenn also Eva die gemeinsame

Vorfahrin von allen ist, haben alle heute lebenden Personen ihre mitochondriale DNA geerbt. Aber die hat sich im Lauf der Generationen durch normale Mutationsprozesse verändert, sodass sich zahlreiche Varianten entwickelt haben. Wie wir in Kapitel 5 sahen, entstehen solche Varianten in einem mehr oder weniger konstanten Tempo. Wegen der Regelmäßigkeit, mit der Mutationen auftreten, sprachen wir von einer molekularen Uhr. Die Unterschiede, die wir in der heutigen DNA beobachten, geben uns deswegen eine Vorstellung davon, wie viel Zeit seit dem Moment vergangen ist, als unsere Stammbäume noch in einer einzigen Urahnin, der Urmutter Eva, vereint waren. Dank der Koaleszenztheorie in Kombination mit der molekularen Uhr konnte uns deswegen Allan Wilson zusammen mit Rebecca Cann und Mark Stoneking enthüllen, dass es – ausgehend von einer gemeinsamen Vorfahrin – 200 000 Jahre brauchte, damit in einer sehr breiten Stichprobe – mit Personen auf allen Kontinenten – die Unterschiede entstanden, die wir heute in deren mitochondrialer DNA beobachten. Und nicht nur das. Cann, Stoneking und Wilson stellen diese Unterschiede in Form eines Baums dar, in dem kurze Äste ähnliche DNA und lange Äste weniger ähnliche DNA miteinander verbinden. Auf diese Weise entstand eine Art Pyramide, an deren Spitze per Definition eben Eva steht. Und wie sie feststellten, lebte nicht nur sie, sondern auch zahlreiche ihrer Nachkommen (und unserer fernen Vorfahren) in Afrika, während erst ab einem späteren Zeitpunkt in Asien, Europa und Amerika lebende Vorfahren auftauchten. Das kann nur bedeuten, dass sich in Afrika die erste Phase unserer Evolution vollzog und erst danach Vorfahren von uns auf die anderen Kontinente vordrangen.

Wir stammen aus Afrika. Das verraten uns die Fossilien wie auch die archäologischen Überbleibsel. Die Forschungen von Allan Wilsons Gruppe fügen in das Puzzle ein drittes Teilchen ein, ein genetisches Faktum, das mit den anderen beiden perfekt zusammenpasst. Um zu verstehen, welche Bedeutung dies hat, sei daran erinnert, dass in den 1980er-Jahren noch unklar war, ob die ersten Sapiens in Afrika (wie von den Paläontologen vorgeschlagen) oder in Asien (wie Forschungen an wenigen Genen nahelegten) zu suchen waren – oder vielleicht sogar überall, wie die in Kapitel 4 erwähnten Verfechter des multiregionalen Modells meinten. 1988, ein Jahr nach Veröffentlichung von Canns, Stonekings und Wilsons Artikel, erschien auf dem Titelblatt des Magazins *Newsweek* ein Garten Eden, in dem Eva Adam einen Apfel reicht – beide mit afrikanischen Zügen. Im Artikel fügte die Zeitschrift vorsichtshalber hinzu, dass die Theorie vom afrikanischen Ursprung des Menschen »umstritten« sei. Das stimmte wohl damals, gilt heute aber nicht mehr. Dabei sei einer allzu wörtlichen Deutung dieses Titelbildes nochmals entgegengesetzt, dass die mitochondriale Eva dem Adam, der analog anhand von Untersuchungen des Y-Chromosoms ausgemacht worden war, den Apfel nicht gereicht haben kann, und zwar aus einem einleuchtenden Grund: Beide lebten zu verschiedenen Zeiten. Zwar sind beide Afrikaner, aber nach jüngeren Berechnungen ist Adam rund 50 000 Jahre älter.

Wie ist das möglich? Unser Genom ist sehr groß, und seine Teilstücke folgten unterschiedlichen Entwicklungen, haben also nicht alle die gleiche Genealogie. So wie wir unsere Augen von der Großmutter väterlicherseits, die Wangenknochen von der Großmutter mütterlicherseits und die Form der Hände wieder von der anderen Großmutter geerbt haben können, gelangen unterschiedliche DNA-Stücke über verschiedene Vorfahren bis zu uns. Wenn wir die Geschichte eines jeden Teilstücks zurückverfolgen könnten, würden wir bei jedem auf einen anderen Vorfahren der gesamten Menschheit stoßen. In der Praxis haben wir eine Unzahl von Adams und Evas, von denen jeder und jede für die Weitergabe eines anderen Stücks DNA verantwortlich und an einer anderen Stelle in Raum und Zeit zu verorten ist. Zwei von ihnen – die auf dem Titelblatt von *Newsweek* Abgebildeten – konnten wir besser ausmachen, weil ihre DNA über zwei Abstammungslinien zu uns gelangte, die sich leicht nachverfolgen lassen: über die – rein weibliche – mitochondriale und die – rein männliche – des Y-Chromosoms.

Kurzum, die Paläontologen hatten recht. Der älteste *Homo sapiens,* oder besser, das älteste bekannte Fossil mit modernen anatomischen Merkmalen, tauchte im äthiopischen Omo Kibish auf und ist 190 000 Jahre alt. Zeitlich ist das von Eva gar nicht so weit entfernt – nur 10 000 Jahre –, aber das besagt nichts: Es gibt keinen Grund, warum sich die beiden Zeitalter decken müssten. Einerseits zeugt das Fossil aus Omo Kibish davon, dass vor 190 000 Jahren in Afrika ein Mensch gelebt hat, an dem uns nichts auffiele, würde er sich in passender Kleidung im Bus neben uns setzen. (Laut Steve Jones würden wir bei einem Neandertaler in gleicher Situation lieber aussteigen.) Andererseits ist Eva eine wichtige Vorfahrin von uns, die grob in der gleichen Zeit und Region wie der Mensch aus Omo Kibish gelebt hat: Aber sie ist nicht die erste Sapiens-Frau. Sie hatte eine Mutter, eine Großmutter und so weiter. Sie gehörte zu einer Population, in der sie mit einem Mann Töchter gezeugt hat, die ihre mitochondriale DNA empfangen haben und sie ihrerseits weitergaben. Nichts Besonderes, aber sie ist zufällig diejenige, von der sämtliche heute in Umlauf befindlichen Kopien der mitochondrialen DNA stammen, also die *jüngste* gemeinsame Vorfahrin all unserer mitochondrialen DNA. Die anderen gemeinsamen Ahnen der gesamten Menschheit lebten nach ihr, vor ihr (zum Beispiel Adam, wie wir sahen) oder auch sehr lange vor ihr. Um ein Beispiel zu nennen: Es gibt eine gewaltige Variabilität in den Genen, die das Immunsystem regulieren, die sogenannten HLA-Gene, und eben ihretwegen reagieren Personen auf ein und dieselbe Infektion auf unterschiedliche und manchmal sehr unterschiedliche Weise. Die molekulare Uhr sagt uns, dass unser gemeinsamer Vorfahr für einige dieser Gene, egal, ob Frau oder Mann (was sich in diesen Fällen nicht sagen lässt), schon vor Millionen Jahren lebte. Das Genom eines jeden von uns ist ein Harlekinkostüm, dessen Flicken wir auf verschiedenen Wegen von Vorfahren erhalten haben, die zu unterschiedlichen Zeiten lebten. Angesichts der schier unermesslichen Anzahl unserer Vorfahren wäre das Gegenteil auch verwunderlich.

Dass wir unseren Ursprung mit Sicherheit in Afrika verorten können, räumt mit zahlreichen irrigen Theorien auf. So können wir uns darauf konzentrieren, was dazu führte, dass sich unsere Spezies über den gesamten Planeten ausgebreitet und als einzige der Gattung *Homo* bis heute überlebt hat. Zuallererst auf die Frage: Welches Leben führten unsere Sapiens-Vorfahren in ihrer langen Phase in Afrika? Durchschnittlich ein beschwerliches, daran bestehen kaum Zweifel. Wie erwähnt, konnten sie keine Nahrung erzeugen. Bis vor 10 000 Jahren, als die Landwirtschaft aufkam (davon wird in Kapitel 14 die Rede sein), waren sie ganz auf die Jagd und das Sammeln von Früchten und Wurzeln angewiesen. In glücklichen Zeiten konnte dies durchaus angenehm sein: Sobald Nahrung beschafft war, winkte Freizeit, anders als bei den Bauern, die den ganzen Tag über arbeiten (auch das verrät uns die Erforschung von gegenwärtigen Bevölkerungsgruppen, die entweder jagen und sammeln oder eine einfache Form von Landwirtschaft betreiben). Aber früher oder später kamen auch weniger glückliche Zeiten, und dann drohte Ungemach. An den Fundplätzen, an denen Jäger und Sammler gelebt haben, also aus der Zeit von vor über 10 000 Jahren, haben Archäologen noch nie Vorratsbehälter entdeckt: Sie waren nutzlos, da nie ausreichend Überschüsse für eine Einlagerung gewonnen wurden. Jäger und Sammler lebten von der Hand in den Mund, weshalb ihre Populationen klein blieben und auch die heutigen immer noch klein sind. Man beachte die Zeiträume: Die Funde in Omo Kibish sind 190 000 Jahre, die Methoden zur Nahrungserzeugung nur knapp 10 000 Jahre alt. Für seine Ernährung zu sorgen, stellte für den *Homo sapiens* also während $^{18}/_{19}$ seiner Geschichte das Hauptproblem dar.

Auch wenn die Jäger und Sammler des Sapiens über raffiniertere Steinwerkzeuge verfügten (wie uns die archäologischen Funde erzählen), führten sie kein anderes Leben als die Neandertaler oder Frühmenschen aus älterer Zeit. Als Halbnomaden hielten sie sich kurze Zeit an Plätzen auf, an denen sie Nahrung fanden, und zogen weiter, sobald die Ressourcen erschöpft waren, oder wenn gar Brände oder Angriffe von Raubtieren ihr Überleben gefährdeten. Diese Lebensweise bot auch einen Vorteil: Beim häufigen Weiterziehen entdeckten sie das Umland. Hier dürfen wir uns keine geplanten Erkundungen vorstellen, da die ersten Sapiens ja weder über Kompasse noch Karten verfügten. Aber im Lauf der Zeit waren sie, angetrieben von ihrer Vagabundennatur, überall in Afrika unterwegs – und irgendwann auch außerhalb des Kontinents.

Im Nahen Osten finden sich Spuren früher und glückloser Expeditionen. An zwei Stätten im heutigen Israel, in der Skhul-Höhle im Karmelgebirge und in der Qafzeh-Höhle bei Nazareth, tauchten besonders alte Sapiens-Skelette auf, manche in Fötusstellung. Unweit von dort liegen die beiden Neandertaler-Fundplätze Tabun und Kebara. Bevor all diese Fossilien datiert werden konnten, galten sie in der Gesamtheit als ein mutmaßlicher Beleg dafür, dass hier der Übergang vom Neandertaler zum Sapiens stattgefunden habe. Von den Verfechtern des multiregionalen Modells wurden sie sogar als ein Beweis dafür gedeutet, dass sich die Neandertaler zu Sapiens weiterentwickelt hätten: Die archaischeren Schädel in Tabun und Kebara sollten von den Vorfahren der Menschen mit den moderneren Schädeln in Skuhl und Qafzeh stammen. Wie wir heute indes wissen, verliefen die Dinge anders. Die Knochen der Sapiens sind 100 000, die der Neandertaler zwischen 40 000 und 60 000 Jahre alt. Diese Datierungen belegen klar, dass die Sapiens von Skhul und Qafzeh nicht von den örtlichen Neandertalern abstammen und dass sie diese auch nicht aus ihren Territorien vertrieben haben. Zwangsläufig ist das Gegenteil der Fall: Die ersten aus Afrika abgewanderten Sapiens haben sich vor ungefähr 100 000 Jahren an der Mittelmeerküste festgesetzt, ohne von da aus weiter vorzurücken, worauf einige Jahrtausende später die Neandertaler diese Region wieder in Besitz nahmen. Dabei spielte möglicherweise eine Klimakrise mit hinein: Vor rund 80 000 Jahren wurde es im Nahen Osten trockener und kälter, und Neandertaler waren eher kälteresistent. Es ist sehr unwahrscheinlich, dass die Sapiens von Skhul und Qafzeh

Nachkommen hinterließen, die noch in den gegenwärtigen Bevölkerungen Europas und Asiens vertreten sind.

Aber am Ende gelang es dem Sapiens, sich über Afrika hinaus auszubreiten und die übrigen Kontinente zu erobern. Wie und auf welchen Wegen, ist nicht genau bekannt. Klar ist indes, dass wir uns von so weit zurückliegenden Geschehnissen nur schemenhafte Vorstellungen machen können. Wenn wir uns darauf festlegen, dass die Auswanderung aus Afrika hauptsächlich in einer oder zwei großen Wellen erfolgte, leugnen wir damit keineswegs, dass vielfach geringfügigere Abwanderungen stattfanden, bei denen sich kleinere Gruppen aus ihrem angestammten Kontinent hinauswagten. Dabei waren sie zuweilen erfolgreich, was zur Entstehung neuer Populationen führte, während es andere Male (wie in Skhul und Qafzeh) weniger gut lief. Und manchmal gab es wahrscheinlich auch Wanderungen in umgekehrter Richtung, also aus dem Nahen Osten zurück nach Afrika. Aber für eine so frühe Zeit können wir allenfalls die hauptsächlichen Migrationsbewegungen rekonstruieren und nachvollziehen, ob es eben eine oder zwei waren. Um diese Frage dreht sich die Debatte. Es besteht kein Zweifel, dass Sapiens vor rund 65 000 Jahren das heutige Ägypten durchwanderten und von dort aus in den Nahen Osten gelangten. Zweifel bestehen hingegen an einer früheren Migration, die vor über 100 000 Jahren über die Südroute verlaufen sein soll: vom Horn von Afrika aus direkt auf die südliche Arabische Halbinsel und weiter die Küste entlang bis nach Zentralasien, in den Fernen Osten und nach Australien. Die Skelette, die in der ältesten australischen archäologischen Fundstätte, am Lake Mungo, gefunden wurden, sind zwischen 42 000 und 60 000 Jahre alt. Wir wissen nicht, wie rasch sich die ersten Auswanderergemeinschaften der Sapiens weiter ausbreiteten, aber 5000 Jahre erscheinen wahrhaftig kurz, um die gesamte Strecke von Ägypten bis in den Süden Australiens abzudecken. Aus diesem Grund (nicht dem einzigen) ist die Hypothese ernsthaft in Erwägung zu ziehen, dass eine Auswanderung schon in früherer Zeit stattfand. Tatsächlich belegen Beilklingen und andere Utensilien, die im Süden der Arabischen Halbinsel, am Fundplatz des Jebel Faya, auftauchten, dass dort schon vor 125 000 Jahren Sapiens lebten. Ob diese Populationen, von denen bislang noch keine Knochenreste auftauchten, hier dauerhaft Halt machten oder ob sie weiter nach Osten zogen, können wir nicht mit Sicherheit sagen. Davon wird in Kapitel 12 nochmals die Rede sein.

Sicher ist eines: Die ersten Sapiens, die Afrika verließen, bildeten keine repräsentative Stichprobe für den gesamten afrikanischen Kontinent. Weil sich DNA in feuchtheißen Klimazonen schlechter hält, reichen die Daten zur alten DNA der Afrikaner gerade einmal einige Tausend Jahre zurück. Aber wir haben beste Gründe zur Annahme, dass sich in einem solchen Großraum, auf einem ganzen Kontinent, bei ihnen Unterschiede angehäuft hatten: Die Bewohner des östlichen Erdteils waren mit denen des westlichen genetisch nicht identisch, so wie sich auch die im Zentrum und im Süden von denen im Norden unterschieden. Den großen Sprung nach Asien und Europa haben die Sapiens vollzogen, die auf ihren Wanderungen am weitesten nach Norden vorgedrungen waren. Das ist die Hypothese von der genetisch strukturierten, also inhomogenen Bevölkerung, die der italienische Genetiker Andrea Manica vorgeschlagen hat: Die Unterschiede zwischen den alten afrikanischen Sapiens-Bevölkerungen könnten erklären, warum die DNA der gegenwärtigen Europäer (sowie der Asiaten und Melanesier) stärker der der Neandertaler ähnelt, ohne dass dafür zahlreiche Kreuzungen notwendig waren. Auch hier warten wir auf neue Erkenntnisse, aber manches wissen wir bereits und betrachten es im nächsten Kapitel näher: Jedenfalls hat es zwischen Sapiens und Neandertalern gefunkt.

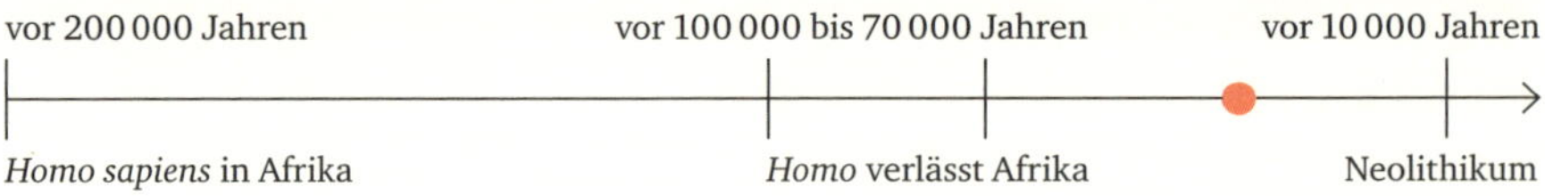

2002 von Ştefan Milota, Adrian Bîlgăr und Laurenţiu Sarcina nahe der Stadt Anina (Steierdorf) in den rumänischen Karpaten entdeckt

zwei Fossilien: ein Unterkiefer (von Oase 1), ein Gesichtsschädel (von Oase 2)

9. Mischlinge: *Homo sapiens*

Oase 2 → *vor 37 000 Jahren*

Eine großflächige Stirn, keine störenden Überaugenwülste, ein ausgeprägtes Kinn und dazu auch noch ein sympathisches Lächeln. Kein Zweifel, der Herr, den wir da vor uns sehen, ist einer von uns, einer unserer Spezies. Richtig. Aber wie wir noch sehen werden, gilt das nur begrenzt, sagen wir zu 94 Prozent. Er ist Europäer, seine Überreste wurden in Rumänien nahe der serbischen Grenze entdeckt: in der Peştera cu Oase, der »Höhle mit Knochen«. Wie die Grotta di Lamalunga in Süditalien ist sie ein System aus Karsthöhlen, von unterirdisch fließendem Wasser erschaffen. Wie dort fanden sich auch hier Knochenreste zahlreicher Säugetiere, die in sie hineingestürzt waren oder sich in sie verirrt hatten. Während es in Apulien die Hyanen waren, tauchten hier Überbleibsel eines Steinbocks auf. Seit Ciccillos Zeiten waren Jahrtausende vergangen, die Tierwelt hatte sich verändert und glich inzwischen der heutigen. Nahe einem einstigen Zugang, der heute durch einen Bergrutsch verschüttet ist, öffnet sich der »Saal des Unterkiefers«, wie er getauft wurde. Die Bezeichnung erklärt sich selbst. Hier kamen die zerfallenen Überreste zweier Menschen, Oase 1 und Oase 2, zum Vorschein. Es sind keine Begräbnisstätten: Der unterirdische Wasserlauf hat sie von wer weiß wo hierher gespült. Und diese Gebeine sind uralt: Unser Oase war einige Jahre lang das älteste bekannte europäische Fossil des *Homo sapiens*.

Heute ist er es nicht mehr: Übertroffen (aber nur um 45 000 Jahre) hat ihn ein Zahn, der ebenfalls auf der Balkanhalbinsel, in der Batscho-Kiro-Höhle in Bulgarien, zum Vorschein kam. Bulgarien, Rumänien: Vom

Nahen Osten aus über Anatolien hat der Sapiens für seinen Weg nach Europa die Route über die Balkanhalbinsel genommen, was durchaus logisch erscheint (aber wie wir sahen, erweisen sich die einleuchtendsten Hypothesen nicht immer als die besten). Doch wie lange brauchte er dafür? Nun, hier lauern einige Probleme. Um diesen Zeitraum zu berechnen, müsste man genau wissen, wann Oases Vorfahren aus Afrika ausgewandert sind, und das ist noch nicht genau bekannt. Bei den Schätzungen, die wir gleich sehen werden, handelt es sich um Abstraktionen: Die ersten Sapiens sind nicht alle gemeinsam und gleichzeitig aus dem Nahen Osten eingetroffen. Der Prozess muss schrittweise erfolgt sein, mit vielen kleinen Gruppen, die Afrika unkoordiniert verlassen und aufs Geratewohl neue Gebiete erkundet haben. Trotzdem ist es hilfreich, sich auf einen Zeitpunkt festzulegen, der sozusagen den Durchschnitt aus den Daten der verschiedenen Wanderungsbewegungen bildet. Es sei nochmals darauf hingewiesen, dass bestimmte Expeditionen keinen guten Ausgang nahmen, woran die Fossilien von Skhul und Qafzeh erinnern. Deswegen steht dieser Zeitpunkt für den Moment, ab dem Sapiens die neuen Gebiete außerhalb Afrikas *stabil* bevölkerten. Wenn wir den Genetikern glauben, und ich habe keinen Grund, dies nicht zu tun, dürfte dieser vor 70 000 bis 56 000 Jahren einzuordnen sein. Wir wissen nicht, wer die Protagonisten dieser Migration waren, weil uns von ihnen weder fossile Überreste noch archäologische Spuren vorliegen. Was uns allerdings geblieben ist, sind die Gene ihrer Nachkommen, und damit die von uns allen. Anhand dieser wurde mit komplexen Berechnungen und Computersimulationen eingeschätzt, wie lange es gedauert haben könnte, bis die Populationen der ganzen Welt, ausgehend von einer kleinen Gruppe afrikanischer Vorfahren, die heute gemessenen genetischen Unterschiede zwischen ihnen entwickelt haben.

Vom Nahen Osten bis nach Europa, genauer vom heutigen Israel bis nach Bulgarien, liegt eine weite Wegstrecke, die nicht ohne Schwierigkeiten zu bewältigen gewesen sein dürfte. Wie wir in Kapitel 7 sahen, reichen die ersten (archäologischen, nicht fossilen) Belege dafür, dass Sapiens im heutigen Frankreich lebten, bis in die Zeit von vor 50 000 Jahren zurück. Aber auch dabei geht es um einen kurzen Aufenthalt in einer Region, die später wieder längerfristig von Neandertalern besetzt wurde. Nach diesen frühen Pionieren dauerte es noch lange, bis Sapiens dieses Territorium dauerhaft unter ihre Kontrolle brachten: mehr oder weniger zehn Jahrtausende. Wir können uns die Gruppen der ersten europäischen Sapiens bei der Erkundung ihres neuen Territoriums vorstellen. Es sind wenige, aber mit fortschrittlicher Technik ausgestattete: Ihre Gebrauchsgegenstände bestehen nicht mehr nur aus Stein, sondern auch aus Knochen, Horn und sogar Elfenbein. Sie sind gut gegen Kälte gewappnet, weil sie über Klingen zum Schneiden und Nadeln zum Nähen verfügen und zudem weben können. Sie sind mit Speeren und Pfeilen bewaffnet. Dank all dieser wegweisenden Innovationen können sich diese kleinen Gruppen ziemlich gut behaupten und ihren Kindern günstige Überlebensbedingungen sichern. Sie vermehren sich und wachsen zu neuen Populationen heran. An Raum mangelt es nicht. Um die damaligen Bevölkerungszahlen treffsicher zu schätzen, gibt es nicht genügend Knochenreste, aber wir haben trotzdem eine Idee, wie viele Individuen es gewesen sein könnten. Der französische Demograf Jean-Pierre Bocquet-Appel hat die Fläche der von Sapiens besetzten europäischen Territorien im oberen Paläolithikum mit der mittleren Bevölkerungsdichte moderner Jäger und Sammler multipliziert und kam dabei auf eine Schätzung von bis zu 40 000 Individuen – so viele, wie in einer Stadt wie Meran oder Pirmasens leben.

Die Anzahl erscheint verschwindend gering, ist es aber nicht. Diese wenigen Sapiens genügten, um sich gegen die Neandertaler durchzusetzen, von denen es offenbar noch weniger gab. Um die Größen der beiden Populationen zu vergleichen, zählten Paul Mellars und Jennifer French in geduldiger Kleinarbeit, wie viele von den prähistorischen Artefakten, die im südwestfranzösischen Aquitanien gefunden worden waren, mit den Techniken der letzten Neandertaler gefertigt worden waren (die zur Châtelperronien-Kultur gezählt werden) und wie viele von den ersten Sapiens stammten (die zur Aurignacien-Kultur gezählt werden). Auch wenn das eine oder andere Steinwerkzeug nicht eindeutig der einen oder der anderen oder sogar beiden Kulturen zugeordnet werden kann, lässt sich diese Berechnung präzisieren, wenn man die Zahl der Siedlungsplätze, deren Ausdehnung und die Anzahl der dort lebenden Menschen berücksichtigt. Der letztgenannte Faktor wird über den Daumen gepeilt, indem die Menge der dort aufgefundenen Überreste essbarer Tiere gemessen wird. Mellars und French kommen zu dem Schluss, dass vor 44 000 bis 35 000 Jahren die Sapiens in Aquitanien zehnmal so viele waren wie die Neandertaler: Wenn also in Europa 40 000 Individuen unserer Spezies unterwegs waren, lebten dort gleichzeitig 4000 Neandertaler. Obwohl diese Zahl nicht ganz wörtlich zu nehmen ist, zeichnete sich schon damals deutlich ab, wer am Ende die Oberhand gewinnen würde.

Das Ende kam allerdings nicht plötzlich. Dazu, was sich zwischen den beiden Gemeinschaften in den Jahrtausenden ereignete, in denen sie in Europa zusammenlebten (und sich mitunter buchstäblich ins Auge blickten: Châtelperronien- und Aurignacien-Fundstätten liegen sich an zwei Hängen über ein und demselben Tal gegenüber), gibt es viele Hypothesen und wenige Fakten. Wie wir sahen, handelt es sich bei dem Fossil aus Shanidar im heutigen Irak wahrscheinlich um ein Opfer einer ihrer Auseinandersetzungen. Andererseits sahen wir auch, dass die Nachbarschaft von Sapiens die Kreativität der Neandertaler beflügelt haben könnte, falls sie am Ende tatsächlich Gebräuche der neu Zugewanderten übernommen haben, einschließlich dem, Objekte zum Schmücken des eigenen Körpers zu sammeln. Jedenfalls dürften mehr oder weniger gewaltsam ausgetragene Konflikte häufig vorgekommen sein. Andere Beziehungen sind mutmaßlich freundschaftlicher verlaufen. Und nicht auszuschließen ist, dass sich auch gemischte Gemeinschaften gebildet haben (für die uns aber der Beleg fehlt).

Nachgewiesen – eben durch Oase – ist dagegen, dass die Beziehungen zwischen Neandertalern und Sapiens auch (wie häufig, wissen wir nicht) mehr als freundschaftlich waren. Hier muss ich allerdings vorausschicken, dass ich mich eines kleinen und hoffentlich verzeihlichen Kunstgriffs bediene: Auch wenn es sich bei den Funden in der Peştera cu Oase, wie erwähnt, um zwei Fossilien handelt, behandle ich diese als eine Einheit. Dies deshalb, weil wir von Oase 2 einen vollständigen Schädel haben – ihm verdanken wir die Rekonstruktion der Kennis-Brüder –, während uns von Oase 1 DNA vorliegt. Und da mir als Autor eine gewisse dichterische Freiheit zusteht, nehme ich mir das Recht heraus, beide wie eine einzige Person zu behandeln, zugegebenermaßen im Widerspruch zu dem, was ich mehrfach gesagt habe: dass die Menschen an einem Ort nicht alle gleich waren, weder anatomisch noch genetisch. Aber zur erstmaligen Untersuchung des Neandertaler-Genoms wurden ja auch die Überreste von drei Individuen herangezogen, nicht wahr?

Im Genom von Oase 1 sind zwei unterschiedliche Komponenten erkennbar, die uns verschiedene Geschichten erzählen, so wie sich die Geschichten unserer Großeltern mütterlicher- und väterlicherseits eben unterscheiden können. Die erste Komponente trägt Neandertaler-Merkmale. Woher stammt sie? Für eine Antwort braucht es einige Berechnungen. Wir erben von Mutter und Vater jeweils genau die Hälfte des Genoms, von jedem Großelternteil jeweils ein Viertel (ungefähr, weil sich in den Zellen unserer Eltern die Anteile von deren Eltern vermischt haben), von jedem Urgroßelternteil ungefähr ein Achtel, von jedem Ururgroßelternteil ungefähr ein Sechzehntel, also rund 6,25 Prozent. Svante Pääbos Forschungsgruppe schätzt, dass sechs bis neun Prozent des Genoms von Oase 1 vom Neandertaler stammen. Diese Zahlen sind nicht supergenau, weil die DNA von uns und unseren Verwandten zahlreiche identische Teile enthält, denen sich schwer eine gesicherte Herkunft zuordnen lässt. Doch Oase, auch wenn er auf den ersten Blick wie ein Sapiens wie viele andere aussieht, hatte jedenfalls einen Neandertaler als Vorfahren, und zwar in zeitlicher Nähe: wahrscheinlich in der Generation seiner Ururgroßeltern. Nicht nur also, dass er ein besonderer Sapiens ist, nämlich ein Mischling, und seine DNA beweist, dass es zwischen Sapiens und Neandertaler gefunkt hat, er ist auch der Beleg dafür, dass die Nachkommen aus solchen hybriden Affären zeugungsfähig waren. Hier könnte man sich fragen, ob wir und die Neandertaler dann wirklich unterschiedliche Spezies sind. Darüber rede ich lieber weiter hinten, im letzten Kapitel. Für den Augenblick sei nur gesagt, dass der Artbegriff in Fällen wie diesem nicht viel weiterhilft und sogar Verwirrung stiften kann. Für Svante Pääbo ist dies die falsche Frage, und ich stimme ihm zu.

Die Entwicklung könnte folglich so abgelaufen sein: Vor Hunderttausenden von Jahren, sagen wir vor 500 000 bis 700 000 Jahren, spaltet sich eine menschliche Gruppe, vielleicht eine des *Homo heidelbergensis*, in zwei auf. Eine bleibt vor Ort, während die andere nach Norden, in den Nahen Osten, abwandert und sich dort ein zweites Mal teilt. Einige Mitglieder ziehen weiter gen Osten bis nach Asien, wo sich später die mysteriösen Denisovaner entwickeln. Andere wenden sich nach Westen, worauf aus ihnen mit der Zeit die Populationen der Neandertaler hervorgehen. Aber auch in Afrika bleibt die Entwicklung derweil nicht stehen: Schritt um Schritt nimmt der *Homo sapiens* Gestalt an. Über Zigtausende Jahre verhält er sich wie alle Jäger und Sammler: Er zieht häufig umher, folgt Beutetierherden und meidet Orte, an denen es ihm nicht gut geht. Auf diese Weise erkunden die Populationen des Sapiens immer neue Territorien und gelangen vor 100 000 Jahren schließlich in den Nahen Osten. Wie erwähnt, machen manche hier Halt, während andere weiterziehen. Aber auch diese bleiben vor 56 000 bis 70 000 Jahren nicht alle beisammen, und zwar deshalb nicht, weil sich benachbarte Gruppen am Ende Ressourcen streitig machen und eine nur ein Stück weiterziehen muss, um allzu großen Konflikten aus dem Weg zu gehen. Manche schlagen die Route nach Asien, andere die nach Europa ein. Beide stoßen auf Angehörige anderer menschlicher Spezies (die Denisovaner in Asien, die

Neandertaler in Europa) und beschränken sich nicht darauf, sich mit ihnen tödliche Kämpfe zu liefern oder ihnen zärtlich in die Augen zu blicken: Dies belegt die DNA von Oase 1 wie auch die aus dem Zahn aus der Batscho-Kiro-Höhle in Bulgarien. Wie allergenaueste Untersuchungen zeigen, muss es vor 47 000 bis 65 000 Jahren zu diesen schicksalshaften Begegnungen gekommen sein.

Wenn die erste Komponente des Genoms von Oase 1, diese sechs bis neun Prozent des gesamten Erbguts, von einem Neandertaler in der Urgroßelterngeneration stammt, so hat er die übrigen 91 bis 94 Prozent seines Genbestands von den anderen 15 Ururgroßeltern geerbt. Sie sind eindeutig Sapiens-DNA und lassen erkennen, wie unausgewogen der Gen-Cocktail insgesamt war. Ein Neandertaler hat sich mit Sapiens fortgepflanzt, aber sein Anteil im Erbgut hat sich im Verlauf der Generationen immer stärker verringert. Doch Vorsicht: Wenn der Ururgroßvater von Oase 1 ein Neandertaler war und mit seiner Sapiens-Ururgroßmutter ein Kind gezeugt hat, müsste diese Verpaarung rund ein Jahrhundert vor seiner Zeit erfolgt sein. Damit kann sie nicht Tausende Kilometer weiter im Süden, im Nahen Osten, stattgefunden haben. Die DNA von Oase 1 und die aus der Batscho-Kiro-Höhle belegen, dass es zwischen uns Sapiens und den Neandertalern zu zahlreichen Begegnungen gekommen ist: in der Zeit, als Sapiens bereits in Europa unterwegs waren, oder kurz bevor sie den Kontinent erreichten. Pääbos Gruppe vertrat in ihren Studien zunächst die Ansicht, dass die Hybridisierung im Nahen Osten stattgefunden habe, weil dies erklären würde, warum sich Neandertaler-DNA in Regionen findet, in die sich nie ein Neandertaler vorgewagt hat: Ostasien und Melanesien. Wenn die aus Afrika kommenden Sapiens-Pioniere mit Neandertalern im Nahen Osten Nachwuchs gezeugt hätten, könnten deren Gene auf den Beinen von Sapiens-Nachfahren über die weite Strecke bis in den Fernen Osten gelangt sein. Danach war allerdings von drei Vermischungen die Rede, aber wie inzwischen klar zu sein scheint, ist auch diese Anzahl noch zu tief gegriffen. Der schicksalshafte Funke muss mehrfach übergesprungen sein.

Welche Konsequenzen hatten diese hautnahen Begegnungen zwischen Sapiens und Neandertalern? Laut der Hybridisierungstheorie gewaltige: Ein wenig DNA von allen (allen!) außerhalb Afrikas Lebenden, sagen wir zwei bis vier Prozent, stammt von neandertalischen Vorfahren und wurde über Mischlinge weitergegeben. Aber ich rate zu ein wenig Vorsicht: Zu ermitteln, ob die Hybridisierung mit Neandertalern stattgefunden hat (hat sie, wie die Funde in der Peştera cu Oase und in der Batscho-Kiro-Höhle belegen), ist die eine Sache, doch eine ganz andere ist die Behauptung, 6,5 Milliarden Menschen (also alle heutigen Nichtafrikaner) würden auf die eine oder andere Weise von diesen Kreuzungen abstammen. Hier passt etwas nicht zusammen. Zunächst einmal enthält die DNA von Oase 1 und aus der Batscho-Kiro-Höhle in ihrer Sapiens-Komponente Merkmale, die in den gegenwärtigen europäischen Genomen nicht auftauchen. (Tatsächlich zeigt die Batscho-Kiro-DNA einige Ähnlichkeit mit der von asiatischen Populationen.) Dagegen weisen die Genome der heutigen Europäer deutlich erkennbar auf drei andere Migrationswellen hin, die alle erfolgten, nachdem die erste Gruppe Sapiens aus Afrika in Europa eingetroffen war, also die, die von der Oase 1 abzustammen scheint (davon wird in Kapitel 14 die Rede sein). Wir können noch nichts über die Art der Beziehungen zwischen den allerersten europäischen Sapiens und denen sagen, die später dazukamen, aber dass Oase 1 zu unserem Stammbaum gehört, ist eher unwahrscheinlich. Er ist einer der ersten europäischen Sapiens, aber nicht der Vorfahr aller europäischer Sapiens.

Spielen wir lieber mit offenen Karten: Viele meiner hochrespektablen Kollegen teilen meine Zweifel nicht und schließen sich der Hybridisierungstheorie vorbehaltlos an. Ich kann ihr beim besten Willen nur bis zu einem gewissen Punkt folgen: Mir behagt die Vorstellung nicht, dass wir bei der Rückverfolgung unserer Stammbaumäste am Ende unweigerlich auf irgendwelche Neandertaler stoßen. Wie wir sahen, wird ein – kleiner, aber erheblicher – Bestandteil unseres Erbguts, die mitochondriale DNA, nur über die Mütter an die Kinder weitergegeben, während ein anderer, das Y-Chromosom, nur von den Vätern an die Söhne weitergereicht wird. Wie schon seit einigen Jahren bekannt, weist die mitochondriale DNA der Neandertaler Unterschiede zu der der Sapiens auf und ist als solche leicht zu identifizieren. Nun fand sich unter Zehntausenden von untersuchter moderner mitochondrialer DNA keine einzige mit Neandertaler-Merkmalen. Einige Jahre lang haben die Verfechter der Vermischungstheorie dies mit einer *asymmetrischen* Hybridisierung erklärt: Neandertalische mitochondriale DNA fänden wir demnach heute deshalb nicht mehr vor, weil sich Neandertaler-Männer mit Sapiens-Frauen, aber keine Sapiens-Männer mit Neandertaler-Frauen verpaart hätten. Mich hat diese (inzwischen aufgegebene) Erklärung nie überzeugt. Auch wenn man einräumt, dass in der Vorgeschichte die Geschlechterrollen noch weniger festgelegt waren als heute, kann ich mir kaum vorstellen, dass die ersten europäischen Sapiens auf Neandertaler mit einer Einstellung trafen, die sich in etwa so formulieren ließe: »So, ich vertreibe dich jetzt soeben mal von deinem Boden, aber was deine Frau angeht, entschuldige die Offenheit, die ist so hässlich, dass ich sie gar nicht anschauen will. Aber wenn dir meine gefällt, bitte sehr. Ich bin nicht eifersüchtig. Im Gegenteil, ich nehme sogar eure gemeinsamen Kinder auf meinen künftigen Wanderungen mit.«

Die Erforschung des Y-Chromosoms hat noch ein paar Jahre länger gedauert, doch hat sie belegt, warum die Dinge sich so nicht abgespielt haben können. Auch dieses Chromosom der Neandertaler unterscheidet sich von unserem und fehlt bei den Tausenden Männern der Gegenwart, bei denen es untersucht wurde. Was folgt daraus? Meiner Meinung – und wohl der aller – nach sind angesichts dessen nur zwei Arten der Hybridisierung vorstellbar: eine zwischen Neandertaler-Mann und Sapiens-Frau (wobei dann aber den Erwartungen nach in unseren Zeitgenossen ein neandertalisches Y-Chromosom auftauchen müsste, was jedoch nicht der Fall ist) oder eine zwischen Neandertaler-Frau und Sapiens-Mann (wobei wir dann aber ab und zu neandertalische mitochondriale DNA finden müssten, was ebenso wenig der Fall ist). Und was antworten die

Verfechter der Hybridisierungsthese auf diese Einwände? Ihnen zufolge habe in den Hybriden ein gegen das Y-Chromosom und die mitochondriale DNA gerichteter Mechanismus, eine Form der natürlichen Selektion, gegriffen. In den Neandertalern seien beide funktionstüchtig gewesen, nicht aber in den Hybriden. Folglich seien diese beiden wichtigen Regionen des Genoms allmählich verschwunden, während im übrigen Erbgut zwei bis vier Prozent des Genbestands der Neandertaler erhalten geblieben seien.

Das mag sein, möglich ist alles. Allerdings sehe ich diese Hypothese als schwer nachweisbar an, da es ja keine Neandertaler mehr gibt, die wir bitten könnten, sich mit jemandem von uns zu paaren, nur um nachzuschauen, ob bei den Hybriden irgendwelche Probleme auftauchen. Mithilfe hochkomplizierter Berechnungen – die tatsächlich durchgeführt wurden – lässt sich die Wahrscheinlichkeit ermitteln, dass ebendiese beiden Teile des Genoms, die einzigen, deren Herkunft wir uns sicher sein können, vollständig verlorengingen, während andere in unseren Zellen erhalten blieben, und »unsere« bezieht sich hier auf alle nichtafrikanischen Populationen. Wir werden sehen.

Da viele meiner Kollegen und Freunde meine Zweifel für irrelevant halten, lege auch ich sie für kurze Zeit beiseite. Also: Wenn man davon ausgeht, dass in unserem Genom noch erhebliche Anteile an Neandertaler-DNA (zwei bis vier Prozent in den Nichtafrikanern) oder an Denisova-DNA (kleine Prozentsätze im Fernen Osten, in Australien und in Neuguinea) erhalten sind, dann stellt sich die Frage, ob uns diese Vermischung einen Nachteil oder einen Vorteil gebracht hat. Diese müsste sich im Grunde leicht beantworten lassen. Man muss nur, soweit möglich, das Erbgut moderner Menschen daraufhin untersuchen, ob bestimmte seiner Varianten schon in Neandertalern oder Denisova-Menschen vorhanden waren. Falls ja, und falls sich diese Varianten nicht in den Genomen von Sapiens aus älterer Zeit finden, dann bestehen an seiner Herkunft kaum noch Zweifel. In der Praxis gibt es allerdings Probleme. Zuallererst verfügen wir über keine ausreichend alte Sapiens-DNA, die aus der Zeit vor dem Kontakt mit Neandertalern stammt und bei der man davon ausgehen kann, dass folglich keine Gene von anderen Frühmenschen eingekreuzt sind. Zweitens sind die Effekte der Hybridisierung leicht mit denen der Selektion zu verwechseln. Das erkläre ich genauer: Wenn in einer Population stark gehäuft Genvarianten auftraten, die anderswo fehlten oder selten waren, ging man bis 2010 davon aus, dass sie sich deshalb angehäuft hätten, weil sie vorteilhaft, also dem Überleben dienlich gewesen und von der natürlichen Selektion bevorzugt worden seien. Heute führt man die Häufung solcher Genvarianten sofort auf einen Hybridisierungseffekt zurück. Damit ziehen wir einerseits zwei Möglichkeiten, zwei Erklärungsvarianten in Betracht, und das ist immer positiv. Aber andererseits gibt es keine sichere Methode, um die Effekte der Selektion von denen der Hybridisierung zu unterscheiden: Wenn alles, was vor einigen Jahren noch der Selektion zugeschrieben wurde, jetzt der Hybridisierung zugeschlagen wird, erscheint mir das als keine glanzvolle Idee.

Auf der Grundlage dieser Vorbemerkungen (die vielleicht auch nichts weiter als meinen Altersstarrsinn belegen) ist es richtig, dass es sehr ernst zu nehmende Studien dazu gibt, was von der Hybridisierung mit Neandertalern und Denisova-Menschen in unserer DNA noch erhalten ist. Möglicherweise haben Neandertaler-Gene zur Vielfalt unseres Immunsystems beigetragen, während andere sich vielleicht auf die Zusammensetzung des Keratins in unserer Haut, den Zuckerstoffwechsel sowie die Größe unseres Schädels und Gehirns ausgewirkt haben. Sehr klare Hinweise sprechen dafür, dass die Denisovaner an die tibetische Bevölkerung Varianten zweier Gene weitergegeben haben, durch die diese in dünner Höhenluft besser atmen können: *EGLN1* und *EPAS1*. In Kapitel sechs war vom Regulatorgen *FOXP2* die Rede, das die Funktionsweise zahlreicher Gene während der Embryonalentwicklung steuert. *EGLN1* und *EPAS1* sind ebenfalls Regulatorgene. Sie treten in Aktion, wenn die Sauerstoffkonzentration in der Luft abnimmt: mit der Produktion von Proteinen, die andere

Gene aktivieren, die ihrerseits die Ausbildung von Blutgefäßen und die Bildung roter Blutkörperchen anregen. In der Praxis ermöglichen *EGLN1* und *EPAS1* in großen Höhen einen verbesserten Sauerstofftransport in die Körpergewebe. Unter der tibetischen Bevölkerung sind zwei sehr aktive Varianten von *EGLN1* und *EPAS1* verbreitet, die in anderen in der Region vollständig fehlen, aber im Genom der Denisovaner vorkommen. Dies erscheint mir als ein überzeugender Beweis für eine Hybridisierung mit Denisova-Menschen.

(Ein kurzer Exkurs: DNA-Stücke, die wahrscheinlich vom Denisova-Menschen stammen, der in Kapitel 5 erstmals erwähnt wurde – unter ein Prozent im gesamten Erbgut –, finden sich in einem gut abgegrenzten geografischen Raum: in Neuguinea, Australien und Neuseeland bei den Maoris. Kürzlich tauchten minimale DNA-Spuren auf, die ebenfalls vom Denisova-Menschen stammen könnten, und zwar in Bevölkerungen im Westen und Südwesten Asiens, darunter ebenden tibetischen. Dabei liegt die Denissowa-Höhle allerdings im Altaigebirge im südlichen Sibirien. Wie kommt es, dass dessen frühe Bewohner im Erbgut von Leuten, die heute in Tausenden Kilometern Entfernung leben, Spuren hinterließen, wenn auch geringe? Eine mögliche Erklärung ist die menschliche Neigung zur Migration. Genau so, wie wir in den Genomen von uns allen noch Spuren unserer afrikanischen Herkunft finden, so können auch Teile der denisovanischen DNA bis in weite Ferne gelangt sein. Die Frage lautet eher, warum sich in Bevölkerungen, die näher am Altaigebirge leben, keine ähnlichen Spuren finden, die dort doch noch ausgeprägter sein müssten. Wir wissen es nicht, aber eine Möglichkeit besteht darin, dass die Denisovaner in Wahrheit einen deutlich größeren, sich bis nach Ostasien ausdehnenden Raum besetzt hatten und in der Höhle, deren Fossilien ihre Identifizierung ermöglichte, nur eine Randpopulation gelebt hatte. Wenn dem so wäre, könnten wir uns eine Vermischung zwischen den Sapiens, die frisch aus Afrika gekommen waren, und den Denisovanern der südlichsten Region Asiens vorstellen.)

Aber kehren wir zu unserer noch offenen Frage zurück: Angenommen, kleine Anteile unserer DNA stammen von Vorfahren, die keine Sapiens waren: Hat uns diese Vermischung dann Vor- oder Nachteile gebracht? Alle bislang aufgeführten Beispiele deuten auf einen Gewinn hin, was auch in allgemeiner Hinsicht Sinn ergibt. Neandertaler und Denisova-Menschen lebten schon seit Langem in den Territorien, in die Sapiens erst sehr viel später einwanderten. Sie hatten mehr Zeit zur Anpassung an die Umwelt und ersparten unserer Spezies einiges an Mühe, indem sie gut funktionierende Gene an sie weitergaben. Aber diese Medaille hat eine Kehrseite. Hugo Zeberg und Svante Pääbo fanden auf dem Chromosom 3 einen Satz Gene, die bei einer Infektion mit dem Coronavirus SARS-CoV-2 das Risiko für einen schweren Verlauf erhöhen. Dieser Satz Gene ist im Erbgut des Vindija-Neandertalers enthalten, und wie es aussieht, haben wir ihn mit recht hoher Wahrscheinlichkeit von ihm mitbekommen. An diesen Fragen wird noch geforscht, sodass wir auch hier nur auf neue Ergebnisse warten können, um ein klareres Bild zu gewinnen. Aber eine allgemeine Regel steht: Man wählt einen Partner oder eine Partnerin immer mit allen Vorzügen und Fehlern. Und ungefähr so dürfte es auch vor langer Zeit gewesen sein, als wir in hautnahen Kontakt mit diesen so anderen Menschentypen kamen.

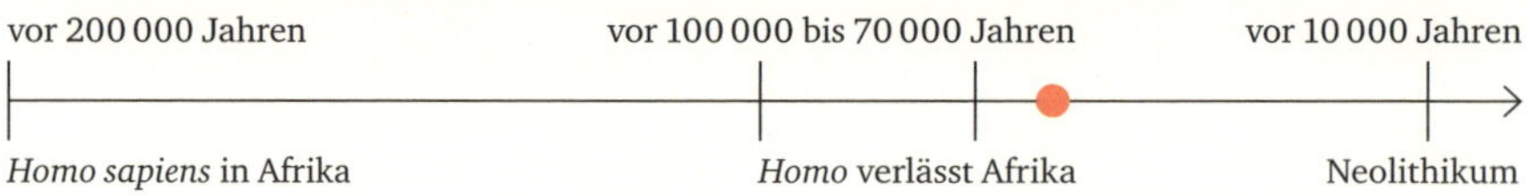

2013 von einer australisch-indonesischen Expedition in der Liang Bua (»Kühle Höhle«) auf der indonesischen Insel Flores entdeckt

Flo ist ein fast vollständig erhaltenes Skelett ohne Brustkorb

im Höhlenkomplex von Liang Bua tauchten die Überreste von 14 menschlichen Individuen auf

10. Klitzeklein: *Homo floresiensis*

Flo → *vor 60 000 Jahren*

Am 27. Oktober 2004 veröffentlichte die Zeitschrift *Nature* einen Artikel unter anderem von Peter Brown und Mike Morwood, zwei Paläoanthropologen der Universität Armidale in Australien. »Ein neuer Hominide von kleiner Statur aus dem späten Pleistozän aus Flores, Indonesien«, lautete die Überschrift. Eine neue Art Frühmensch war entdeckt worden. *Nature* ist eine englische Fachzeitschrift, und weil ich mich an diesem Tag in den Vereinigten Staaten aufhielt, war der Artikel wegen der Zeitverschiebung zwischen London und Tampa seit höchstens fünf Stunden erschienen, als ich morgens aufstand. Ich habe Brown sofort geschrieben und ihm meine Zusammenarbeit angeboten, um zu prüfen, ob es in seinem Fossil noch brauchbare DNA gebe. Ich erhielt eine freundliche Absage. Jemand war mir zuvorgekommen, und der kostbare Fund befand sich bereits auf dem Weg in ein anderes Labor. Diese Reise endete mit einer Enttäuschung: Die Fossilien der neuen Spezies, *Homo floresiensis,* waren in einem extrem prekären Zustand aufgefunden worden, sodass es nicht gelang, DNA daraus zu extrahieren.

Bislang habe ich geologische Begriffe vermieden, um die Erzählung leicht verständlich zu halten, füge aber zu dem oben genannten Pleistozän hinzu, dass es vor ungefähr 2,5 Millionen Jahren begann und vor ungefähr 11 500 Jahren endete. Der »Flores-Mensch« ist dem Anschein nach 18 000 Jahre alt, oder besser gesagt die Flores-Frau, weil das erste (und vollständigste) Skelett, das in der Liang Bua (»Kühlen Höhle«) entdeckt wurde (Fragmente von 13 weiteren folgten), einer ungefähr dreißigjährigen

Frau gehörte. Aber die kleine Lady von Flores, wie sie getauft wurde, oder kürzer Flo, zeigt für ihr »junges« Alter verblüffende Merkmale: Ihre Körpergröße von 106 Zentimetern und ihr Schädelvolumen von 400 Kubikzentimetern entsprechen denen eines kleinen Schimpansen. Zu ihrer Zeit erschuf der Sapiens in Europa schon seit Jahrtausenden herrliche Kunstwerke (mehr dazu im nächsten Kapitel), wie die Felsmalereien der Chauvet-Höhle mit ihren Nashörnern und Löwen. In Indonesien waren dagegen – vielleicht auch in Kontakt zu Sapiens-Populationen – nach wie vor menschliche Wesen ähnlich wie Lucy unterwegs, also wie jemand, der drei Millionen Jahre früher gelebt hatte.

Aber schauen wir uns Flo genauer an. Auch wenn die Hand den unteren Teil des Gesichts verbirgt, ist zu erkennen, dass ihr ein ausgeprägtes Kinn fehlt. Dies ist nur eines der vielen archaischen Merkmale ihres Skeletts. Auffällig sind auch ihre Zähne: Während ihre Backenzähne schon modern gestaltet sind, ähneln ihre Eck- und Vorbackenzähne noch denen besonders alter Frühmenschenarten. Diese Kombination aus archaischen und modernen Merkmalen zeigen alle sechs Individuen des *Homo floresiensis,* von denen Zähne erhalten blieben, finden sich aber bei keiner anderen menschlichen Art. Sie hatten wie Affen und der Australopithecus lange Arme und kurze Beine und im Verhältnis zum Körper übergroße Füße.

Unter den Australiern, die Flos Skelett zutage förderten, machte für sie und ihre 13 Gefährten oder Gefährtinnen rasch der Name *Hobbit* die Runde, nach der kleinwüchsigen Titelfigur von J. R. R. Tolkiens gleichnamigem Fantasy-Roman. Sie dachten sogar daran, die neue Spezies *Homo hobbitus* zu nennen, mussten dies aber wieder verwerfen: 2012 wurde ihnen von Tolkiens Erben grundsätzlich untersagt, das Wort *Hobbit* zu verwenden, um die neue Entdeckung bekannt zu machen. Zudem blockierten diese die Verbreitung des Films *Age of the Hobbits,* den eine amerikanische Produktionsfirma in die Kinos bringen wollte. Der *Homo floresiensis* darf also nicht *Hobbit* genannt werden, obwohl es alle tun. Eine merkwürdige und eher unschöne Episode. Und wie wir noch sehen, nicht die einzige ihrer Art in Flos Geschichte.

Als Erstes stellte sich die Frage, ob Flo eine Vertreterin einer neu entdeckten Spezies oder nicht eher eine Sapiens mit schweren Missbildungen war. Da die anderen Skelette nur noch fragmentarisch vorlagen, konzentrierte sich die Diskussion auf das einzige relativ vollständige Fossil. Verschiedenen Hypothesen zufolge sollte Flo von einer Mikrozephalie oder dem Downsyndrom betroffen gewesen sein oder an einer Fehlfunktion der Schilddrüse gelitten haben. Auch wenn jede ihre Grundlage hatte, wurden am Ende alle fallengelassen.

Bei einer Mikrozephalie ist die Entwicklung des Schädels gestört. Dafür kann es viele Ursachen geben, genetische oder auch eine Infektion während der Schwangerschaft wie eine Toxoplasmose, Röteln oder Windpocken. In allen Fällen verhindert der verkleinerte Schädel eine normale Entwicklung des Gehirns, sodass die Betroffenen häufig schwere geistige Beeinträchtigungen davontragen. Eine genauere Untersuchung von Flos Schädel zeigte indes, dass die Frontal- und Temporallappen ihres Gehirns im Gegensatz zu Befunden bei Patienten mit Mikrozephalie zwar klein, aber gegenüber den anderen richtig proportioniert gewesen sein mussten.

Beim Downsyndrom ist dagegen das Chromosom 21 anstatt wie üblich doppelt gleich dreifach vorhanden. Die Patienten sind tatsächlich auch kleiner und weisen in seltenen Fällen eine leichte Mikrozephalie auf. Aber sie haben, anders als Flo, ein normal ausgeprägtes Kinn und Zähne wie unsere. Auch die Hypothese, Flo sei eine Sapiens mit irgendeiner Chromosomenanomalie gewesen, wurde aufgegeben wie auch die, dass ihr Kleinwuchs durch Jodmangel wegen einer Unterfunktion der Schilddrüse verursacht worden sei. Letztlich zweifeln nur wenige daran, dass es sich bei *Homo floresiensis* um eine eigene Spezies und nicht um eine pathologische Variante des Sapiens handelt. Ian Tattersall ist sogar davon überzeugt, dass sie einer anderen Gattung als unserer, also nicht dem *Homo*, zuzuordnen ist. Ich habe volles Vertrauen in ihn, aber derzeit ist Flos Status noch der eines Homo.

Zwergformen kommen im Tierreich nicht selten und vor allem auf Inseln vor. In Sizilien und Malta wurden Überreste eines ausgestorbenen Elefanten entdeckt, des *Palaeoloxodon falconeri,* der eine Schulterhöhe von nur einem Meter hatte. Seine große Nasenöffnung, die mit einem Auge verwechselt wurde, könnte den Mythos der Zyklopen inspiriert haben. Skelette von Zwergformen des Stegodons, ebenfalls ein Rüsseltier, tauchten auf Zypern, Malta und den Kykladen sowie auf Sulawesi in Indonesien und – Achtung – auch auf Flores auf. Auf Sardinien und den Kanalinseln von Kalifornien waren dagegen kleine Mammute verbreitet. Und auf den letztgenannten Inseln ist noch der kleinste Fuchs, der Insel-Graufuchs *(Urocyon littoralis),* beheimatet, während für die Philippinen ein Zwerg-, eben der Philippinenhirsch typisch ist. Die Liste ließe sich verlängern. So war zum Beispiel der kleinste aller bekannten Vertreter der Gattung *Panthera* der Bali-Tiger, der Anfang des 20. Jahrhunderts ausgerottet wurde. All dies sind Beispiele für eine Inselverzwergung, also für die vor allem unter Säugetieren verbreitete Tendenz, in isolierten Regionen im Verlauf der Evolution die Körpergröße zu verringern. Für sie werden verschiedene Ursachen angeführt. Wenn Tiere auf dem Festland nicht mehr ausreichend Nahrung finden, können sie auf entferntere Gebiete ausweichen, während dies auf Inseln, insbesondere kleinen, nur begrenzt möglich ist. Die eigene Körpergröße zu reduzieren (natürlich über die natürliche Selektion) erleichtert einer Tierart das Überleben bei knappen Ressourcen: Ein afrikanischer Elefant benötigt eine große Menge Nahrung, während der sizilianische Zwergelefant mit deutlich weniger auskam. Andererseits ist es aber auch möglich, dass die geschrumpfte Körpergröße der Individuen genetischen Degenerationen geschuldet ist: Wenn von einer Population nur noch vier Katzen (oder Mammute) übrigbleiben, müssen sich diese am Ende blutsverwandt fortpflanzen, mit allen negativen Folgen. Das mag bekannt klingen: In Kapitel 6 war von einer solchen Entwicklung bereits im Zusammenhang mit den letzten Neandertalern die Rede. Auch die zuletzt identifizierte menschliche Spezies, der Luzon-Mensch, den Florent Détroit und seine Mitarbeitenden 2019 beschrieben haben und der vor vielleicht 67 000 Jahren ausgestorben ist, lebte auf einer Insel der Philippinen. Und soweit wir dies anhand seiner ganz wenigen Überreste sagen können, war er sehr klein: unter 1,50 Meter.

Es lässt sich also kaum anders deuten: Flo war keine vereinzelte Laune der Natur, sondern Teil einer Population aus Individuen wie sie: Leute, die wir allerdings nach genaueren Untersuchungen zeitlich früher als zu Anfang geschehen einordnen, nämlich vor ungefähr 60 000 Jahren. Eine zeitliche Vorverlegung um einige Jahrtausende ändert freilich nichts an den offenen Fragen: Woher kamen sie? Auf welche Weise entwickelten sie sich? Wie lebten sie? Und wieso starben sie aus, diese menschlichen Wesen, die uns zeitlich nahestehen, aber dennoch ein so primitives Äußeres zeigten? Eins nach dem anderen.

Dass sie wie alle aus Afrika stammten, bezweifelt niemand: Wir kommen alle von dorther. Die eigentliche Frage lautet, wann sie von dort in die Region des Fundorts kamen und folglich, von welchen anderen Frühmenschen sie abstammten. Ihre ausgeprägt archaischen Züge, insbesondere was die Handgelenksknochen angeht, ließen auf Australopithecus als Vorfahren schließen. Das wäre freilich merkwürdig: Sämtliche Hominiden, von denen Überreste außerhalb Afrikas auftauchten und die weniger als zwei Millionen Jahre alt sind, gehören zur Gattung *Homo* und stellten im Gegensatz zu Australopithecus Steinwerkzeuge her. Schwer vorstellbar, dass einige Vertreter von Australopithecus so weit nach Asien vordrangen, ohne dass sie gegen die Gefahren der Wanderung mit mehr als nur mit Händen zum Steinewerfen und Füßen zum Davonlaufen gewappnet gewesen wären. Sie hätten irgendwelche Spuren ihres Durchmarschs durch ganz Asien hinterlassen müssen. Logischer erscheint vielmehr der Gedanke, dass sich eine vereinzelte Gruppe einer Frühform des *Homo* auf den Weg gemacht hat, bis auf die Insel gelangt ist und eine Entwicklung zu einer verkleinerten Körpergröße durchlaufen hat, also vor Ort seine besonderen Merkmale ausbildete. Infrage kommt der *Homo erectus*, der für Flores auch belegt ist. Tatsächlich hatte Erectus ein ziemlich ähnliches Gebiss wie Floresiensis, auch wenn er mit seiner Größe von bis zu 1,80 Metern nicht idealerweise als Vorfahr für einen nur gut halb so großen Frühmenschen infrage kommt. Mana Dembo und ihre Mitarbeitenden haben in jüngerer Zeit eine Analyse der Zähne und des Schädels von Flo durchgeführt. Wie sich zeigte, käme als Vorfahr alternativ eine noch unbekannte afrikanische Spezies infrage, vielleicht dieselbe, von der auch der *Homo georgicus* von Dmanissi abstammt, von dem in Kapitel 3 die Rede war. Dieser Vorfahr könnte bereits kleinwüchsig gewesen sein, sodass Flos geringe Körpergröße nicht mit einer ausgeprägten Form der Inselverzwergung erklärt werden müsste. Flores war jedenfalls bereits eine Insel, als sie erstmals bewohnt wurde. Flos Vorfahren mussten es also irgendwie geschafft haben, eine Strecke von mindestens 24 Kilometern Meer zu überwinden, vielleicht festgeklammert an Baumstämmen.

Im Jahr 2015 reiste Serena Tucci, die heute an der Universität Yale lehrt, als Doktorandin unserer Forschungsgruppe in Ferrara nach Flores, um sich ein genaueres Bild zu machen, denn wir hatten gehört, dass dort heute noch besonders kleine Menschen leben. Wir hofften, bei einer Untersuchung ihrer DNA Varianten zu identifizieren, die in anderen Populationen nicht auftauchen – vielleicht als eine evolutionäre Hinterlassenschaft des *Homo floresiensis*. Es wurde eine abenteuerliche Reise voller Überraschungen. Als Serena erste Verhandlungen mit den Leuten vor Ort führte, um ein vertrauensvolles und kooperatives Klima herzustellen, bekam sie einen dubiosen Trank angeboten. Aus Höflichkeit musste sie davon trinken – und fing sich eine Amöbeninfektion ein. Nach ihrer Genesung zu Hause reiste sie erneut nach Flores und brachte dank der besten Beziehungen, die sie auf der ersten Reise aufgebaut hatte, Proben von 32 Personen mit einer Durchschnittsgröße von 1,45 Metern zurück. Diese

Genome waren interessant, gaben uns aber keinerlei Anhaltspunkte für neue evolutionäre Szenarien. Sie enthielten kleine Spuren Denisovan-DNA, wie im Übrigen auch die aller im nahen Umfeld lebenden Populationen, aber nichts, was auf ein spezielles Erbe des *Homo floresiensis* hindeutete. Aber da sie von besonders kleinen Menschen stammten, prüften wir nach, ob sie die DNA-Varianten enthielten, die in anderen kleinwüchsigen Bevölkerungen in Afrika und anderswo erforscht worden waren. Die Antwort lautete: teilweise und teilweise nicht. Unsere Körpergröße hängt von zahlreichen Faktoren ab, bei denen das Erbgut, die Ernährung und allgemein die Umwelt eine Rolle spielen: Wie groß wir werden, bestimmt nicht ein einzelnes oder zwei klar erkennbare, sondern viele Gene, die ganz unterschiedlich miteinander kombiniert sind. Wie es aussieht, hat sich die kleine Statur der Menschen auf Flores unter einem starken Selektionsdruck herausgebildet. Die Effekte dieses Drucks erkennen wir am Genom, auch wenn wir weder genau sagen können, auf welche Gene dieser insbesondere eingewirkt hat noch wann dies geschah. Aber es könnte ein weiterer, indirekter Beleg dafür sein, dass eine eher geringe Körpergröße für das Überleben auf Inseln vorteilhaft ist. Falls es in Zukunft nicht doch noch gelingt, DNA aus Fossilien des *Homo floresiensis* zu gewinnen – was offen gesagt schwierig erscheint –, erfahren wir nie, ob ein Fragment von dessen DNA bis zu uns gelangt ist und möglicherweise etwas damit zu tun hat, dass zahlreiche heute lebende Bewohner auf Flores sehr klein sind.

Serena Tuccis Expedition nach Flores verlief ziemlich merkwürdig, aber die allerseltsamste Geschichte muss ich erst noch erzählen. In der Gruppe, die Flos Überreste ausgegraben hatte, war es zwischen den australischen und den indonesischen Mitgliedern anscheinend zu Misshelligkeiten gekommen. Die Indonesier warfen den Australiern vor, sie nicht ausreichend eingebunden zu haben, indem sie beispielsweise Forschende, die an Arbeiten vor Ort beteiligt gewesen waren, im Artikel nicht als Autoren nannten. Fakt ist, dass 2005 der einflussreiche indonesische Paläontologe Teuku Jacob die Fundstücke mit nach Hause nahm, um sie in Ruhe zu untersuchen. Jacob gehörte zu den überzeugtesten Verfechtern der Hypothese, wonach Flo keine Angehörige einer neu entdeckten menschlichen Spezies, sondern eine Sapiens mit angeborenen Fehlbildungen sei. Als er die Fossilien zurückgab, fehlten zwei Beinknochen, ganz zu schweigen davon, dass mehrere Knochen, insbesondere des Beckens, beschädigt waren. Jacob verwahrte sich gegen Anschuldigungen mit Verweis auf einen unsachgemäßen Transport, aber die englischsprachige Presse folgte seiner Darstellung nicht. Inmitten der sich daraus ergebenden Streitereien entschied die indonesische Regierung, die Fossilien unter Verschluss zu nehmen, und erteilte keine weiteren Genehmigungen für eine Fortsetzung der Ausgrabungen in der Liang Bua. Erst nach Jacobs Tod zwei Jahre später konnten Forschende aus dem Ausland die Arbeiten am *Homo floresiensis* wiederaufnehmen.

Wie lebten diese Frühmenschen? Flores ist halb so groß wie Sizilien und von Wäldern bedeckt. Es gibt ein Hochland mit über 2000 Meter hohen Vulkanen. Zur Zeit der Floresiensis ähnelte die Landschaft stark der heutigen. In der Karsthöhle Liang Bua kamen neben Knochen zahlreiche Werkzeuge zum Vorschein. Diese sind sehr primitiv und gleichen jenen (mit 840 000 Jahren deutlich älteren) von anderen Fundstätten auf der Insel. Also lebte auf Flores möglicherweise schon sehr früh eine Population, die sich über Hunderttausende von Jahren kulturell kaum veränderte. Möglicherweise. Denn um zu beweisen, dass die Ersten, die solche Werkzeuge benutzten, die Vorfahren derjenigen sind, die die gleichen vor 60 000 Jahren anfertigten, bräuchte es von ihnen Fossilien, doch die sind bislang noch nicht aufgetaucht. Aus Flos Zeiten stammen Pfeilspitzen, Klingen und Haken, wahrscheinlich zum Angeln. Viele dieser Artefakte wurden mit Knochen von Stegodonten, den kleineren Verwandten des Elefanten, entdeckt, die zur Leibspeise der Bewohner Flores zu gehören schienen. An den Knochen finden sich Brandspuren, die auf eine Zubereitung mit Feuer hindeuten. Die Zähne der Floresiensis zeigen Abnutzungserscheinungen, wahrscheinlich deshalb, weil sie mit ihnen auf Holz- und anderen Pflanzenfasern herumkauten, um sie geschmeidiger zu machen: vielleicht um aus ihnen Fallen zu bauen. Aber von denen blieb uns wegen der Unbeständigkeit der Materialien nichts erhalten.

Was ihr Aussterben betrifft, so schreibt Henry Gee in Anspielung auf einen berühmten Romananfang von Tolstoi: »Alle glücklich gedeihenden Spezies gleichen einander. Jede dem Untergang geweihte Spezies stirbt auf ihre eigene Weise aus.« Wenn dem so ist, bildet Flores vielleicht eine Ausnahme. Die Serie der Spuren des *Homo floresiensis* reißt vor 12 000 Jahren ab – als von der Insel auch zahlreiche Tierarten verschwanden: Geier, Störche und die Stegodonten. Dieser zeitgleiche Untergang lässt auf eine gemeinsame Ursache schließen, irgendeine Katastrophe, von der eine gut infrage kommt: ein Vulkanausbruch, der sich um diese Zeit ereignete. Aber es gibt eine andere Hypothese. Auch wenn die Anwesenheit des Sapiens in der Höhle Liang Bua erst für ein Jahrtausend später belegt ist, lebte dieser schon vor 50 000 Jahren in der Region. Man muss also nicht unbedingt die Vulkane anführen: Das katastrophale Ereignis, das so vielen Arten das Ende bereitet hat, könnte ebenso die Eroberung der Insel durch uns gewesen sein. Zwar lässt sich im Allgemeinen schwer sagen, wie zwei unterschiedliche Menschenarten auf einem Territorium zusammenlebten, es ist jedoch davon auszugehen, dass die Konkurrenz um Ressourcen, insbesondere auf einer Insel mit begrenztem Raum, zu Konflikten führte. Und so handelt denn auch der Film *Age of the Hobbits*, der wegen der Tolkien-Erben nicht verbreitet werden durfte, von der Versklavung der kleinen Floresiensis durch die Neuankömmlinge. Auch wenn diese Hypothese schwer nachzuweisen ist, sollten wir sie durchaus in Betracht ziehen.

vor 200 000 Jahren | vor 100 000 bis 70 000 Jahren | vor 10 000 Jahren

Homo sapiens in Afrika | *Homo* verlässt Afrika | Neolithikum

1911 im Abri (Halbhöhle) von Cap Blanc in der Dordogne, Frankreich, entdeckt

ein praktisch vollständig erhaltenes Skelett

11. Kunst und Weisheitszähne: *Homo sapiens*

Abri von Cap Blanc → *vor 15 000 Jahren*

Auch wenn der Begriff Schönheit gern überstrapaziert und damit diskreditiert wird (in Italien hat sogar jemand mal eine »Schönheitspartei« gegründet, die aber nur sehr kurze Zeit existierte), muss jetzt darüber geredet werden. Irgendwann in ihrer Entwicklung beginnt die Menschheit, Objekte herzustellen, die keinem nützlichen Zweck dienen. Sie sind einfach schön, hübsch anzusehen, und basta. Ob uns Sapiens oder den Neandertalern das Verdienst zukommt, damit angefangen zu haben, wird noch diskutiert. Ich kann zu diesem Thema nichts Kompetentes beisteuern. Aber diese Neuerung ist Zeichen einer tiefgreifenden Veränderung. Das Überleben ist immer noch ein Kampf, der aber offenbar leichter zu bewältigen ist, wenn Zeit bleibt, sich einem aufwendigen Tun hinzugeben, das zum Fortbestand überhaupt nichts beiträgt: Handabdrücke, Steinfigurinen, Graffiti. Und dann die gewaltigen Zyklen der Felsbildkunst: Flachreliefs und Malereien. Und Schmuckstücke.

Und ebenfalls schön ist, auch nach heutigen Kriterien, diese schmuckbehangene Frau, die den Betrachter mit ihrer großen Stirn und den hervorstehenden Wangenknochen aus tiefgründigen grünen Augen anblickt. Ihr Mund birgt ein Geheimnis, auf das wir ebenso wie auf ihre Hautfarbe noch zurückkommen. Auffällig ist die Kopfbedeckung aus Hunderten durchbohrten und aufgefädelten Muscheln. Dabei hat sich Élisabeth Daynès allerdings wohl eine gewisse (legitime) künstlerische Freiheit herausgenommen: Wenn ich mich nicht täusche, stammt dieser Schmuck nicht aus der Fundstätte, in dem die Frau beigesetzt wurde, sondern aus einer älteren, ebenfalls paläolithischen: aus der Höhle der Arene Candide bei Finale Ligure in Italien.

Wie der sogenannte Kleine Prinz aus der Höhle der Arene Candide muss auch die Frau von Cap Blanc in ihrer Gemeinschaft eine bedeutende Persönlichkeit gewesen sein: Dies zeigt in beiden Fällen die Art ihrer Bestattung. Der Prinz, gestorben an einer Gesichtsverletzung, wahrscheinlich durch den Angriff eines großen Tieres, vielleicht eines Bären, wurde mit dem Gesicht nach Süden, in Richtung Licht, auf einer roten Ockerschicht beigesetzt. Inmitten von Hirschknochen kam er mit einem Dolch aus Feuerstein in der Hand zum Vorschein. Die junge Frau wurde im Abri von Cap Blanc, einer Halbhöhle in der Dordogne, vor einer 13 Meter langen Reliefdarstellung von vier Pferden und einem Wisent zur letzten Ruhe gebettet. Wir sind in Südwestfrankreich: Nur eine Autostunde entfernt liegt die Höhle von Lascaux, die »Sixtinische Kapelle der paläolithischen Kunst«. Bis Rouffignac mit seinen 250 Tierfiguren ist es nur eine halbe Stunde. Die drei aus Lehm modellierten Bisons von Tuc d'Audoubert finden sich weiter in Richtung Pyrenäen, hinter denen sich dann die Höhle von Altamira anschließt, über die Picasso geurteilt haben soll: »Nach Altamira ist alles Dekadenz.« Auch wenn dieser Satz in Wahrheit nicht von ihm stammt, ist schon bezeichnend, dass er ihm in den Mund gelegt wurde. An diesen und anderen Fundstätten hinterließ die Kultur des Magdalénien künstlerische Zeugnisse von höchstem Niveau. Auch die Halbhöhle La Madelaine, der Fundplatz, der dieser Kultur Mitte des 19. Jahrhunderts den Namen gab, liegt in der Dordogne.

Vor 11000 bis 17000 Jahren fertigten die Magdalenianer in weiten Teilen Europas Schiefertafeln und -täfelchen in allen Größen an. Mit großen Sticheln bohrten sie Löcher in Fels oder gravierten mit kleinen in überraschender Feinheit Knochen. Sehr geschickt bearbeiteten sie unterschiedliche Materialien: Knochen eben, aber auch Horn und Elfenbein. Sie verfügten über Lampen und Sägen, Nähnadeln, Angelhaken und Mörser, um Farben zuzubereiten. Experten sagen, die Pigmente hätten wahrscheinlich zum Bemalen von Stein, aber auch zum Verzieren des Körpers gedient. Vielleicht braucht es hier einen Hinweis: Wenn solche Objekte in weit auseinanderliegenden europäischen Regionen von Spanien über Belgien bis Osteuropa auftauchten, bedeutet dies keineswegs, dass auf diesen Gebieten miteinander verwandte Populationen lebten. Wie heute der Fall, gingen Kultur und Handel schon damals eigene Wege. Wer ein chinesisches Mobiltelefon oder einen Perserteppich besitzt, muss längst kein Chinese oder Iraner sein. Wir wissen folglich nicht, ob sich hinter der Magdalénien-Kultur eine einzige, genetisch homogene Population verbarg oder ob wir es hier mit zahlreichen biologisch unterschiedlichen Gruppen zu tun haben, die ein und derselben materiellen Kultur anhingen.

Vor 11 000 bis 17 000 Jahren, in der letzten Phase des Paläolithikums, der Altsteinzeit, verbesserte sich in Europa das Klima. Auch wenn es immer noch eisig war, hatte das letzte Glazial (Eiszeit) schon 18 000 Jahre zuvor seinen Höhepunkt erreicht. Danach stiegen langsam die Temperaturen, wenn auch nicht ohne Rückfälle. Die nachlassende Kälte erleichterte das Überleben: Tiere und Pflanzen, die sich in der kältesten Phase in Regionen südlich der wichtigsten Gebirgsketten (in die Refugialräume der Pyrenäen, der Alpen und der Karpaten) zurückgezogen hatten, breiteten sich wieder nach Norden aus und vermehrten sich dort. Jagen und Sammeln wurde leichter. Es wehte ein neuer Wind, einer, der vielleicht ein wenig an die Atmosphäre im Paris der Belle Époque oder im Italien des Nachkriegsbooms erinnert: ein Gefühl, dass viel bislang Undenkbares möglich wird. Der Vergleich ist sicherlich gewagt, doch haben wir die Ergebnisse dieses Klimas, dieser Temperaturen und dieses kulturellen Aufbruchs heute noch vor Augen. Welche Bedeutung diese künstlerischen Erzeugnisse für ihre Urheber hatten, ist schwierig nachzuvollziehen: Waren die Malereien nur Zeitvertreib oder folgten sie vielmehr magischen oder rituellen Zwecken? Der Gedanke ist logisch, dass die Magdalenianer im Winter in Höhlen zusammenrückten und dass diese Versammlungen die Entwicklung kollektiver Aktivitäten und Zeremonien förderten. Viele sehen in diesen Höhlen mit den groß angelegten Malereizyklen deswegen Kultstätten, die zusammen mit den Bestattungspraktiken zeigen sollen, dass die Menschheit allmählich Jenseitsvorstellungen entwickelte. Sich ins Denken von vor so langer Zeit hineinzuversetzen, bedeutet eine geistige Kraftanstrengung, mit fließenden Grenzen zwischen fundierter wissenschaftlicher Interpretation und hochfliegender Fantasie. Besser, man versucht zu beschreiben, was uns von den Magdalenianern überliefert ist, ohne zu viel hineinzudeuten. Der Kunsthistoriker Arnold Hauser sah es so:

> *Wir haben es hier mit einer Kunst zu tun, die von einer linearen, die Einzelformen noch etwas steif und umständlich gestaltenden Naturtreue zu einer flotten und witzigen, fast impressionistischen Technik schreitet und dem darzustellenden optischen Eindruck eine immer malerischer, momentaner und improvisierter wirkende Form zu geben versteht. […]*
> *Wir stehen dieser wohl wunderlichsten Erscheinung der Kunstgeschichte umso ratloser gegenüber, als die Parallele zu ihr sowohl in den Kinderzeichnungen wie auch in der Kunst der meisten Naturvölker vollständig fehlt. Die Zeichnungen der Kinder und die künstlerischen Darstellungen der Primitiven sind rationalistisch, nicht sensorisch, sie zeigen, was das Kind und der Primitive wissen, nicht, was sie tatsächlich sehen; sie geben ein theoretisch-synthetisches, nicht ein optisch-organisches Bild vom Gegenstand. Sie kombinieren die Ansicht von vorn mit der von der Seite oder von oben, lassen nichts weg von dem, was sie als wissenswertes Attribut des Gegenstandes erachten, vergrößern im Maßstab das biologisch oder motivisch Wichtige, vernachlässigen dagegen alles, auch das an und für sich noch so Eindrucksvolle, wenn es im gegenständlichen Zusammenhang keine direkte Rolle spielt. Das*

> *Eigentümliche an den naturalistischen Darstellungen der älteren Steinzeit ist dagegen, dass sie den visuellen Eindruck in einer so unmittelbaren, ungemischten, von jeder intellektuellen Zutat oder Beschränkung freien und unbelasteten Form [wieder]geben, wie wir dafür bis zum modernen Impressionismus kaum Beispiele kennen. Wir begegnen hier Bewegungsstudien, die bereits an unsere fotografischen Momentaufnahmen erinnern und die wir erst in den Bildern eines Degas oder Toulouse-Lautrec wiederfinden […]. Nuancen, die wir erst mit der Hilfe von komplizierten Instrumenten entdeckt haben, konnten die Maler des Paläolithikums noch unmittelbar sehen.*

Der Text stammt von 1951. Der Begriff »Primitive« ist heute – mit Recht – unstatthaft, aber wir können uns auf das konzentrieren, was Hauser hervorzuheben versucht. Anders als später im Neolithikum malen die paläolithischen Künstler ohne geistige Mediation das, was sie sehen, und erschaffen Werke, wie sie die moderne Kunst erst am Ende eines langen Verfeinerungsprozesses wieder hervorzubringen vermag.

Der Abri von Cap Blanc ist eine Halbhöhle, eine Reihe von Vertiefungen unter einer überhängenden Felswand am Hang eines bewaldeten Berges. Wie die Kleine Feldhofer Grotte wurde sie von Grubenarbeitern entdeckt, die bei der Freilegung mit ihren Spitzhacken die dort verborgenen Skulpturen beschädigten – die erwähnten vier Pferde und ein Wisent, die als Hochrelief aus der Felswand herausgemeißelt worden waren. Pigmentspuren auf dem Relief deuten auf eine einstmalige Bemalung hin. Vor diesem imposanten Monument war die junge Frau von Cap Blanc bestattet worden. Ihr Skelett wird seit 1926 im Field Museum of Natural History in Chicago verwahrt. Lange Zeit wurde sie als *the magdalenian girl* bezeichnet, weil sofort nach den Ausgrabungen 1911 auffiel, dass ihr einer der drei Backenzähne, der Weisheitszahn, fehlte. Deshalb wurde angenommen, dass sie mit einem noch unvollständigen Gebiss verstorben war und folglich höchstens zwanzig Jahre alt geworden sein konnte. Für Verwirrung sorgte indes der übrige Zustand des Skeletts: Die Knochen zeigen alterstypischen Verschleiß. Erst in jüngerer Zeit lüftete eine Röntgenuntersuchung des Schädels das Geheimnis, was es mit dem Gebiss des »magdalenianischen Mädchens« auf sich hatte: Sein Weisheitszahn im Unterkiefer war nicht durchgebrochen (fachsprachlich: retiniert). Um retinierte Weisheitszähne wird heute kein Aufsehen gemacht, sie kommen bei vielen von uns vor: Zum Kauen genügen auch acht anstatt der vollen zwölf Backenzähne. Zu der Entwicklung, bei der unser hinterster Backenzahn zu verschwinden scheint, gibt es zahlreiche Hypothesen, aber wohl noch keine wirklich schlüssige Erklärung. Als gesichert gilt allerdings, dass in prähistorischen Zeiten ein breites und robustes Gebiss unverzichtbar war und dass sich dieses erst zurückbildete, als leichter kaubare Nahrung verfügbar wurde. Die junge Frau vom Cap Blanc, der heute ein Alter zwischen 25 und 35 Jahren zugeschrieben wird, ist der älteste bekannte Fall eines retinierten Zahns. Das bedeutet, dass wir die Zeit, ab der die Menschheit kein vollständiges Gebiss mehr benötigte, deutlich früher ansetzen müssen als bisher. Die Ernährung muss sich schon vor 15 000 Jahren verändert haben. Und die natürliche Selektion leitete eine entsprechende Rückbildung ein.

Vor 15 000 Jahren begann das Klima zunehmend milder zu werden. Das Interglazial hielt Einzug, die Zwischeneiszeit, in der wir uns heute noch befinden. Die Menschen ernährten sich besser, verfügten über mehr freie Zeit und bildeten neue Fähigkeiten aus: mit den Händen, aber auch mit dem Gehirn. Sie stellten sich grundlegende Fragen zu Leben und Tod sowie über die Entstehung der Welt, zu ihren vielfältigen Lebensformen, wie sie sich auf Felswänden abbilden ließen. Dagegen waren in den vorangegangenen rund 20 000 Jahren, die den Oase-Menschen und die junge Frau von Cap Blanc voneinander trennen, die Bedingungen schwieriger gewesen. Wie wir sahen, besteht zwischen dem Oase-Menschen und den heutigen Europäern genetisch nur eine geringfügige und vage Beziehung.

Auch wenn wir alle aus Afrika stammen, wie unsere DNA zeigt, bezogen die heutigen Europäer ihre charakteristischen Merkmale nicht von der ersten europäischen Sapiens-Population. 2016 veröffentlichten die Forschungsgruppen um Svante Pääbo und David Reich die Ergebnisse ihrer Untersuchungen an den Genomen von 51 Europäern aus der Eiszeit. Alle stammten offenbar von einer einzigen Gründerpopulation ab (*basal Eurasian,* der »grundlegend eurasischen«, wie sie sie nannten), zu der aber nicht der Oase-Mensch gehörte. Verglichen mit Oase sank der Grad der Ähnlichkeiten zum Neandertaler ziemlich rasch ab und pendelte sich auf ungefähr dem heutigen Niveau ein – wahrscheinlich als eine Folge ernsthafter Probleme, mit denen Hybride zwischen uns und den Neandertalern zu kämpfen hatten. Über Generationen hinweg eliminierte die natürliche Selektion aus dem Erbgut schlecht funktionierende Gene. Vor 14 000 Jahren veränderten sich – auch in genetischer Hinsicht – die Verhältnisse nochmals. Ab da tauchte fast überall in Europa (mit Belegen in Villabruna im italienischen Veneto, in der Grotte du Bichon in der Schweiz, in Loschbur in Luxemburg sowie in La Braña in Nordspanien) eine Komponente auf, ebendie *grundlegend eurasische*, die in früheren Individuen (in der Höhle von Goyet in Belgien, in der Grotta Paglicci im italienischen Apulien und anderswo) nicht erkennbar ist und Ähnlichkeiten mit der DNA der Populationen des Nahen Ostens hat. Auf verbesserte klimatische Bedingungen war offenbar eine Migrationsbewegung gefolgt, durch die die Karten neu gemischt wurden. Alle paläolithischen Populationen in Europa und im Nahen Osten lebten vom Jagen und Sammeln: Die Erzeugung von Nahrungsmitteln, also Landwirtschaft und Viehzucht, kam erst später auf und markierte den Beginn des Neolithikums, also der Jungsteinzeit. Im Paläolithikum hatten die Menschen in der Regel als Jäger noch nomadisch gelebt und konnten sich jetzt, da die Kälte nachließ, über neue Territorien weiter über den Norden ausbreiten. Diese Expansion vor ungefähr 14 000 Jahren hinterließ in der europäischen DNA eine heute noch erkennbare südliche Prägung, die – als Zeichen dieser

Migrationsbewegung – in den Genomen der Magdalenianer (in Belgien und Spanien, das der Frau von Cap Blanc ist noch nicht untersucht) nicht vorhanden war. Deren Kultur war folglich einer eigenständigen technischen und künstlerischen Weiterentwicklung vor Ort zu verdanken und eben nicht der Einführung neuer Ideen oder Techniken durch die neu Zugewanderten. Wie wir in Kürze sehen werden, war dies in anderen Fällen anders. Insbesondere im Neolithikum fanden in den Genen und in der Kultur der damals lebenden Europäer zeitgleich tiefgreifende Veränderungen statt, die nur durch Migration erfolgt sein können.

Bevor wir uns von den Menschen des Paläolithikums verabschieden (ihnen aber bald wiederbegegnen werden), sei der Vollständigkeit halber daran erinnert, dass Raymond Queneau in seinem aufsehenerregenden Roman *Die blauen Blumen* für die magdalenianische Felskunst einen anderen zeitlichen Ablauf vorschlägt. Der betrunkene Rentner Cidrolin träumt während einer Siesta auf seinem Flusskahn vom Herzog von Auge, der im Schlaf von Cidrolin auf seinem Flusskahn träumt. Im Verlauf der Kapitel (und der Jahrhunderte) taucht der schnell handgreiflich werdende, unbändige Herzog, der über vielfältige Fähigkeiten verfügt – nicht zuletzt einfache Leute verprügeln und pantagruelische Gelage überstehen –, alle 175 Jahre wieder auf, und nie auf alltägliche Weise: 1264 weigert er sich, am Kreuzzug teilzunehmen, 1614 versucht er mithilfe eines Alchemisten, Gold herzustellen. Und während es 1789 in Frankreich einen Haufen Sachen gibt, um die man sich kümmern könnte, durchstreift er mit Palette und Pinseln bewaffnet die Gegend von Lascaux, verschwindet für Stunden in den Höhlen und tritt jedes Mal zutiefst befriedigt wieder heraus. Dass er auf seinen Streifzügen durch die Dordogne die dortigen Zyklen der Felsmalerei geschaffen haben soll, erscheint problematisch: Nicht nur aus den von Arnold Hauser dargelegten Gründen, sondern weil wir dank der heutigen Datierungsmethoden darauf wetten können, dass sie aus fernster Vergangenheit stammen. Zum Glück, denn wenn Queneau recht hätte, müsste dieses ganze Kapitel neu geschrieben werden.

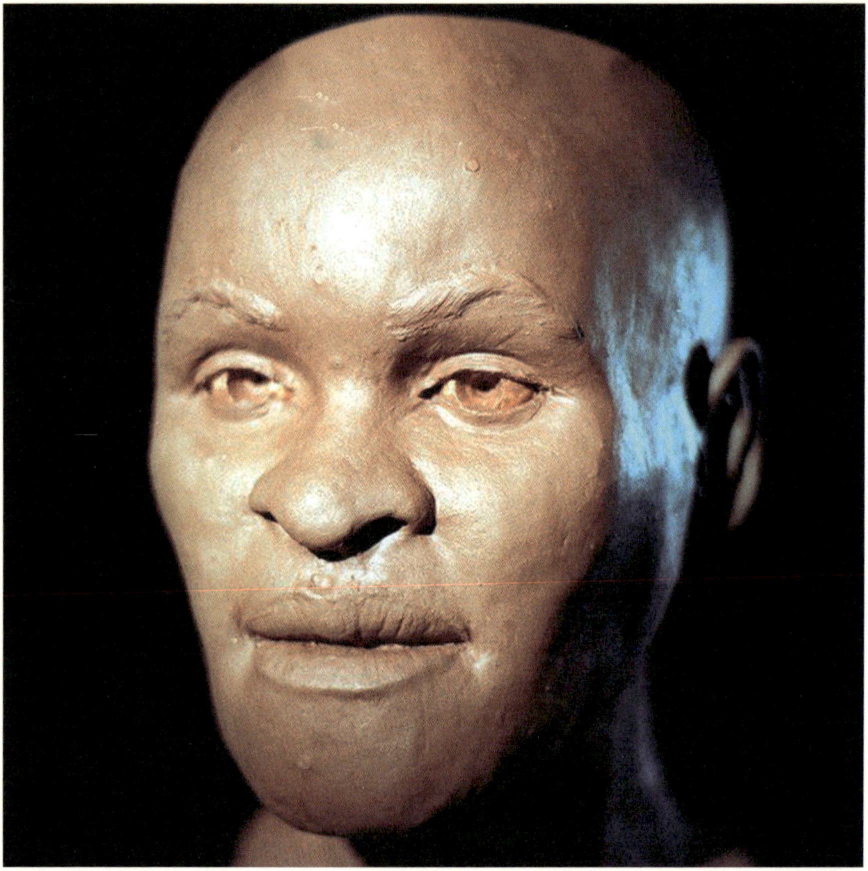

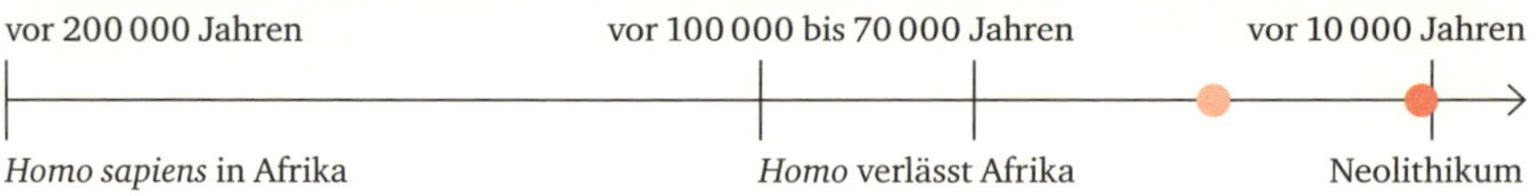

1974 von Annette Laming-Emperaire bei Belo Horizonte in Brasilen entdeckt

durch den Schädel, das Becken sowie einige Arm- und Beinknochen vertreten

12. Amerika: *Homo sapiens*

Luzia → *vor 11 500 Jahren*

Luzia heißt nicht zufällig so: Sie wurde nach Lucy benannt, und zwar von dem brasilianischen Anthropologen Walter Neves, der auf diese Weise ihre Bedeutung hervorheben wollte. Aber dabei hat er etwas übertrieben: 11 500 sind deutlich weniger als über drei Millionen Jahre, und die Population, der Luzia in der Gegend des heutigen Lagoa Santa im brasilianischen Bundesstaat Minas Gerais angehörte, hinterließ, wenn überhaupt (Neves glaubt, nicht), nur wenige Nachkommen. Andererseits ist Luzia wie Lucy ebenfalls ein Glied in einer Kette großer Wanderungsbewegungen, die zwar über kürzere Zeit, aber nicht minder abenteuerlich verlaufen sind. Und in großer Einsamkeit, wie wir noch sehen werden, denn die Sapiens auf dem amerikanischen Doppelkontinent zeigen in ihren Genen und ihren Sprachen immer noch die Spuren einer lange währenden Isolation. Obwohl vielleicht überflüssig, sagen wir es besser gleich: Wenn in diesem Kapitel von Amerikanern und Australiern die Rede ist, sind damit nicht die Einwohner Chicagos, Rio de Janeiros oder Sydneys (in breiter Mehrheit europäischer oder afrikanischer Herkunft), sondern diejenigen gemeint, die vor Ankunft der Europäer und ihrer schwarzafrikanischen Sklaven auf dem amerikanischen Doppelkontinent und in Australien lebten.

Luzia war ungefähr 1,50 Meter groß und ist früh, mit 20, höchstens 25 Jahren, verstorben. Aber das war nicht ihr letztes Unglück. Im September 2018 ging das Nationalmuseum von Rio de Janeiro, in dem ihr Skelett ausgestellt war, in Flammen auf. Nach anfänglichen Befürchtungen, dass es verbrannt sei, tauchte es zum Glück einen Monat später in den Trümmern wieder auf, muss jetzt aber erst wieder zusammengesetzt werden. Sei es wegen des hervorstehenden Unterkiefers, des fehlenden Haupthaars oder der eher undefinierten Gesichtszüge (die dicken Lippen und das leichte Schielen sind ein interessanter, aber willkürlicher Vorschlag des Künstlers, aus dem Schädelknochen lassen sich diese Details nicht ableiten) – jedenfalls kann ich auch dann keine Nähe zu ihr empfinden, wenn ich sie länger betrachte. Womöglich ist das auch richtig so. Vielleicht trennt uns die große geografische Entfernung stärker als diese relativ kurze Zeit von 11500 Jahren, die zwischen uns liegen. Solch ein schmaler ovaler Schädel und solch ein ausgeprägtes Kinn sind weder unter den heutigen amerikanischen Bevölkerungen noch unter deren Vorfahren zu finden, die (wie wir noch sehen werden) aus Sibirien eingewandert sind: Walter Neves ist deswegen der Ansicht, die Bevölkerung von Lagoa Santa sei ausgestorben. Von Luzia wissen wir nicht viel und können nur bruchstückhaft rekonstruieren, was mit ihren Vorfahren auf den Tausenden von Kilometern Wegstrecke bis in das Gebiet des heutigen Brasilien geschehen ist. Ihre endlos lange Migration von Afrika aus über Asien bis nach Amerika hat kaum Spuren hinterlassen. Und so sind zahlreiche Fragen ungelöst, nicht nur zu Luzia (wie sie starb, ist unbekannt), sondern auch zu einem anderen Sapiens, dem in diesem Buch fraglos eine herausragende Position gebührte, wenn ein Künstler auch sein Gesicht rekonstruiert hätte: dem Mann vom Lake Mungo in Australien. Wir haben es also mit zwei in unserem Familienalbum vernachlässigten Figuren zu tun, die an den Rändern der Welt lebten und in der besser bekannten Geschichte eine untergeordnete Rolle spielen. Aber die Fragen, die ihre Fossilien und ihre DNA aufwerfen, sind deswegen keineswegs marginal.

Neandertaler und Sapiens haben gemeinsame Kinder in die Welt gesetzt: im Nahen Osten, aber auch anderswo (davon war in Kapitel 9 die Rede). Etwas unklar ist, welche Folgen die lange Zeit ihrer Beziehungen hatte. Viele einflussreiche Kollegen sind überzeugt, dass die Wanderungen der Sapiens kleine neandertalische DNA-Abschnitte über die ganze Welt verbreitet hätten, und die sind auch noch unter uns: *Uns* heißt hier in den Genomen sämtlicher Bewohner Eurasiens, Ozeaniens und Amerikas. In gleicher Weise zeigt ein Teil von *uns* – die Melanesier und Australier – in seiner DNA die begrenzten, aber sichtbaren Folgen einer zweiten Hybridisierung mit einer anderen archaischen Spezies, deren Äußeres unbekannt ist: die mit dem Denisova-Menschen.

Wie diese Kontakte mit anderen Arten von Frühmenschen während der Wanderung von Sapiens nach Australien und Amerika verliefen, lässt sich nur schwer rekonstruieren. In feuchtwarmen Gegenden zersetzt sich DNA sehr rasch, sodass wir nur ganz wenige alte Genome, insbesondere in Asien, untersuchen können. Zudem scheint gesichert, dass sich diese prähistorischen Migranten häufig an den Küsten entlangbewegten. Und weil die Gletscher in der Zwischenzeit abgeschmolzen und die Meeresspiegel angestiegen sind, sind heute wahrscheinlich zahlreiche archäologisch interessante Stätten, insbesondere in Amerika, im Meer versunken. Zum Ausgleich sorgte die Fossilienforschung in den letzten Jahren für so manche Überraschung.

Wie wir in Kapitel 8 sahen, sieht das klassische Modell des afrikanischen Ursprungs der Sapiens eine Route vor, die vor ungefähr 50 000 bis 70 000 Jahren von Ostafrika, dem heutigen Äthiopien und Kenia, aus dem Niltal folgte und in den Nahen Osten führte. Von dort zogen manche nach Westen weiter in Richtung Europa, andere hingegen – über die sogenannte Nordroute – nach Osten in Richtung Asien, Australien und Amerika. Dass die Wanderungen *auch* so verlaufen sind, wird von niemandem bezweifelt. Beruhigend war, dass bis vor wenigen Jahren alle bekannten Überreste von Sapiens in Asien höchstens 45 000 Jahre alt waren: Wenn unsere Spezies sich vor 50 000 bis 70 000 Jahren auf den Weg aus Afrika gemacht hat, wird es bis zur Verbreitung in Asien schon einige Jahrtausende gedauert haben. Doch dann kamen 2015 in der Fuyan-Höhle in China

47 Zähne ans Licht: klein, mit dünnen Wurzeln und relativ flachen Kronen. Sie stammen vom Sapiens, nicht vom *Homo erectus*. Wie alt sind sie?

Die geläufigste Datierungsmethode besteht in einer Messung des enthaltenen radioaktiven Kohlenstoffisotops C-14 (^{14}C). Solange Organismen leben, nehmen sie Kohlendioxid und damit auch einen bestimmten Anteil an diesem Isotop aus der Umgebung auf. Nach ihrem Tod verringert sich dessen Menge konstant mit einer Halbwertszeit von 5730 Jahren. Anhand der verbliebenen Menge an C-14 lässt sich so hervorragend das Alter eines Fundes bestimmen, aber nur bis zu einem gewissen Punkt: Nach 50 000 Jahren ist nichts mehr übrig. Da die Zähne aus der Fuyan-Höhle kein C-14 mehr enthalten, sind sie zwangsläufig älter. Doch dann sorgte eine Datierung von zwei Stalagmiten aus der Fundschicht mit einer anderen Methode für eine Überraschung: Diese sind rund 80 000 Jahre alt. Auch wenn nicht alle von dieser Datierung überzeugt sind, wird sie indirekt durch andere Funde bestätigt. Ein in Laos, in der Höhle Tam Pa Ling (»Höhle der Affen«), aufgetauchter Sapiens-Schädel ist zwischen 46 000 und 60 000 Jahre alt. Und 2017 ergab auf Sumatra eine Untersuchung des Fundorts von zwei Zähnen, die kein Geringerer als Eugène Dubois (man erinnere sich: der des *Homo erectus*) entdeckt hatte, dass diese 63 000 bis 73 000 Jahre alt sein mussten. Diese viel älteren Datierungen können nicht alle falsch sein und werfen Zweifel auf, wann der Sapiens wirklich von Afrika aus in seine Diaspora aufgebrochen ist.

Schon 1994 hatten die beiden Anthropologen Marta Mirazón Lahr und Rob Foley aus Cambridge auf Ähnlichkeiten zwischen modernen Schädeln im Iran und in Indien auf der einen und denen uralter Angehöriger unserer Spezies in Ostafrika auf der anderen Seite hingewiesen. Bekannt ist, dass dank der damals niedrigeren Meeresspiegel zahlreiche Tierarten über eine Südroute vom Horn von Afrika aus auf die Arabische Halbinsel und weiter nach Osten gelangt waren. Wenn Sapiens die gleiche Route genommen hätten, wäre dies eine Erklärung für die Ähnlichkeiten zwischen den Schädeln aus Afrika, dem Iran und Indien. Und nicht nur das. Die

Auswanderung einiger Sapiens aus Afrika schon vor rund 100 000 Jahren über die Südroute würde auch das Rätsel um das Alter der genannten Fossilien aus Fuyan, Laos und Sumatra lösen. Von dort aus könnte unsere Spezies vor 40 000 bis 60 000 Jahren bis nach Australien und Melanesien gelangt sein.

So weit die Hypothesen. Was die Daten betrifft, so belegen bislang keine bekannten Fossilien einen Durchmarsch von Sapiens durch die Arabische Halbinsel oder durch Südasien. Dort entdeckte Artefakte lassen sich durchaus auf diese Zeit datieren, aber wer sie hinterlassen hat, ist unbekannt. So hing die Hypothese von der Südroute rund zwanzig Jahre lang unbewiesen in der Luft, bis uns Hugo Reyes-Centeno, ein brillanter mexikanischer Anthropologe, der vor seiner Übersiedlung nach Deutschland in Ferrara studiert hatte, einen Vorschlag unterbreitete, sie anhand von zwei Methoden zu überprüfen. Er würde sich um die Knochen kümmern, während wir parallel dazu die DNA untersuchen sollten. Dann würden wir die Ergebnisse verschiedener Messungen an den Schädeln mit den ermittelten Merkmalen der DNA in Afrika, Asien, Melanesien und Australien miteinander vergleichen. Eine gute Idee. Unsere Ergebnisse zeigten, dass sich die Unterschiede zwischen den Populationen, beim Schädel wie bei den Genen, besser erklären lassen, wenn man nicht nur von einer, sondern von zwei Auswanderungen ausgeht, von denen die zweite über die Nordroute erfolgte. Und wir haben auch den jeweils wahrscheinlichsten Zeitpunkt für beide Migrationsbewegungen geschätzt: vor 130 000 Jahren über die Südroute und vor 50 000 Jahren über die Nordroute.

Ein vielversprechendes Resultat, aber nur bedingt. Um einen Vergleich angemessen durchzuführen, wählten wir Populationen, für die bereits sowohl die Schädelmessungen als auch die genetischen Daten verfügbar waren. Diese insgesamt zehn waren nicht wenige, aber eben auch nicht viele. Außer Acht lassen mussten wir dabei zahlreiche Populationen, zu denen zwar beste genetische Daten, aber keine zu den Knochen vorlagen, oder umgekehrt. Wir stellten insgesamt jedenfalls fest, dass es unter bestimmten vernünftigen Annahmen *eher logisch ist,* von zwei und nicht nur von einem Auszug aus Afrika auszugehen. Aber um dies zu beweisen, brauchte es genauere Analysen und mehr Daten.

Und so begannen wir ein Archiv aus Genomen zahlreicher Populationen, einschließlich europäischer, zusammenzutragen, die in der ersten Analyse vernachlässigt worden waren. Im Jahr danach wiederholten wir die Analysen, mit deutlich mehr Populationen, einer größeren Menge an Informationen über ihre DNA und mit ausgefeilteren statistischen Instrumenten, diesmal ohne die Ergebnisse der Schädelvermessungen, die nur für wenige Gegenden vorlagen. Die Idee war simpel: Wir wollten berechnen, vor wie langer Zeit sich die Europäer, Asiaten und Australier von den afrikanischen Populationen getrennt hatten. Wenn wir alle gemeinsam über die Nordroute aus Afrika ausgewandert wären, müssten sich die Daten für alle decken. Hätte es dagegen zwei verschiedene Migrationen gegeben, hätten sich die Asiaten und Australier von den Afrikanern früher als die Europäer abgespalten. Ohne zu tief ins Einzelne zu gehen, haben wir – zumindest unserer Ansicht nach – gezeigt, dass die Hypothese eines einzigen Auszugs aus Afrika mit den genetischen Daten aus mehreren Gründen unvereinbar ist. Die Abspaltung der Australier und Melanesier von den Afrikanern scheint vor 87 000 bis 121 000 Jahren und die der Europäer vor 60 000 bis 79 000 Jahren erfolgt zu sein: Diese Zeiträume decken sich nicht und liegen erkennbar weit auseinander. Die einleuchtendste Schlussfolgerung lautet, dass es zwei hauptsächliche Migrationsbewegungen gab, und zwar ungefähr jeweils zu der von Marta Mirazón Lahr und Rob Foley veranschlagten Zeit. Ein so früher Auszug von Sapiens aus Afrika über die Südroute hatte keineswegs banale Auswirkungen. Wie erwähnt, finden wir in Genomen in Melanesien und Australien heute DNA-Fragmente, die denen der Neandertaler gleichen und die von vielen auf eine Hybridisierung mit Neandertalern zurückgeführt werden. Aber wenn diese Populationen über den Süden der Arabischen Halbinsel anstatt über den Nahen Osten in ihren heutigen Lebensraum gelangt wären, hätte nie eine Begegnung mit Neandertalern stattgefunden, weil diese deutlich weiter im Norden lebten: Folglich muss es für diese genetische Ähnlichkeit eine andere Erklärung geben.

Derweil war das Interesse an diesem Thema erwacht, sodass sich drei Forschungsgruppen aufmachten, um neue Proben und neue Daten zu sammeln. Die drei Studien, die sich jeweils auf einen Satz an verschiedenen genetischen Daten stützten, erschienen 2016 in derselben Ausgabe der Zeitschrift *Nature*. Sie tragen die Unterschriften namhafter Forschender: darunter Svante Pääbo, Johannes Krause, Sarah Tishkoff und Eske Willerslev. Eine Studie kommt zu dem Schluss, dass die Annahme eines frühen Aufbruchs über die Südroute unbegründet sei. Die zweite geht davon aus, dass es diese Abwanderung zwar gegeben habe, aber nur mit wenigen Individuen, die zur Gründung der indigenen australischen Bevölkerung beigetragen habe. Und in der dritten wird die Ansicht vertreten, dass sich beide Hypothesen – die von einer oder von zwei Abwanderungen – in praktischer Hinsicht nur minimal voneinander unterschieden und es auch die neu verfügbaren Daten nicht hergäben, sich klar für die eine und gegen die andere zu entscheiden. Warten wir's ab, die Debatte ist noch offen. Aber wenn man die Idee eines sehr frühen Auszugs aus Afrika über die Südroute akzeptiert, passt ein weiteres Puzzleteil ins Bild: eines aus Südaustralien.

Im Umland des Lake Mungo, 700 Kilometer westlich von Sydney, kamen zwei Sapiens-Fossilien, von einer Frau und einem Mann, ans Licht. Die Frau, vor 25 000 Jahren verstorben, stellt den frühesten bislang belegten Fall einer Einäscherung dar, weshalb von ihrer DNA nichts übrig ist. Der Mann dagegen wurde, so dachte man zunächst, vor 60 000 Jahren beigesetzt. Neuere Analysen verlegen den Zeitpunkt nach vorn, auf 42 000 Jahre, früher jedoch nicht. Von dem Mann vom Lake Mungo hat sich immerhin ein kleiner Teil der mitochondrialen DNA erhalten. Diese Sequenz unterscheidet sich sehr stark von allen anderen bekannten Sequenzen: Seine Vorfahren haben sich vor Urzeiten von anderen Sapiens-

Populationen getrennt, und falls sie Nachkommen hinterließen, sind uns diese unbekannt. Auch wenn die Datierungen mit Unsicherheiten behaftet sind, täuschen wir uns nicht, wenn wir sagen, dass unsere Spezies Australien schon sehr früh erreicht hat, und die einfachste Erklärung dafür lautet einmal mehr, dass wir früher als gedacht aus Afrika ausgezogen sind.

Doch es gibt ein Problem: Australien liegt im Meer. Wie schafften es die Vorfahren von »Mungo« bis auf diesen Kontinent? Wieder kommen die Meeresspiegel ins Spiel, die noch bis vor 8000 Jahren niedriger als heute lagen. Wir reden von einem Unterschied von zig, in manchen Fällen auch von über hundert Metern. Zur Zeit der Ausbreitung der Sapiens von Afrika aus, und hier ist die eingeschlagene Route unwichtig, gelangte man zu Fuß vom heutigen Malaysia über Sumatra und Java bis nach Timor. In gleicher Weise bildeten auch Neuguinea und Australien eine einzige kontinentale Landmasse. Nichtsdestotrotz blieben Hunderte Kilometer Tiefsee zu überwinden: Bei einer so langen Strecke ist kein fester Boden als Ziel in Sichtweite. Die einzige Erklärung lautet, dass sich Sapiens schon in so ferner Vergangenheit auf eine Seereise eingelassen haben. Es fällt schwer, sich vorzustellen, welche Wassergefährte sie nutzten und welchen Gefahren sie ausgeliefert waren. Viele dieser prähistorischen Magellane dürften nirgendwohin gekommen sein, aber andere haben es offenbar bis an ein Ufer geschafft. Eine Reihe archäologischer Fundplätze in Neuguinea und auf den nahegelegenen Inseln Neubritannien und Neuirland belegt unsere Anwesenheit schon für die Zeit von vor rund 40 000 Jahren.

Mungos DNA ist, wie erwähnt, in einem sehr schlechten Zustand. Das erste komplette australische Genom hat erst 2011 Eske Willerslevs Gruppe von der Universität Kopenhagen veröffentlicht, und es unterscheidet sich wie Mungos DNA-Sequenz stark von aller asiatischen DNA. Anhand von Berechnungen schließt Willerslev, dass die Migration, die zur erstmaligen Verbreitung von Sapiens in Australien führte, früher und getrennt von der erfolgt sein musste, von der die heutige chinesische Bevölkerung abstammt. (Wenn ich es richtig verstehe, hat er seine Meinung aber später geändert.) Einmal mehr scheint es so, als hätten Marta Mirazón Lahr und Rob Foley recht gehabt.

Auf ihrem großen Marsch gen Osten gelangten Sapiens allerdings nicht nur nach Australien. Manche, die China erreicht hatten (ob über die Süd- oder die Nordroute, wissen wir nicht), setzten von dort aus ihre Wanderung weiter nach Norden fort. In gewissem Sinn begann Luzias Geschichte in Asien, in Sibirien. Dort wurde vor 24 000 Jahren in der Höhle Mal'ta ein Jugendlicher beigesetzt, dessen DNA sich im trockenkalten Klima bestens erhalten hat. Sein Genom ähnelt allen bislang untersuchten amerikanischen, während es mit denen der derzeitigen sibirischen, chinesischen, koreanischen oder japanischen Bevölkerungen wenig gemein hat. Das bedeutet, dass die amerikanischen Bevölkerungen, wenn nicht direkt von diesem Frühmenschen, so doch von einem Vorfahren abstammen, die diesem genetisch sehr nahestanden. Und es bedeutet, dass die heutigen asiatischen Bevölkerungen nicht von denen von vor 28 000 Jahren abstammen. Es gab eine kontinuierliche Erneuerung, die denn auch tatsächlich an anderen Fundplätzen belegt ist (so in Mittelitalien ab dem Neolithikum). Durch die Wanderungen von uns Sapiens wurden die Karten mehrfach neu gemischt, sodass die Auswirkungen vorangegangener Migrationen nicht mehr klar auszumachen sind und mancherorts ganz ausgelöscht wurden. Die gestrigen Bevölkerungen einer Region waren nicht immer die Vorfahren der heute dort lebenden, im Gegenteil.

Die DNA des Mal'ta Boy und die weiterer neuerer Funde weist klar darauf hin, woher die ersten Amerikaner stammten: aus Sibirien. Auf den Doppelkontinent sind sie zu Fuß gelangt: Wo heute die Beringstraße Asien von Alaska trennt, erstreckte sich vor 20 000 Jahren eine Landbrücke, die sogenannte Beringia. Auch wenn die Sapiens keine Boote brauchten, um nach Alaska zu gelangen, standen sie bei dieser Überquerung vor nicht zu unterschätzenden Schwierigkeiten. Sie mussten sich in einer dauerhaft vergletscherten Umgebung unter Extrembedingungen, bei Temperaturen bis zig Grad unter null, ihre Nahrung beschaffen und Schutz finden. Die Menschen der Population, zu der der Mal'ta Boy gehörte, schlugen Gruben ins Eis, errichteten über ihnen Kuppeln aus Mammutknochen und bespannten sie mit Fellen. Man kann sich gut vorstellen, mit welcher Freude die ersten Amerikaner nach einer schier endlosen Wanderung durch diese lebensfeindliche Zone entdeckten, dass die Bedingungen besser wurden, je weiter sie an der Küste entlang nach Süden zogen. Das Überraschende ist dabei die Geschwindigkeit, mit der sich dieses Voranrücken der Sapiens vollzog: Glaubt man den Datierungen der archäologischen Fundstätten, brauchten sie zur Ausbreitung über den gesamten Kontinent bis nach Feuerland nur ungefähr vier Jahrtausende. Und überraschend ist noch mehr. Dass Menschen aus einem eisigen in ein raues und von einem rauen in ein gemäßigtes Klima ziehen, leuchtet allen ein. Und ebenso gut nachvollziehbar ist, dass die ersten Amerikaner ihre Wanderung weiter bis in warme und heiße, subtropische und tropische Gegenden fortsetzten. Aber auch da machte die Wanderung nicht Halt. Von den Regenwäldern Mittelamerikas ging es immer weiter nach Süden bis in Regionen, die nach und nach ungemütlich, unwirtlicher und schließlich sogar fast lebensfeindlich wurden. In Feuerland steigen die Temperaturen im Sommer nicht über neun Grad und verharren im Winter stabil um den Gefrierpunkt. Und doch endete der große Marsch der frühesten Amerikaner erst im äußersten Süden, am Ende der Welt, von dem aus es kein Weiterkommen mehr gab.

Aber wann begann er? Im US-Bundesstaat New Mexico haben sich über 20 000 Jahre alte menschliche Spuren erhalten. Wir wissen indes nicht, ob diejenigen, von denen sie stammen, auch Nachkommen hinterließen oder ausstarben wie die erwähnten Bewohner der israelischen Stätten Skuhl und Qafzeh. Berechnungen anhand der DNA von Fossilien, die zum Glück zahlreich vorliegen, lassen eine Ankunft des Sapiens aus Sibirien vor 20 000 Jahren plausibel erscheinen. Ein Vergleich des Mal'ta-Genoms mit Genomen aus gegenwärtigen Bevölkerungen, von denen Angehörige einer Untersuchung zustimmten, spricht für eine einzige große

Migrationswelle und dafür, dass alle Amerikaner von denselben Vorfahren abstammen. Betrachtet man allerdings die DNA der in Amerika aufgetauchten Fossilien, entsteht ein komplizierteres Bild.

Luzias Genom wurde mit 14 weiteren in einer Studie beschrieben, die ebenfalls Eske Willerslev koordiniert hat. Fast zeitgleich veröffentlichten Forschungsgruppen unter Leitung von Johannes Krause vom Max-Planck-Institut für Menschheitsgeschichte in Jena beziehungsweise von David Reich von der Universität Harvard weitere 49 alte Genome aus Amerika. Der Autor der erstgenannten Studie, Cosimo Posth, stammt aus Florenz und arbeitet an der Universität Tübingen. Die ersten Amerikaner stammen nach einhelliger Meinung alle von gemeinsamen Vorfahren ab, die sich aber schon früh, vielleicht sogar noch auf sibirischem Boden, in zwei Gruppen aufspalteten. Eine nahm eine Route entlang der Pazifikküste, die andere stieß nach Osten auf Gebiete vor, die heute zu Kanada und den Vereinigten Staaten gehören. Die Bevölkerungen Mittel- und Südamerikas stammen ausschließlich von der pazifischen Gruppe ab. Dabei, und hier unterscheiden sich die beiden Studien, ist aber nicht ganz klar, wie viele von diesen noch heutige Nachkommen haben und wie viele am Ende ausstarben. Posth und sein Team machten drei verschiedene Migrationsgeschehnisse aus: Eines soll zur Bildung von Populationen in Belize, Brasilien und Chile mit erkennbaren Ähnlichkeiten geführt haben, die aber alle ausgestorben sind. Durch ein weiteres sollen die Hochebenen der Anden bevölkert worden sein, während aus einer nachfolgenden, von der ersten unabhängigen Migration die gegenwärtigen Urbevölkerungen des übrigen Südamerikas hervorgegangen sein sollen. Wenn dem so war, säße Luzia auf einem abgestorbenen Ast des Stammbaums, wofür auch ihr ungewöhnliches Äußere spricht. Andere weisen indes darauf hin, dass ein und dieselbe Population sehr wohl deutlich unterschiedliche Individuen umfassen kann. So vertritt Eske Willerslevs Gruppe mit ihrer Analyse die Ansicht, dass zwar tatsächlich verschiedene Migrationswellen in Richtung Süden erfolgten, es zwischen diesen aber auch zu Austausch und

Vermischung kam, sodass sich nicht mit Sicherheit sagen lässt, welche Gruppen ausgestorben sind und welche nicht.

So oder so steht zweifelsfrei fest, dass die Populationen auf einem so ausgedehnten Territorium nur selten und deutlich begrenzt in Kontakt zueinanderkamen. Sichtbar ist dies an der DNA und auch an den grundlegenden kulturellen Unterschieden zwischen den frühesten Amerikanern, die durch archäologische Funde belegt sind. Bei den überlebenden Populationen, also denjenigen, die sich bis in unsere Zeit gehalten haben, zeigen dies auch eindrucksvolle linguistische Fakten. Ausführlicher wird davon in Kapitel 14 die Rede sein. Hier sei nur darauf hingewiesen, dass sich anhand eines Vergleichs zwischen den jeweiligen Sprachen eine mehr oder weniger enge Verwandtschaft zwischen Bevölkerungen nachvollziehen lässt. Diesen Gedanken hatte erstmals ebenfalls Charles Darwin formuliert. Wenn wir über einen vollkommenen Stammbaum der Menschheit verfügten, so heißt es in *Der Ursprung der Arten*, würde es dieser auch ermöglichen, die Sprachen der Welt auf bestmögliche Weise zu klassifizieren. Darwin glaubte also, dass dieselben Abläufe, die die biologische Evolution gesteuert hatten – der migrationsbedingte Austausch und die gegenteilig wirkende Fortpflanzungsisolation –, auch die Ähnlichkeiten und Unterschiede zwischen den Sprachen der verschiedenen Bevölkerungen bestimmt hätten.

Diese Intuition fand über ein Jahrhundert keinerlei Beachtung in Form einer echten Forschungsarbeit. Heute wissen wir, dass sie richtig ist, wenn auch nur bedingt: Sprachliche Ähnlichkeiten spiegeln *in der Regel,* aber eben nicht immer, ein gemeinsames evolutionäres Geschehen wider. Sprachen werden von der Mutter an die Kinder weitergegeben, verändern sich dann aber deutlich rascher als mutierende Genome. Bei einer Vielzahl von Kontakten zwischen Bevölkerungen beeinflussen sich deren Sprachen wechselseitig. Gemeinsame Konventionen entwickeln sich im Wortschatz und in der Grammatik, sogar bei lokalen Varianten. In Amerika werden dagegen (buchstäblich) Tausende von verschiedenen Sprachen gesprochen, die sich auch in nächster Nachbarschaft grundlegend voneinander unterscheiden. In Kapitel 14 werden wir sehen, wie Sprachfamilien definiert sind, für die die indoeuropäische oder die sinotibetische klassische Beispiele sind. Hier sei nur so viel gesagt, dass unter Linguisten keine Einigkeit darüber herrscht, wie viele Sprachfamilien es in Amerika gibt. Joseph Greenberg geht von drei aus, während viele seiner Kollegen die Ansicht vertreten, dass es deutlich mehr, bis zu rund hundert seien, wobei viele Sprachen bislang noch gar nicht klassifiziert sind. Zur Einordnung: In Afrika gibt es vier Sprachfamilien, obwohl der Sapiens dort seit über 200 000 Jahren beheimatet ist und seine Kulturen diversifizieren konnte, während in Amerika dafür nur ein Zehntel der Zeit zur Verfügung stand. Ein so explosionsartiger Zuwachs an Vielfalt lässt sich nur damit erklären, dass die amerikanischen Populationen nur sehr wenig Kontakt miteinander hatten: Und so lautet auch die Schlussfolgerung der genetischen Studien.

Die Genetiker haben – Bescheidenheit beiseite – ein ausgeklügeltes System erarbeitet, um den Grad an Blutsverwandtschaft zu messen, also um zu bestimmen, wie eng zwei Elternteile miteinander verwandt sind. Wenn wir im Erbgut einer Person die DNA-Sequenzen Chromosom für Chromosom (jeweils mütterlicher- und väterlicherseits) miteinander vergleichen, können wir sagen, wie sehr sich ihre Mutter und ihr Vater genetisch ähneln. Die Abschnitte, die auf beiden Chromosomen identisch sind, werden mit der Abkürzung ROH (*Runs of Homozygosity* für die, die es genauer wissen wollen) bezeichnet: Je mehr solche Abschnitte vorliegen und je länger sie sind, desto enger sind Vater und Mutter miteinander verwandt. Dabei deutet eine enge Blutsverwandtschaft auch darauf hin, dass die Population, aus der sie stammen, eher isoliert gelebt hat. Zur Einordnung: In London, Berlin oder Paris (und auch in New York, aber etwas seltener, weil in den USA die Gemeinschaften allgemein stärker gegeneinander abgeschottet leben) kann der eine Elternteil asiatischer und der andere europäischer Abstammung sein. Im Genom von deren Kindern tauchen dann wenige und kurze ROH auf. In isoliert lebenden Bevölkerungen, zum Beispiel in den Alpen oder auf einer Pazifikinsel, kommen Verbindungen zwischen Blutsverwandten dagegen häufiger vor, sodass zahlreiche und lange ROH auftreten. Fürs Protokoll: Den Weltrekord hält hier ein Japaner mit zahlreichen bis zu 17 Millionen Basen langen ROH im Genom. (Zur Erinnerung: Das Erbgut umfasst 3,5 Milliarden Basen.) Mirna Kirin und weitere Genetiker in Jim Wilsons Forschungsgruppe in Edinburgh haben die Länge der ROH von Bevölkerungen auf der ganzen Welt miteinander verglichen: Die kürzesten finden sich in Europa und Asien, die längsten, und zwar mit einigem Abstand, in den amerikanischen Urbevölkerungen. ROH mit einer Länge von mindestens fünf Millionen Basen treten beispielsweise in den europäischen Genomen durchschnittlich fünf, in den amerikanischen hingegen 105 Mal auf.

Sprachen und Gene erzählen uns also die gleiche Geschichte: die kleiner amerikanischer Gemeinschaften, die durch große oder durch kleine, aber schwer zu überwindende Entfernungen – im tropischen Regenwald oder in den Hochlagen von Gebirgen – voneinander getrennt lebten. Mit wenigen Ausnahmen waren diese von einer Subsistenzwirtschaft abhängigen Gemeinschaften immer fragil und kaum in der Lage, dem Zusammenprall mit den europäischen Kolonisatoren standzuhalten. Paradoxerweise brachen die großen Reiche der Azteken, Maya und Inka, die Reiche der »Söhne der Sonne«, als Erste zusammen, während sich die kleineren, im Verborgenen lebenden länger hielten. Dass wir in Amerika heute tausend verschiedene Sprachen zählen, mag als gutes Zeichen erscheinen, das für Vielfalt und kulturellen Reichtum spricht. Tatsächlich sind alle diese Sprachen vom Untergang bedroht, weil sie nur noch von wenigen Hundert oder Dutzend Personen gesprochen werden, die sich im Alltag zunehmend über das Englische, Portugiesische oder Spanische verständigen. Manchmal erweisen sie sich als nützlich, tauchen kurzzeitig aus der Versenkung auf und verschwinden wieder. So wurde im Zweiten Weltkrieg in der Pazifikregion die Kommunikation zwischen verschiedenen amerikanischen Einheiten über Navajo-Soldaten abgewickelt, weil die japanischen Abhöreinheiten den auf deren Sprache beruhenden Code nicht entschlüsseln konnten (wovon der Film *Windtalkers* von 2002 erzählt). Aber die Regel ist eine andere: Im 20. Jahrhundert starben in den Vereinigten Staaten fünf Sprachen aus: Serrano, Osage, Unami, Klamath-Modoc und Eyak – Namen, die kaum noch jemandem etwas sagen. In gleicher Weise verlieren sich die genetischen Besonderheiten zahlreicher Gemeinschaften desto stärker, je mehr sie in die globalisierte Welt eintreten, sich assimilieren oder einfach von der Bildfläche verschwinden. Wie so viele junge Menschen, die in dünn besiedelten Ländern leben oder lebten, hatte vielleicht auch Luzia kaum Freunde und litt womöglich unter Einsamkeit; vielleicht auch nicht, weil sie sich in ihrer kleinen, abgeschotteten Welt kein anderes Dasein vorstellen konnte. Sollte Luzia in ihrem kurzen Leben die Möglichkeit gehabt haben, Kinder zu gebären, kamen diese sicherlich nicht weit, und deren Nachfahren pflanzten sich wahrscheinlich nicht bis zu uns fort.

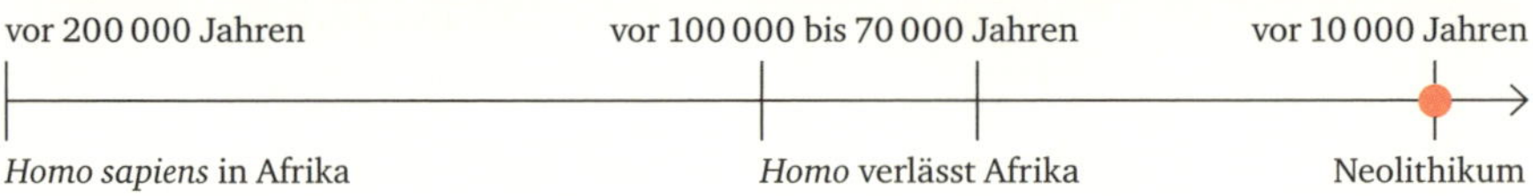

1903 in der Gough's Cave bei Cheddar in England entdeckt

ein praktisch vollständig erhaltenes Skelett

13. Europäer mit dunkler Haut: *Homo sapiens*

Cheddar Man → *vor 10 000 Jahren*

Manchmal frage ich in der Vorlesung oder bei einem Vortrag die Zuhörenden, wer ihrer Ansicht nach die Europäer seien. Ich schlage vier oder fünf unzutreffende Definitionen vor und lasse per Handzeichen abstimmen. »Die Nachfahren der Neandertaler«, »diejenigen, die von jeher in Europa gelebt haben« und »die mit der europäischen DNA« sind Vorschläge, die nicht überzeugen. Wie ich sehe, ist das Publikum in meinen Vorlesungen oder Vorträgen ziemlich gewieft. Mehr Erfolg hat: »die mit der hellen Hautfarbe«. Hier gehen viele Hände hoch. Für die Hautfarbe sind wir empfänglich. Sie ist eines der Merkmale, das uns an Unbekannten als Erstes auffällt. Europäer sind weiß, Weiße sind Europäer, oder? Na ja, jein. Europäer sind in der Mehrzahl weiß, das stimmt, aber erst seit Kurzem: seit 5000 oder 10 000 Jahren, je nachdem, wo sie ansässig sind. Früher waren sie es nicht: Soweit wir wissen, tauchten die ersten Hellhäutigen im Süden des Kaukasus auf. Wir finden sie später in Anatolien, und von da aus trafen sie als Migranten, von denen im nächsten Kapitel die Rede sein wird, in Südeuropa ein und wanderten weiter nach Norden. Dies belegt – und nicht als Einziger – der blauäugige Mann, den wir hier vor uns haben. Er wird als Cheddar Man bezeichnet.

Die Kleinstadt Cheddar in der englischen Grafschaft Somerset ist für ihren Käse und auch für die Erdbeeren berühmt, die seit Jahrhunderten an den lieblichen Hängen der umliegenden Hügel angebaut werden. Zwischen diesen liegt auch Gough's Cave, eine Höhle, in deren Hohlräumen zahlreiche Überreste von Menschen und Tieren auftauchten: von Pferden,

Hirschen, Hasen und Rebhühnern. Auf den Knochen finden sich häufig die gleichen Spuren, nämlich Einkerbungen, die scharfe Werkzeuge beim Ablösen des Fleisches hinterließen. Das Magdalénien, aus dem diese kargen Überreste stammen, war also nicht nur eine Zeit staunenswerter künstlerischer Fortschritte: Vor Entwicklung der Käseindustrie wurde in Cheddar Kannibalismus praktiziert.

Und dies zugegebenermaßen mit einem gewissen Raffinement. Die Tischgenossen begnügten sich nicht damit, das Aufgetragene zu verspeisen, sondern stellten in Feinarbeit aus den Schädeln auch Kelche her. Drei davon tauchten in der Gough's Cave auf, und Einzelheiten, wie sie bearbeitet worden waren, finden sich in einem Artikel von Chris Stringer und Michael Petraglia. Kurzum, es wurde nichts weggeworfen. Lange vor dem Langobardenkönig Alboin hatten im heutigen Somerset Menschen kreative Möglichkeiten gefunden, sterbliche Überreste wiederzuverwerten. Eher unklar ist, ob es sich dabei um die von bedeutenden Persönlichkeiten aus der Gemeinschaft oder um die von Feinden gehandelt hat, die auf diese Weise geehrt beziehungsweise verhöhnt werden sollten.

Der Mann mit den blauen Augen und der dunklen Haut, dem dieses Kapitel gewidmet ist, muss irgendwie zur Kategorie der Besiegten gehört haben. Er starb mit ungefähr 20 Jahren eines gewaltsamen Todes: Sein fast vollständiges Skelett weist in der Schädeldecke zwei Löcher auf, hervorgerufen durch eine scharfe Spitze. Wie uns eine C-14-Untersuchung an seinen Knochen verrät, hat er vor rund 10 000 Jahren gelebt. England war zu der Zeit noch eine Halbinsel, die von Süden her zu Fuß erreichbar war. Damals breiteten sich auf ihr zunehmend Wälder aus, Heimat von Hirschen und Uren, den (deutlich größeren, im 17. Jahrhundert ausgerotteten) Vorfahren der heutigen Rinder. Unklar ist, ob der Cheddar Man beigesetzt oder einfach in der Höhle abgelegt worden war. Über seinen Gebeinen lagerte sich durch die Jahrtausende hinweg Geröll ab, bis sie 1903 wieder ans Licht geholt wurden.

Zu Beginn des 20. Jahrhunderts suchte die Forschung in England nach dem *first Briton*, dem ersten Ureinwohner Britanniens. Der Cheddar Man, ganz klar ein Mitglied unserer Spezies, passte nicht so recht: Ein Land, das zur Entwicklung der Naturwissenschaften so viel beigetragen hatte, verdiente nach eigener Einschätzung doch ein deutlich älteres menschliches Fossil, das hoffentlich aus einer früheren Zeit als die französischen oder deutschen Fossilien stammen würde. Man musste es nur finden. Am Ende wurde eines fabriziert, der berühmte Piltdown-Schädel, der von seinem Entdecker Charles Dawson als das fehlende Bindeglied zwischen Mensch und Affe präsentiert wurde, mit einem angeblichen Alter von einer halben Million Jahren. Das war 1912. Auch wenn Dawson nicht alle überzeugte, wurde der Schädel erst ein halbes Jahrhundert später als Fälschung entlarvt, die sich aus einem Orang-Utan-Unterkiefer, einem kleinen mittelalterlichen menschlichen Schädel und zwei Schimpansenzähnen zusammensetzte, das Ganze mit Säure behandelt, um das ehrwürdige Alter vorzutäuschen. Der Fälscher ist unbekannt. Auf der Liste der Verdächtigen stehen zahlreiche Prominente: neben Dawson selbst, von dem bekannt ist, dass er gern Fundstücke manipulierte, auch sein Schüler, der namhafte Evolutionsforscher Pierre Teilhard de Chardin, sowie sogar Sir Arthur Conan Doyle, der Schöpfer von Sherlock Holmes. Die Indizien gegen den Letztgenannten sind dürftig, aber beunruhigend: Er spielte regelmäßig in Piltdown Golf, sammelte Fossilien und schrieb im genannten Jahr 1912 in einem seiner Romane: »Wenn Sie geschickt sind und Ihr Geschäft verstehen, können Sie mit einem Knochen ebenso gut schwindeln wie mit einer Photographie.« Dass an den Piltdown-Schädel lange Zeit so viele glaubten, liegt auch daran, dass er die Hypothese (besser gesagt: die Vorurteile) zahlreicher europäischer Wissenschaftler bestätigte, die überzeugt waren, dass die gesamte Menschheit aus Europa stammen müsse.

Nach vierzig Jahren vergeudeter Diskussionen darüber, wie der Piltdown-Schädel in die menschliche Evolution einzuordnen sei, legte sich der Eifer, um jeden Preis einen uralten Briten ausfindig zu machen, nicht aber der, den Briten einen paläontologischen Primaten zuzuordnen. Der Cheddar Man ist nur 10 000 anstatt einer halben Million Jahre alt, aber die Engländer sind trotzdem zufrieden, da sie ihn für das älteste *komplette* menschliche Skelett halten, was sogar fast stimmt (je nachdem, was man unter komplett versteht). Er war 1,66 Meter groß, und seine Knochen tragen, anders als andere Fossilien aus der Gough's Cave, keine Spuren einer Dekarnation: Er wurde also nicht verspeist. Seine Berühmtheit hat ihm zu der Ehre verholfen, als einer der Allerersten als dreidimensionale Rekonstruktion im Naturhistorischen Museum in London ausgestellt zu werden. Die Fotografien von 2001 zeigen ihn mit einem breiten Gesicht (das er hatte) und einem langen Oberlippenbart (als Ergebnis freier künstlerischer Deutung), mit heller Haut und dunklen Augen. 2018 entstand schließlich die am Anfang dieses Kapitels abgebildete Rekonstruktion. Warum sind wir überzeugt, dass der Cheddar Man – in einer heute ganz ungewöhnlichen Kombination – dunkle Haut und so helle Augen hatte? Zur Erklärung muss zunächst etwas über unsere Haut gesagt werden, zu ihrer Entwicklung und dazu, woher wir wissen, wie sie in der Vergangenheit ausgesehen hat, obwohl sie doch keine Fossilien hinterlässt (was auch für Augen und Haare gilt).

In der untersten Schicht unserer Epidermis liegen die Melanozyten, spezialisierte Zellen, die Körnchen zweier Pigmente produzieren, das (rötlich braune) Eumelanin und das (gelblich braune) Phäomelanin. Diese Körnchen wandern in die oberen Zellen ein. Die Haut wird desto dunkler, je mehr von ihnen einwandern, je größer sie sind und je höher der Anteil an Eumelanin in ihnen ist. Ähnliches gilt für die Augen und die Haare. Die Färbung der Haut, der Haare und der Augen sind komplexe Merkmale: Sie werden von zahlreichen – mindestens siebzig – Genen, aber zum Teil auch von Umweltbedingungen festgelegt, weil wir in der Sonne bräunen. Die genetischen Grundlagen komplexer Merkmale sind – pardon für die Wortwiederholung – ihrerseits komplex. Der Daltonismus, eine Rot-Grün-Sehschwäche, hängt von einem einzigen Gen ab. Durch eine Untersuchung der DNA lässt sich mit Sicherheit sagen, ob eine Person von ihr betroffen ist. Sind aber siebzig Gene beteiligt, trägt jedes nur zu einem Siebzigstel zum untersuchten Merkmal bei: Ihre Effekte sind winzig und häufig schwierig zu messen. Dies gilt für die Hautfärbung, aber auch für zahlreiche Krankheiten mit komplexen genetischen Ursachen: Diabetes, viele Krebsarten, praktisch sämtliche Herz-Kreislauf-Erkrankungen und Altersleiden. Auf der Grundlage der DNA können wir die Wahrscheinlichkeit (fachlich: das relative Risiko) berechnen, mit der eine Person im Lauf ihres Lebens eine Erkrankung entwickeln wird, aber nicht mit Sicherheit vorhersagen, wer wie ernsthaft erkrankt und wer nicht, selbst wenn wir jeweils das gesamte Erbgut kennen. Wie wir weiter hinten noch sehen werden, wurden Methoden entwickelt, um die Fehlerwahrscheinlichkeit zu verringern, aber mehr ist beim gegenwärtigen Stand der Dinge nicht möglich.

Die siebzig (oder vielleicht sogar noch mehr) Gene, die unsere Pigmentierung steuern, produzieren die notwendigen Proteine für die lange biochemische Reaktionskette, über die Melanine synthetisiert werden. Die US-Anthropologin Nina Jablonski hat die Evolution der Hautfarbe am eingehendsten erforscht und ein Modell vorgelegt, auf das sich die Forschung von uns allen bezieht. Ihr zufolge hatten die Menschen bei ihrer Abspaltung von den Affen in Afrika vor sechs Millionen Jahren eine helle Haut – so wie heute Gorillas und Schimpansen, die ein dichtes schwarzes Fell vor übermäßiger Sonnenstrahlung schützt. Bei uns ging dieses Haarkleid im Verlauf der Evolution verloren: Wir sind, wie Desmond Morris schrieb, *nackte Affen* geworden, weil wir so unsere Körpertemperatur besser regulieren können (wie wir in Kapitel 2 sahen). Als Ausgleich – weil die Evolution keine perfekten Lösungen hervorbringt – mussten wir jedoch einen alternativen Schutz entwickeln, und zwar in Form einer Hautpigmentierung, die als dunkle Barriere Ultraviolettstrahlung absorbiert und so verhindert, dass die darunter liegenden Gewebe Schäden davontragen. Einzelne Mutationen, die die Haut dunkler machten, waren von Vorteil (damals lebten unsere Vorfahren ja noch allesamt in Afrika) und breiteten sich deswegen immer weiter aus. Die Forschung ging zunächst davon aus, dass dieser Vorteil im Schutz vor Hauttumoren bestünde, die durch übermäßige UV-Bestrahlung hervorgerufen werden. Auch wenn es so scheint, ist dies keineswegs logisch. Die von Darwin beschriebenen Mechanismen der natürlichen Selektion funktionieren dadurch, dass Träger vorteilhafter Merkmale (hier eine etwas dunklere Haut) mehr Nachkommen hinterlassen als die anderer Merkmale (eine etwas blassere Haut). Aber Hauttumore, die zwar tatsächlich durch Ultraviolettstrahlung ausgelöst werden, treten erst im fortgeschrittenen Alter auf, wenn die Fortpflanzung in der Regel längst abgeschlossen ist. Diese Erklärung sticht also nicht.

Deswegen bevorzugt Nina Jablonski eine andere, bei der sie auf ein Molekül, die auch als Vitamin B9 bezeichnete Folsäure, verweist, das für den Aufbau von DNA und RNA notwendig ist. Ultraviolettstrahlen schädigen die Folsäure in den Blutkörperchen, und in der Schwangerschaft können niedrige Spiegel an Folsäure zu schweren Missbildungen des Fötus führen. Der Vorteil einer dunklen Haut könnte also in einem besseren Schutz der Folsäure bestehen. Auch wenn die Diskussion noch im Gang ist, steht jedenfalls zweifelsfrei fest, dass diejenigen Bevölkerungen, die der Sonnenstrahlung am stärksten ausgesetzt sind, auch die dunkelste Haut haben: Auch innerhalb Afrikas finden wir in den Tropen dunklere Hautfarben, während sich die Färbungen in Richtung Süden, wo die Strahlung weniger intensiv ist, aufhellen.

In den letzten 100 000 Jahren entwickelte sich der *Homo sapiens* von einer afrikanischen Spezies zu einer über den ganzen Planeten verbreiteten Art, indem er immer neue Gebiete eroberte, in denen er andere Umweltbedingungen vorfand, auch was die Sonnenstrahlung angeht. Die ersten Bewohner der Regionen des Nordens standen vor einem anderen Problem: Das für einen gesunden Knochenbau entscheidende Vitamin D wird durch Bestrahlung der Haut mit Sonnenlicht gebildet. Bekommen Menschen wie im Norden Europas und Asiens nur wenig Sonne ab, können sie durch diesen Mangel an Rachitis erkranken. Nina Jablonski vertritt die Ansicht, dass sich damals das Selektionsregime umgekehrt hat: Im Norden pflanzten sich hellhäutige Menschen zahlreicher fort, weil sie besser mit Vitamin D versorgt waren. Und so hellten sich im Norden die Hautfarben allmählich auf.

Alles bestens und logisch. Aber wann fand diese Entwicklung statt? Nina Jablonski vermutete vor rund 50 000 Jahren, konnte sich aber nicht genau festlegen. Heute ermöglichen es uns Methoden der künstlichen Intelligenz (KI), diese Datierung zu korrigieren. Wie sie funktionieren, versuche ich zu erklären, muss dabei aber drastisch vereinfachen und entschuldige mich dafür: Ein Software-Programm wird darauf gedrillt, einem Genkomplex bestimmte sichtbare Merkmale zuzuordnen, in unserem Fall die Pigmentierung von Haut, Augen und Haaren, und zwar in drei Phasen. In der ersten, der Trainingsphase, setzen wir dem Programm ein Archiv aus vormals gesammelten Daten vor. Es vergleicht die Gene zahlreicher Personen (so viele, wie nützlich erscheinen) mit der Färbung von deren Haut (Haaren oder Augen). Auf diese Weise lernt der Computer zu erkennen, welche Varianten der Gene häufiger mit bestimmten Hautfarben auftreten. Dabei kann sich beispielsweise der Fall ergeben, dass die Haut tendenziell dunkler ist, wenn an einer bestimmten Stelle eines Gens namens *SLC45A2* ein C steht, während sie bei einem G an dieser Stelle eher heller ist. Für die zweite, die Überprüfungsphase, liefern wir dem Programm nur die Genvarianten aus dem Archiv und fordern es auf, die Hautfarbe von deren Trägern zu rekonstruieren. Anhand der Daten, die uns, aber nicht dem Programm bekannt sind, können wir die Treffsicherheit von dessen Antworten und die Fehlermarge ermitteln. Und in der dritten Phase macht sich das Programm an die Arbeit mit neuen Daten, solchen zu DNA, die aus Fossilien gewonnen wurde, um deren Merkmale zu rekonstruieren.

Die Forschenden am Naturhistorischen Museum in London haben aus dem Felsenbein des Cheddar Man, einer Region des Schläfenknochens nahe am Ohr, kleine Mengen an Material entnommen. In diesem sehr dichten Knochen bleibt DNA besser erhalten als in jedem anderen Teil des Fossils. Bei einer Analyse des Genoms mit den KI-Methoden gelangten sie zu dem Schluss, dass der Cheddar Man – mit einer Wahrscheinlichkeit von 76 Prozent – eine sehr dunkle Haut und blaue Augen hatte.

Da diese Merkmalskombination unter heute lebenden Engländern und generell unter Europäern höchst selten vorkommt, rümpften manche die Nase. Das könne nicht sein. Als dann nicht mehr zu leugnen war, dass der Cheddar Man derart dunkelhäutig gewesen war, wurde der Einwand erhoben, er sei auf der größten britischen Insel vielleicht gar kein Ortsansässiger gewesen. Und tatsächlich hätte er ja auch ein von irgendwoher verschleppter Gefangener oder Sklave gewesen sein können, der eben wegen seines Status getötet worden war. Diese Einwände lösten sich dadurch in Luft auf, dass eine Untersuchung an vier weiteren Europäern aus seiner Zeit zu den gleichen Ergebnissen – dunkle Haut, helle Augen – führte: Die Fossilien stammten aus Bichon in der Schweiz (13 000 Jahre alt), Loschbur in Luxemburg (8000 Jahre alt), La Braña in Nordspanien (7000 Jahre alt) und Syltholm in Dänemark (5700 Jahre alt). Sie als Zeitgenossen zu bezeichnen, wäre freilich übertrieben: Diese Individuen lebten über einen Zeitraum von sieben Jahrtausenden verstreut. Aber um die gleiche Zeit handelt es sich insofern, als alle aus dem sich ans Paläolithikum anschließenden Mesolithikum stammten. Dieser Periode wird auch die magdalenianische Frau von Cap Blanc (von der in Kapitel 11 die Rede war) zugeordnet. Sie hatte also schwerlich die helle Haut, mit der sie die Rekonstruktion von Élisabeth Daynès zeigt. Vor 10 000 Jahren veränderte sich die europäische Bevölkerung tiefgreifend, wie wir im nächsten Kapitel noch genauer sehen werden. Und sie wandelte sich zuerst im Süden und dann allmählich auch in Richtung Norden: Der Süden ist bereits ins Neolithikum, in die Jungsteinzeit, eingetreten, während sich die Region des heutigen Luxemburg und Dänemark noch im Mesolithikum befanden.

Es war eine große Wanderungsbewegung, die Jahrtausende nach dem Tod des Cheddar Man die DNA-Varianten, die für hellere Hautfarben verantwortlich sind, nach Europa brachte. Wir finden diese vor 11 500 Jahren im Süden des Kaukasus, in einer Population aus Jägern und Sammlern. Wenig später tauchen sie dann in Anatolien auf und breiten sich von da über ganz Europa aus, zunächst im Süden und dann im Norden, parallel zur Verbreitung der neolithischen Techniken: Viehzucht und Ackerbau. Eine Studie von Selina Brace und ihrem Forschungsteam zeigt, wie das Eintreffen der neolithischen Kultur, also die Bebauung von Feldern und die Aufzucht von Vieh, in England mit einem grundlegenden demografischen Wandel einherging, belegt durch die DNA dieser alten Populationen. Wie wir in Kürze sehen werden, war dies keine Ausnahme, sondern die Regel: Beim Übergang vom Mesolithikum zum Neolithikum verändern sich in ganz Europa grundlegend die Genome. Neue Menschen sind zugewandert und zu einem Großteil an die Stelle der alten Europäer getreten. Aber für eine angemessene Darstellung braucht es ein neues, das nächste Kapitel.

(Und um schließlich auf die Ausgangsfrage dieses Kapitels zurückzukommen: Die Antwort auf die Frage, wer die Europäer sind, ist kompliziert, aber sie liegt mit Sicherheit nicht in der DNA.)

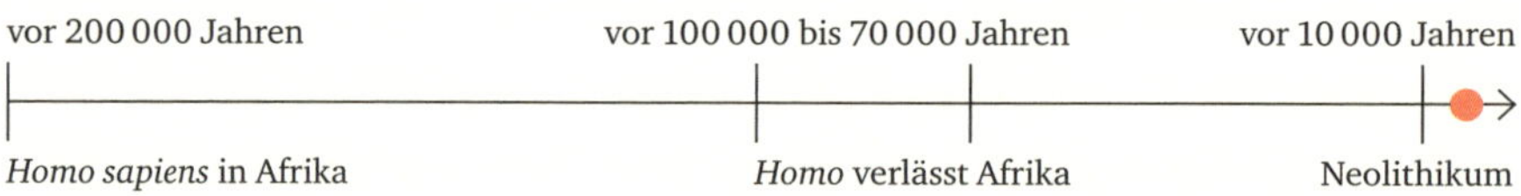

1991 von Erika und Helmut Simon am Tisenjoch in der Grenzregion zwischen Österreich und Italien entdeckt

eine bestens erhaltene Feuchtmumie

14. Brot, Wein, Milch: *Homo sapiens*

Ötzi → *vor 5200 Jahren*

Der Kilimandscharo ist ein schneebedeckter Berg von sechstausend Metern Höhe und gilt als der höchste Berg Afrikas. Der westliche Gipfel heißt bei den Massai »Ngàia Ngái«, das Haus Gottes. Direkt unter dem westlichen Gipfel liegt das ausgedörrte und gefrorene Gerippe eines Leoparden. Niemand weiß, was der Leopard in jener Höhe suchte.

So lauten die ersten Zeilen von Ernest Hemingways *Schnee auf dem Kilimandscharo.* Und bislang hat auch noch niemand erklärt, was Ötzi zum Tisenjoch an der heutigen österreichisch-italienischen Grenze trieb, auf eine Höhe von 3200 Metern über dem Meeresspiegel. Eine Gedenkpyramide markiert die Stelle, an der seine Mumie zum Vorschein kam. Zu ihr gelangt man heute nach einer fünfstündigen Wanderung über einen anspruchsvollen Wanderpfad. Im Neolithikum begann die Gletscherzone deutlich tiefer, sodass der Aufstieg noch mühseliger war: Um bis hierher hinaufzuklettern, brauchte es triftige Gründe.

Es ist noch zu früh, um Ötzi, den Mann aus dem Eis (auch die Mumie vom Similaun genannt), ins Gesicht zu blicken. Im Archäologiemuseum in Bozen sind, zusammen mit seinen Resten, zwei zu verschiedenen Zeitpunkten entstandene Rekonstruktionen seines Äußeren ausgestellt, aber es braucht eine dritte. Deshalb können wir hier nur eine Zeichnung präsentieren, die den Ergebnissen der jüngsten DNA-Untersuchung entspricht. Seine Haut ist dunkler als bislang angenommen, und er hatte mit hoher Wahrscheinlichkeit eine fortgeschrittene Glatze.

Doch eins nach dem anderen. Ötzi verdankt seinen Namen dem Ötztal, über dem er ans Licht gekommen ist. Er hat die eher unauffälligen Züge eines Mannes, dem wir auf der Straße begegnen könnten, und nicht von ungefähr: Er lebte im Spätneolithikum, zu Beginn der Kupferzeit, also verglichen mit den anderen Figuren in dieser Geschichte sozusagen erst gestern. Sein Gesicht ist von Runzeln durchzogen, er ist nicht mehr der Jüngste. Ein deutsches Ehepaar stieß im September 1991 bei einer Bergwanderung zufällig auf seinen Leichnam, der halb unter Wasser in einem Gletscherteich lag. Die beiden glaubten zunächst an einen Unfall: einen verunglückten Alpinisten, vielleicht sogar aus dem vorigen Jahrhundert. Damals achtete niemand auf seine ledernen Schuhe, ausgepolstert mit verzwirnten Grasschnüren, die mit Sicherheit schon vor 100 oder 500 Jahren aus der Mode gekommen waren. Die eilig herbeigerufene österreichische Gendarmerie barg ihn ohne große Rücksichten, indem sie mit einem Presslufthammer das Eis aufhackte, und verursachte dabei so einigen Schaden, insbesondere an den Genitalien der Mumie. An der Universität Innsbruck stellte sich rasch heraus, dass Ötzi deutlich älter war, als es auf den ersten Blick schien. So schlossen sich an die Erforschung seiner Todesursache wissenschaftliche Untersuchungen an. Derweil war allerdings ein Streit darüber entbrannt, wo genau die Grenze zwischen Österreich und Italien verläuft. Erst nach einiger Zeit und zahlreichen Diskussionen lösten zwei berühmte Alpinisten das Problem: Reinhold Messner und Hans Kammerlander. Heute ist Ötzi ein weltberühmter Star: Im Archäologiemuseum in Bozen ist seine Mumie in einer eigens für ihn entworfenen Kühlzelle mit rechteckigem Guckloch ausgestellt.

Ötzi war 1,54 Meter groß und trug auf der Brust, dem Rücken und in einer Kniekehle sowie an den Knöcheln insgesamt 61 Tätowierungen: Hautritzungen voller Kohlestaub in Form von Punkten, Linien oder Kreuzchen. Sein mumifizierter Leichnam (eine sogenannte Feuchtmumie) und die Ausrüstung, die er bei sich trug, erzählen uns mit erstaunlicher Genauigkeit, was vor 5200 Jahren gegessen wurde, welche Krankheiten im Umlauf waren, welche Heilungsversuche unternommen wurden, wie man sich im Hochgebirge kleidete und wie man auf die Jagd ging. Und auch wie man tötete, denn Ötzi wurde umgebracht – durch eine Pfeilspitze, die von der linken Schulter aus tief, bis nahe ans Herz, in seinen Körper eingedrungen ist. Wie die Computertomografie zeigt, hat sie die Arteria subclavia (Unterschlüsselbeinarterie) verletzt, sodass er wahrscheinlich verblutet ist. Auch hat Ötzi zwischen Daumen und Zeigefinger seiner rechten Hand einen tiefen Einschnitt, als habe er mit bloßen Händen einen Angriff abzuwehren versucht, sowie ein gebrochenes Jochbein. Um die Wunden herum wurde Fibrin entdeckt, ein Protein, das sich bei der Blutgerinnung bildet. Ötzi ist seinen Verletzungen also nicht auf der Stelle, sondern erst nach einiger Zeit erlegen. Dass er im Eis mit einem auf den Rücken gedrehten Arm auftauchte, könnte bedeuten, dass er bis zuletzt versuchte, sich den Pfeil selbst herauszuziehen.

Ötzi hat sich im Eis gut gehalten: Dies machte es möglich, ihn zu röntgen und im Computertomografen zu untersuchen und seinen Darminhalt sowie die Pollen an seinem Körper mit Methoden zu bestimmen, die von der Immunhistochemie bis zur Isotopenuntersuchung reichen. Hervorragend erhalten ist auch DNA: nicht nur seine, von der in Kürze die Rede ist, sondern auch die von Parasiten, die er in sich trug, und von den Resten seiner letzten Mahlzeiten: Getreide, wahrscheinlich Einkorn, sowie Fleisch und Fett von Rothirsch und Steinbock als Hauptbestandteile. Dass er Veganer gewesen sei, wie geschrieben wurde (über Ötzi wurde alles Erdenkliche geschrieben), ist eine Ente, aber wie in seinem Darm aufgetauchte essenzielle Öle belegen, hat er auch pflanzliche Kost zu sich genommen, auch wenn diese nicht genau bestimmbar ist. Kurzum, obwohl er in den Bergen lebte, verfügte Ötzi über eine vielfältige Ernährung, die vor allem reich an notwendigen Fetten war, um körperliche Anstrengungen und Wetterumschläge zu verkraften.

Wie die Untersuchung seiner Knochen zeigt, hatte er ein für die damalige Zeit beachtliches Alter zwischen 45 und 50 Jahren erreicht.

Gesundheitlich ging es ihm keineswegs gut. Er hatte kariöse Zähne und ein Bakterium im Magen, das häufig Gastritis oder Magengeschwüre verursacht. Auch hatte er eine Lyme-Borreliose, eine durch Zeckenbisse übertragene Infektion, die heute mit Antibiotika bekämpft wird. Bei ihm war die Krankheit chronisch geworden und hatte Arthritis und womöglich auch kardiologische und neurologische Schädigungen verursacht. Dazu litt er an Arteriosklerose: Drei Regionen seines Herzens waren verkalkt und von Infarkt bedroht. Gegen die vielen gesundheitlichen Probleme wappnete sich Ötzi, so gut er konnte. An seiner Mumie wurde *Fomitopsis betulina,* Birkenporling, ein als Arzneimittel verwendeter giftiger Pilz, gefunden, der in geringen Dosen nur antibiotisch wirkt. Einige Tätowierungen an Stellen, die in der Akupunktur als Meridiane genutzt werden, nährten die Vermutung, sie hätten zur Linderung von Schmerzen gedient, aber hier begeben wir uns auf den Boden wilder Spekulationen. Wäre dem so, wäre Ötzi (oder vielleicht sein behandelnder Arzt) schon 3000 Jahre vor den Chinesen ein genialer Pionier der Akupunktur gewesen.

Die Ausrüstung, die an seiner Mumie auftauchte, ist ein archäologisches Unikum. Sie umfasst einen fast zwei Meter langen Bogen aus Eibe, einen Köcher aus Rehleder mit Pfeilen aus dem Holz des Wolligen Schneeballs, einige mit Gebrauchsspuren, andere noch ohne Spitze, sowie eine Rückentrage und eine Gürteltasche: Darin kamen ein Dolch aus Feuerstein, ein Retuscheur zum Schärfen von Steinklingen, eine Steinscheibe aus Marmor, ein Glutbehälter und Feuerschwamm zum Vorschein. Das interessanteste Stück ist ein Beil mit einer Kupferklinge. Kupfer ist das erste Metall, dessen Nutzung der Mensch erlernt hat. Obwohl nicht sehr robust, lässt es sich mit einem Hammer leicht bearbeiten, sogar in kaltem Zustand, ohne dass man es einschmelzen muss. Ötzi lebte also im Übergang vom Neolithikum zum Zeitalter der Metalle und trug eine hochwertige Waffe bei sich. Wie uns die chemische Zusammensetzung verrät, stammte das Kupfer, aus dem sie gefertigt wurde, aus der fernen Toskana. Wie es bis in die Alpen gelangte, können wir nur vermuten: Vielleicht hatten es

Viehhirten aus dem Süden mitgebracht, um es auf ihrer Wanderung bei der Bevölkerung vor Ort einzutauschen. Wenn Ötzi mit einem so kostbaren Objekt unterwegs war, kann man sich ihn schwerlich als einen einfachen Hirten vorstellen, der beim Hüten seiner Herde in Bedrängnis geraten war. Auf dem Dolch, den Pfeilspitzen und auf der Kleidung haben sich Spuren von Menschenblut erhalten, das (wie uns dessen DNA sagt) von vier verschiedenen Personen stammt: Ötzi wusste sich also vor seinem Tod oder bei anderer Gelegenheit seiner Haut zu wehren.

In der Kupferzeit, am Ende des Neolithikums, trug man in den Alpen Unterhosen oder zumindest einen Schurz aus Schafleder; dazu bis an die Schenkel reichende Beinschäfte, einen Mantel aus Ziegenleder, eine schöne Mütze aus Bärenpelz sowie ein Paar für die Zeit recht aufwendige hirschlederne Schuhe, die mit Schnürsenkeln aus Rindsleder versehen und mit Gras gefüttert waren, um die Füße warm zu halten. So ausgestattet konnte man sich einigermaßen gut gerüstet bis in die Hochlagen wagen. Allerdings gibt es Grund zu der Annahme, dass Ötzi im Verlauf seines Lebens nie weit über seine Heimat hinausgekommen ist. Die Untersuchung der Isotopen, also der verschiedenen Formen, in denen Elemente wie Strontium, Blei, Sauerstoff, Kohlenstoff oder Argon in biologischen Geweben vorliegen, lieferte wichtige Aufschlüsse dazu, wo er unterwegs war. Anhand von Messungen der Mengen dieser Isotope in Gewässern und Felsen verschiedener Orte konnten Wolfgang Müller und sein Team nachweisen, dass Ötzi ganz oder fast ausschließlich südlich des Tisenjochs gelebt und sich von diesem höchstens 60 Kilometer wegbewegt hat: Er hat viele Jahre lang das Wasser aus dem Pustertal, dem Vinschgau und dem Ultental getrunken. Und noch genauere Angaben sind möglich: 2007 rekonstruierten Klaus Oeggl und seine Gruppe von der Universität Innsbruck detailliert Ötzis letzte Ortswechsel, indem sie die Pollenarten bestimmten, die sich in seinem Magen und Darm fanden. Sie verraten, wo er seine letzten Mahlzeiten zu sich genommen hat. Anhand der Zeit, die die Pollen zum Passieren des Verdauungstrakts benötigen, kamen sie zu dem Schluss, dass Ötzi in den letzten 33 Stunden seines Lebens eine längere Wegstrecke hinter sich gebracht hatte: von Höhenlagen oberhalb der Vegetationszone ging es hinab in ein Tal, in dem Birken, Hainbuchen und Haselsträucher – alle in gemäßigten Lebensräumen vorkommend – wachsen, worauf er sich schließlich in die Zone des ewigen Eises in über 3000 Metern Höhe hinaufbegab. Mit einiger Ausschmückung hat jemand aus diesen Ortswechseln ein Szenario abgeleitet: Ötzi sei von der Hochweide aus nach Hause gekommen, sei mit Leuten vor Ort in Streit geraten, worauf er nach einer gewalttätigen Auseinandersetzung – vielleicht schon verletzt – zu fliehen versucht habe. Sie hätten ihn verfolgt und ihm dann mit einem Schlag ins Gesicht den Rest gegeben. Das ist möglich, aber wie wahrscheinlich, weiß ich nicht. Nach einem anderen Szenario könnte er auf dem Weg auf die andere Seite der Alpen auf übelgesinnte Burschen gestoßen sein. In beiden Fällen bleibt unklar, warum seine Mörder sein kostbares Kupferbeil nicht an sich nahmen. Auf einer Website der Gemeinde Latsch ist folgende Mutmaßung zu lesen:

> *Man ist aber allgemein geneigt zu behaupten, dass Ötzi aufgrund seiner wahrscheinlich überdurchschnittlichen spirituellen Fähigkeiten und nicht zuletzt ob seines bizarren Outfits, das sicherlich nicht der jungsteinzeitlichen Alltagsbekleidung entsprach, als ein Sonderling gesehen wurde. Dass es sich unter diesem Aspekt eher um einen Auftragsmord im Rahmen eines politischen Machtspiels handelt oder gar um eine kultische Hinrichtung, ist durchaus in Betracht zu ziehen, kann aber wohl nie bewiesen werden.*

Da haben wir's: Hier begeben wir uns ins Reich der Fantasy, wenn nicht gar des Schunds. Auch wenn wir die genauen Umstände nicht kennen, unter denen Ötzi ums Leben kam (und übrigens auch nicht wissen, wie eine »jungsteinzeitliche Alltagsbekleidung« aussah), ist seine DNA eine Fundgrube an Informationen. Und diese Aufschlüsse passen sehr gut in eine

Geschichte, welche die Genetik in den 1970er-Jahren zu entschlüsseln begonnen hat: die des Ursprungs der Landwirtschaft im Neolithikum in Europa.

Es gehört zum Lehrstoff in der Schule: Vor 12 000 Jahren fangen die Bewohner des fruchtbaren Halbmonds, da, wo heute der Irak und Syrien liegen, erstmals an, Felder zu bestellen und Vieh aufzuziehen. Auf diese Weise beginnt eine Menschheit, die bislang weder Brot noch Wein oder Milch kannte und deswegen auf der ständigen Suche nach Essbarem nomadisch oder halbnomadisch leben musste, ihre Nahrung selbst zu erzeugen. Laut dem großen englischen Archäologen Colin Renfrew handelte es sich dabei um das bedeutendste Ereignis der Menschheitsgeschichte (und damit ist es auch das bedeutendste in diesem Buch): Nicht umsonst ist von der »neolithischen Revolution« die Rede. Ein Mehr an Nahrung beschert den Alten ein längeres Leben und senkt bei den Kindern die Mortalität: Die Bevölkerung wächst. Der Ackerbau ernährt auf der gleichen Fläche, die zehn Jäger und Sammler versorgen konnte, erst eine zehn- und dann eine hundertfach größere Population, was ebenfalls zu einem demografischen Boom beiträgt. Die Erzeugung von Überschüssen an Nahrung macht es aber auch notwendig, diese einzulagern: Erste Behälter tauchen auf, Keramik wird entwickelt und Kniffe werden gefunden, um Essbares haltbar zu machen (zum Beispiel, indem Korn zu Mehl und Bier, Milch zu Käse oder Trauben zu Wein verarbeitet werden). Um aber Gesätes zu ernten, braucht es vor allem Sesshaftigkeit: Dauerhafte Ansiedlungen, Dörfer und dann auch Städte entstehen. In diesen haben die Menschen nicht alle gleich gute Fähigkeiten: Die Aufgaben spezialisieren sich, und allmählich diversifiziert sich die Gesellschaft. Die Welt, in der wir heute leben, nimmt erstmals Gestalt an.

Natürlich geschah dies nicht über Nacht. Zwischen dem Zeitalter der Jäger und Sammler, also dem Paläolithikum, und dem der Nahrungserzeugung, dem Neolithikum, ordnen die Archäologen eine Übergangszeit ein, das Mesolithikum. In ihm entwickeln sich erste Formen einer Landwirtschaft wie der Gemüseanbau. Dieser Periode gehört zum Beispiel der Cheddar Man an. Aber es ist nicht alles Gold, was glänzt: Eine Ernährung auf der Grundlage von Getreide liefert weniger Proteine als ein hoher Fleischkonsum. Die neolithischen Bauern waren kleiner als ihre Vorgänger, sie litten an Karies, und wie ihre Skelette zeigen, waren Krankheiten unter ihnen stärker verbreitet. Urbane Siedlungen sind bekanntlich der beste Boden, auf dem sich Krankheitskeime ausbreiten, und das Zusammenleben mit Vieh besorgt den Rest: Im Neolithikum entstehen die Bedingungen für den Ausbruch von Epidemien, die seither unsere ständigen Begleiter sind. Aber die Kosten-Nutzen-Bilanz fällt am Ende positiv aus. Dies bezeugen drei Arten archäologischer Fakten: Massen an eingelagerten Samen, landwirtschaftliches Gerät und Keramikbehälter. Wo sie zum Vorschein kommen, wurden einst Felder bestellt. In Anatolien gibt es Fundstücke, die 10 000 Jahre alt sind, in ganz Europa dann ab 5000 Jahre alte. Da zwischen der heutigen Türkei und Portugal 5000 Kilometer liegen, ist die neolithische Revolution durchschnittlich einen Kilometer pro Jahr voranmarschiert.

Und sie ereignete sich nicht nur hier bei uns. Im fruchtbaren Halbmond hatten die ersten Landwirte Weizen, Gerste, Feigen, Linsen und Erbsen angebaut. In China waren einige Jahrtausende zuvor Methoden entwickelt worden, um Reis, Soja, Zitrusfrüchte, Pfirsiche und Auberginen zu kultivieren. Der Weinbau begann wohl vor 8000 Jahren, wahrscheinlich in Georgien und Armenien. In Mittelamerika waren einige Zeit später Tomaten, Mais, Kürbisse und Bohnen, in den Anden Kartoffeln und Paprika an der Reihe. Dies sind die Zentren der Domestizierung der Pflanzen und häufig auch die gleichen Regionen, in denen erstmals zahlreiche Tierarten gehalten wurden, auch wenn das Bild hier komplexer ausfällt: Hunde und Pferde und wahrscheinlich auch andere Tiere lebten sicherlich an verschiedenen Orten erstmals mit Menschen zusammen. Im fruchtbaren Halbmond finden sich in den Überresten menschlicher Ansiedlungen Knochen von Schafen, Rindern, Ziegen und Schweinen, die bis zu 11 000 Jahre alt sind.

Es ist nicht zu ändern: Die neolithischen Techniken der Subsistenz, der Landwirtschaft und der Viehzucht funktionieren besser als die vorangegangenen: Sie kommen aus dem Südosten nach Europa und breiten sich im Verlauf einiger Jahrtausende überall, von Skandinavien bis zum Atlantik, aus. Aber wie verlief diese Eroberung? In den 1970er-Jahren diskutierten die Archäologen darüber, ob es sich um ein kulturelles oder demografisches Phänomen gehandelt hat. Bei einer kulturellen Verbreitung reisen Informationen: Die Bevölkerungen der Jäger und Sammler übernehmen Landwirtschaft und Viehzucht, indem sie Nachbarn nachahmen, die diese bereits praktizieren. Bei einer demografischen Verbreitung reisen dagegen Menschen aus Fleisch und Blut: Die neolithischen Landwirte haben sich über immer neue Gebiete weiter im Westen und Norden ausgebreitet und dort ihre Methoden eingeführt. Das ist natürlich vereinfacht: Tatsächlich dürfte die Ausbreitung sowohl durch kulturellen Austausch als auch durch Migration erfolgt sein. Aber die Frage lohnt, welche Art der Verbreitung vorherrschend war. Die archäologischen Fakten geben keine Antwort: Sie sagen uns zwar, zu welcher Zeit und auf welchen Wegen (hauptsächlich zwei: entlang der Mittelmeerküste und flussaufwärts der Donau folgend) der Ackerbau in den einzelnen europäischen Regionen Einzug hielt, aber nicht auf welche Weise.

Um nachzuvollziehen, ob in der Jungsteinzeit Ortsansässige Neues erfunden haben oder ob sie von anderen Populationen mit neuen Techniken verdrängt wurden, braucht es verschiedene Daten, die uns verraten, wer von wem abstammt. Gesammelt und 1978 veröffentlicht wurden sie von Paolo Menozzi, Alberto Piazza und Luigi Luca Cavalli-Sforza, von ihrer Forschungsarbeit sollten bis dahin nie dagewesene interdisziplinäre Kooperationen ausgehen. Die drei Forscher fanden eine Möglichkeit, die genetischen Daten der modernen Bevölkerungen (damals lediglich verfügbar: Blutgruppen und einige Bluteiweiße) in einer Gesamtdarstellung nach Art einer topografischen Karte abzubilden, in der die Ebenen grün und die Berge braun wiedergegeben werden. Diese genetische Landkarte

Europas stellte sich als außerordentlich simpel heraus: Sie zeigt einen Gradienten, also eine große Abstufung, die von Südosten nach Nordwesten verläuft. Die Merkmale der Bevölkerungen verändern sich schrittweise und regelmäßig in dem Maß, in dem man sich vom fruchtbaren Halbmond aus in Richtung Norden und Westen bewegt. Ein so geordneter Verlauf hat zwangsläufig einen bestimmten Grund. Irgendetwas hat die Gene der Europäer im Verlauf der Zeit in eine solche Anordnung gebracht, und dieses Etwas kann nur ein Migrationsprozess gewesen sein: Ein Kulturwandel hätte sich auf die DNA nicht ausgewirkt. Aber mehr noch: Die genetische Landkarte Europas deckt sich offenbar mit der archäologischen, auf der die Daten der ersten landwirtschaftlichen Praktiken abgebildet sind, die im Südosten früher und im Nordwesten später Einzug hielten. Menozzi, Piazza und Cavalli-Sforza schließen daraus, dass beide Karten dasselbe Phänomen beschreiben, die Einführung der Landwirtschaft in Europa durch einen großen Migrationsprozess: Die neolithische Revolution hat sich auf den Beinen der ersten Landwirte voranbewegt. Die neuen Techniken schufen ein Überangebot an Nahrung, das zu einem Bevölkerungswachstum führte, weshalb die frühen Landwirte ihre Siedlungsräume immer weiter nach Westen und Norden ausdehnten.

Hier darf man sich keine Scharen anatolischer Bauern vorstellen, die mit Waffen und Gerät im Gepäck gleichzeitig bis nach Portugal und Skandinavien marschierten. Mit einer akkuraten mathematischen Modellierung, anschließend bestätigt von Computersimulationen, zeigte Cavalli-Sforza, dass sich der große europäische genetische Gradient mit einer langsamen demischen Diffusion erklären lässt, also einer Ausbreitung ganzer neolithischer Populationen, bei der die Grenze des landwirtschaftlich genutzten Raumes durchschnittlich um eben einen Kilometer pro Jahr weiter vorrückte. Diese mathematischen Modelle und die entsprechenden Simulationen funktionieren allerdings nur unter der Annahme, dass die neolithischen Bauern dort, wo sie auf Jäger und Sammler trafen, sich mit diesen genetisch nicht vermischten, obwohl sie sich das Territorium teilten. Durch das bessere Nahrungsangebot stieg die Zahl der Bauern, nicht aber die der Jäger und Sammler. Nur so erklären die Modelle, wie sich die Gene der ersten Landwirte im fruchtbaren Halbmond über eine so weite Strecke bis an die Nord- und Westgrenzen des Kontinents ausbreiten konnten.

Cavalli-Sforzas Gruppe betrieb ihre Forschungen in einer Zeit, in der die Daten aus der Untersuchung von Proteinen stammten, sodass sie nur einen Teil der genetischen Unterschiede zwischen den Bevölkerungen ans Licht bringen konnten. Die modernen Methoden der DNA-Untersuchung bestätigen das Modell der demischen Diffusion, rücken einiges zurecht und fügen zudem etliche interessante Details hinzu. In den Genomen der prähistorischen und modernen europäischen Bevölkerungen erkennen wir heute drei Hauptkomponenten, die aus drei verschiedenen Gruppen von Vorfahren stammen. Auch wenn jeder Europäer seine ganz eigene Zusammensetzung hat, sind die Hauptkomponenten bei allen dieselben – und es sind eben drei. Anhand eines Vergleichs zwischen alten und modernen Genomen können wir sagen, dass diese drei Gruppen von Vorfahren aus drei Migrationsereignissen hervorgingen. Beim ersten gelangten im Paläolithikum aus Afrika stammende Populationen nach Europa: nicht jene, zu denen das Fossil von Peştera cu Oase gehörte (und die in Europa wahrscheinlich ausgestorben sind, wovon in Kapitel 9 die Rede war), sondern andere, die gleichzeitig mit ihnen oder später eintrafen. Das zweite Migrationsereignis ist die neolithische demische Diffusion. Ötzis Genom und das zahlreicher neuzeitlicher Europäer des Mittelmeerraumes ähnelt stark dem der ersten Bauern aus Anatolien. Vor 10 000 Jahren hielten sich die Vorfahren der heutigen Südeuropäer also vor allem außerhalb Europas auf, in Anatolien und im Nahen Osten. Und schließlich wurde die neolithische Komponente in Mittel- und Nordeuropa, deutlich weniger im Süden, durch eine überlagernde dritte Migrationswelle verwässert, die in der Bronzezeit aus den heute zur Ukraine gehörenden Steppen eintraf. Dabei verschwanden die Spuren der paläolithischen Urbevölkerung allerdings nicht vollständig: In den Genomen der heutigen Europäer stammen immerhin noch fünf bis zehn Prozent von ihr. Der Rest (der Großteil) der Gene kam entweder im Neolithikum aus Anatolien oder in der Bronzezeit aus den Ebenen der Ukraine.

Nach der letzten Untersuchung seines Genoms, von der in Kürze die Rede sein wird, stammten Ötzis Ahnen wie die Vorfahren zahlreicher heutiger Europäer im Mittelmeerraum zu 90 Prozent aus Anatolien. Die demische Diffusion im Neolithikum verbreitete ihre Gene über ganz Europa, veränderte drastisch unsere Lebensweise und Ernährung und machte uns sesshaft. Fehlt etwas? Vielleicht, denn womöglich ist auch etwas anderes geschehen. Mit wenigen Ausnahmen (Baskisch, Finnländisch, Estnisch, Ungarisch und Türkisch im europäischen Teil der Türkei) werden in Europa heute miteinander verwandte Sprachen gesprochen, die Linguisten der indoeuropäischen Sprachfamilie zuordnen – in gewisser Weise ist die Situation gegensätzlich zu der, der wir in Kapitel 12 auf dem amerikanischen Doppelkontinent begegnet sind. Während es dort zahlreiche ganz unterschiedliche Sprachen gibt, sind es in Europa nur wenige, die zudem untereinander verwandt sind. Um die Ähnlichkeiten zwischen ihnen zu erklären und um zu sehen, wie die Geschichte der Sprachentwicklung mit der unserer Wanderungsbewegungen zusammenhängt, folgt man am besten Darwins Überlegungen.

Bis zu den 1980er-Jahren herrschte unter Linguisten vornehmlich die Vorstellung, dass der gemeinsame Vorfahr sämtlicher indoeuropäischer Sprachen das Proto-Indoeuropäische beziehungsweise Urindogermanische gewesen sei (das durch keine Sprachdenkmäler belegt ist, weil die ersten Alphabete erst vor 3000 Jahren entstanden). Gesprochen worden sei es in den Steppen der gegenwärtigen Ukraine, von wo aus es sich durch die Wanderungen eines kriegerischen Volkes, das besondere Hügelgräber, sogenannte *Kurgane,* hinterließ, nach Westen und Süden ausgebreitet habe. Hauptvertreterin dieser Denkschule war die litauische Archäologin Marija Gimbutas: Auf den von ihr gezeichneten Karten für die Zeit von vor 5000 Jahren zweigen von der Ukraine aus in alle Richtungen Pfeile ab, die jeweils ein Migrationsereignis darstellen. Das Problem bestand darin, dass alle oder fast alle diese Migrationen durch keinerlei Spuren – weder archäologische noch genetische – belegt waren (und sind). Colin Renfrew hatte davon irgendwann die Nase voll: Was aber, so schrieb er, wenn wir, anstatt nach nicht auffindbaren Migrationen zu suchen, von einer uns gut bekannten Wanderungsbewegung ausgingen, nämlich der neolithischen demischen Diffusion? Was hindere uns daran, diesem großen Prozess auch die Verbreitung einer den ersten Bauern gemeinsamen Sprache zuzuschreiben, die sich später zu unseren heutigen Idiomen ausdifferenziert hat? Erbitterte Diskussionen folgten. Viele Linguisten sind von der Idee angetan, der zufolge das erste Indoeuropäisch höchstens 5000 oder 6000 Jahre alt sein könne, auch wenn ich die Gründe (die sie mir oft zu erklären versuchten) nie verstanden habe. Renfrew verlegt mit seinem Vorschlag alles um vier Jahrtausende weiter in die Vergangenheit, aber dadurch passen die (archäologischen, genetischen und linguistischen) Puzzleteile zusammen, ohne dass dazu dubiose Migrationsbewegungen bemüht werden müssten. Wenn Renfrew, wie ich glaube, tatsächlich richtigliegt, dann hat ein einziges großes demografisches Phänomen (natürlich neben Hunderten weiteren auf kleinerer Skala) die Gene, die Lebensweisen und die Sprachen auf dem gesamten Kontinent grundlegend verändert. Die Einwände gegen diese Hypothese erscheinen mir dürftig, vor allem im Licht neuerer Forschungen.

Der neuseeländische Biologe Russell Gray hat die indoeuropäischen Sprachen anhand ihres jeweiligen Wortschatzes mit den Methoden der Evolutionsgenetik miteinander verglichen. Dabei ging er von einer Liste mit 200 Wörtern aus, die geringfügige Veränderungen durchlaufen haben: Wörter wie »eins«, »Kopf«, »Nacht«, »Tag«, »Mensch«, »Stern« und so weiter. Unberücksichtigt blieben Wörter wie »Frisbee«, »Sopran« oder »Kinematograf«, die zu dem irrigen Schluss verleiten könnten, dass alle Sprachen der Welt vom Englischen, Italienischen oder Griechischen abstammen. Bei einem Vergleich der Wörterbücher zweier Sprachen wird gezählt, wie viele Wörter aus dieser Liste die gleiche etymologische Abstammung haben und wie viele nicht. Je mehr dieselbe Etymologie haben, desto enger sind die betreffenden Sprachen miteinander verwandt und desto später haben sie sich von einem gemeinsamen Vorläufer abgespalten – eine Methode, die ein wenig an die molekulare Uhr in der Genetik erinnert. Gemeinsam mit dem Anthropologen Quentin Atkinson, einem Landsmann, hat Russell Gray zu schätzen versucht, ab wann sich die indoeuropäischen Sprachen vom Proto-Indoeuropäischen als ihrem gemeinsamen Vorläufer abgespalten haben: Dies muss vor 7800 bis 9800 Jahren geschehen sein – also mindestens 2000 Jahre früher, als in Marija Gimbutas' Theorie vorgesehen (deren Argumentation, wie erwähnt, nicht auf sprachlichen, sondern auf archäologischen Fakten, dem Vorkommen von Kurganen, aufbaut) und in bester Übereinstimmung mit Renfrews Hypothese. Etwas ausgefeiltere Berechnungen ermöglichten es auch, die beiden Hypothesen miteinander zu vergleichen, nach denen das Indoeuropäische entweder in der Ukraine oder in Anatolien seinen Ursprung haben soll: Die zweite Hypothese erweist sich als 150 Mal wahrscheinlicher als die erste.

Dies sagen uns die linguistischen Studien, die bislang unwiderlegt sind. Es ist absonderlich, dass dieses Ergebnis in manchen genetischen Analysen immer noch ignoriert und die Idee aus der Mottenkiste gezogen wird, wonach das Indoeuropäische seinen Ursprung in den ukrainischen Steppen habe. Aber wenden wir uns wieder Ötzi zu. Er hatte die Blutgruppe 0, die in Europa noch heute die häufigste ist, sowie dunkle Augen: Das war bereits bekannt. Durch eine eingehendere Untersuchung seines Genoms, die 2023 veröffentlicht wurde, wurden die Karten allerdings neu gemischt. Sie zwang uns, zahlreiche Annahmen zu ihm zu revidieren. Das wichtigste Faktum betrifft die Pigmentierung: In Ötzis DNA tauchten fünf genetische Varianten auf, die mit einer dunklen Haut verbunden sind. Wie dunkel, ist schwer zu sagen, aber sicherlich dunkler als die der heutigen Europäer, einschließlich derer im Süden wie Sizilianer oder Sarden, mit denen er, wie wir in Kürze sehen werden, ziemlich viele Ähnlichkeiten hatte. Helle Hauttypen gab es bereits vor 12 000 Jahren, aber nicht in Europa. Hinweise auf sie fanden sich im Süden des Kaukasus, in der DNA von Jägern und Sammlern des späten Paläolithikums, wahrscheinlich Vorfahren derjenigen, die etliche Jahrhunderte später weiter im Süden die Landwirtschaft erfinden sollten (bislang noch unbewiesen, weil die entsprechenden Fossilien fehlen). Jedenfalls tauchten mit der Übernahme der agrarischen Praktiken in Europa auch helle Hauttypen und dunkle Augen auf. Und weil Hellhäutigkeit in Regionen, in denen die Sonne nicht wie in Afrika brennt, einen Überlebensvorteil bot, half die Selektion bei deren Weiterverbreitung von Süden nach Norden. Wenn in der Region Dänemarks vor 5700 Jahren noch dunkle Hautfarben verbreitet waren, wie wir im vorangegangenen Kapitel sahen, so deshalb, weil die ersten Bauern dort erst später einzogen, wie die landwirtschaftlichen Relikte zeigen. Wir wissen allerdings nicht, wie viel Zeit von der Ankunft der ersten Bauern bis zum Verschwinden der dunklen Hauttypen verging. Ötzis Genom zeigt, dass der Übergang langsamer verlief, als von manchen gedacht, sodass seine Rekonstruktion in Bozen einer Überarbeitung bedarf. (Dies wird einige Jahre dauern, wurde mir mitgeteilt.) Dabei geht es nicht nur um die Hautfarbe. In der Darstellung am Anfang des Kapitels gibt es ein weiteres wichtiges Detail: Inzwischen gehen wir davon aus, dass Ötzi eine Glatze hatte. Tatsächlich tauchte die Mumie ohne Haupthaar auf, was bereits Zweifel geweckt hatte: Unter den Bedingungen seiner Konservierung wäre zu erwarten gewesen, dass seine Haare, zumindest teilweise, erhalten geblieben wären. Vermutet wurde, dass sie vom Wasser weggespült worden sein könnten. Das untersuchte Genom deutet auf etwas anderes hin: Wahrscheinlich hatte Ötzi sehr schütteres Haar oder eine Glatze. In seiner DNA findet sich eine Variante für eine Veranlagung zur Kahlheit, auch wenn sich diese von Person zu Person unterschiedlich auswirkt. Wir können also nicht darauf wetten, dass er gar keine Haare auf dem Kopf hatte.

Wenn wir Ötzis Genom mit heutigen Genomen vergleichen, zeigen sich markante Ähnlichkeiten mit denen von Sarden und Korsen. Keine vorschnellen Schlüsse: Das heißt weder, dass die jungsteinzeitlichen Vorfahren der Alpenbevölkerung aus Sardinen stammten, noch dass umgekehrt Ötzi der Vorfahr der Sarden und Korsen ist. Vielmehr blieben die genetischen Merkmale von neolithischen Europäern wie Ötzi im westlichen Mittelmeerraum deshalb fast intakt erhalten, weil die Migrationswelle der Bronzezeit nicht bis dorthin gelangte. Eine neue DNA-Analyse hat bestätigt, dass Ötzis Genom keinerlei Spuren eines Beitrags von Sarden und Korsen enthält. Dagegen finden sich ansehnliche Hinweise darauf, woher seine Vorfahren hauptsächlich stammten: eben aus Anatolien, dem Ursprungsort der neolithischen Revolution.

Sicherheitshalber wiederhole ich es: Das Schema, das die Genome der Europäer auf drei Hauptmigrationen zurückführt, ist, genau, lediglich ein Schema. In prähistorischen und historischen Zeiten fanden sicher zahlreiche Migrationen statt, viele davon von Gruppen, die nur kurze Strecken zurücklegten. Diese Wanderungsbewegungen im Nahbereich trugen dazu bei, dass sich uns ein komplexeres und wahrscheinlich auch verworreneres Bild bietet. Wenn wir in unseren Genomen dennoch drei Hauptkomponenten erkennen und diese drei Schlüsselmomenten in der europäischen Vorgeschichte zuordnen können, müssen diese drei Migrationen zwangsläufig so bedeutend gewesen sein, dass sie in der DNA eine dauerhafte Signatur hinterließen.

Auch andere Aspekte der Kultur haben Spuren in der DNA hinterlassen: Wenn nicht in der von Ötzi (wie wir noch sehen werden), so doch in der vieler seiner Verwandten, der Urenkel derselben neolithischen Populationen, von denen er abstammte. Aber hier ist ein kurzer Exkurs notwendig: Alle Neugeborenen können Milch verdauen, gelangen beim weiteren Heranwachsen aber an einen Scheideweg: Manche können nach dem Abstillen Eis und Mozzarella genießen, während andere an Verdauungsstörungen, mitunter sogar schweren, leiden, wenn sie Milch oder frische Milchprodukte zu sich genommen haben, je nachdem, was mit der Laktose, dem Milchzucker, in ihrem Darm geschieht. Laktose besteht aus den beiden kleineren Molekülen Glukose und Galaktose, die von einer chemischen Bindung zusammengehalten werden. Glukose ist der wichtigste Energielieferant für Tiere und Pflanzen. Wer als Erwachsener noch Milch verdauen kann, verfügt über den unzweifelhaften Vorteil, dass er sich ein Nahrungsmittel mit hohem Energiegehalt erschließen kann. Aber das können eben nicht alle. Um Milch zu verdauen, wird ein spezielles Enzym, die sogenannte Laktase, benötigt, die bestimmte Reaktionen in unserem Organismus fördert. Und für die Produktion von Laktase ist das Gen *LCT* verantwortlich.

Wenn Laktose in den Dünndarm gelangt, wird sie von der von Zellen hergestellten Laktase in die beiden kleineren Moleküle Glukose und Galaktose aufgespalten, die dann über die Darmwand in den Blutkreislauf aufgenommen werden: Dies geschieht bei Neugeborenen und noch bei Erwachsenen, in denen das Gen *LCT* weiterhin funktioniert und Laktase produziert: bei denen mit der sogenannten Laktase-Persistenz. Schaltet sich das Gen dagegen ab, sodass kein Enzym mehr gebildet wird, gelangt die Laktose vom Dünndarm aus unverdaut in das Kolon, in dem – in der Regel ohne Beschwerden zu verursachen – zahlreiche Bakterien siedeln. Diese veranstalten bei Eintreffen der Laktose ein Fressgelage, bei dem sie Gas und Wasser freisetzen, die Durchfälle und schlimmere Beschwerden auslösen. Erwachsene, die noch Laktase produzieren, können also Milch verdauen, die anderen nicht. Den Unterschied macht dabei allerdings nicht das Gen *LCT* selbst, sondern eine nahegelegene Region der DNA, die als Schalter fungiert: Sobald das Alter erreicht ist, in dem Milliarden Individuen der Gattung *Homo* seit Millionen Jahren abgestillt wurden und fortan keine Milch mehr tranken, deaktiviert sie das Gen *LCT*, und adieu Laktase. Dieser Mechanismus war über Millionen Jahre von Vorteil, weil die Abschaltung eines nutzlosen Gens Energie spart. Aber in den letzten Jahrtausenden haben sich mit der Haltung von Milchvieh die Verhältnisse geändert: Die Aufrechterhaltung der Laktase-Produktion kann die Ernährung verbessern und die Überlebenswahrscheinlichkeit erhöhen. Doch damit das Gen *LCT* auch im Erwachsenenalter noch Laktase produziert, muss der Schalter außer Betrieb gesetzt werden. Notwendig ist also – geschliffener ausgedrückt – eine Mutation, die seine Funktion unterbindet.

Tatsächlich sind in Afrika und in Europa solche Mutationen mehrfach aufgetreten, haben sich aber erst seit dem Neolithikum weiterverbreitet, weil sie erstmals mit der Haltung von Milchvieh vorteilhaft wurden. Durch Migration wurden sie über die Welt verteilt, aber nicht bis überallhin: Sie gelangten nie bis nach Ostasien, weshalb in Japan anstatt Käse Tofu gegessen wird. Und in Europa kamen sie auch nicht schon mit den ersten neolithischen Bauern an: Dies belegen deren Genome, auch das Ötzis, der als Erwachsener keine Laktase mehr produzierte. Das sich ein vorteilhaftes Merkmal nicht sofort durchsetzt, ist gar nicht so selten, wie wir im Zusammenhang mit der Hautfarbe bereits sahen: Damit es sich ausbreitet, muss in der DNA auch die passende Genvariante vorliegen. Und diese kann – immer als Ergebnis einer Zufallsmutation – stark dazu beitragen, ob das Merkmal auftaucht (in Europa erst nach den ersten neolithischen Bauern) oder ob es sich (wie in Ostasien) nicht durchsetzt.

Wir haben von Milch gesprochen; jetzt kurz einiges zu Brot und Wein. Die älteste Methode, um Lebensmittel haltbar zu machen, ist die Fermentierung, und die erfordert das Zutun eines einzelligen Pilzes, der Hefe. Man kann sagen, dass der Mensch in der Jungsteinzeit neben Getreiden, Rindern und Schweinen auch die Hefe domestiziert hat. Aber ebenso könnte man behaupten, dass die Hefe den Menschen domestiziert und sich mit ihm das eigene Überleben gesichert hat. So oder so setzt Hefe jedenfalls Zucker in Alkohol und Kohlendioxid um. Mit ihrer Hilfe erzeugen wir je nach Art des Rohstoffs und der Fermentierung Brot und alkoholische Getränke. Eine Gruppe französischer Genetiker untersuchte 650 Hefestämme und gelangte zu dem Schluss, dass der vom Menschen erstmals genutzte Stamm vor 10 000 Jahren in Mesopotamien aufgetaucht sein könnte. Von dort haben sich Wein und Bier mit den neolithischen Populationen entlang der Mittelmeerküste und der Donau ausgebreitet. Das älteste Gerät zur Herstellung von Wein tauchte in einer Höhle bei dem armenischen Dorf Areni auf und ist über 6000 Jahre alt: eine große Wanne, in der Trauben zerstampft wurden, mit Kanälen, durch die die Maische in tiefer gelegene Bottiche floss. Die Ähnlichkeit mit neuzeitlichen Produktionsformen und die gewaltigen Mengen an Traubenkernen, die am Fundplatz auftauchten, lassen keinen Zweifel daran, dass diese archäologische Stätte einst zur Herstellung von Wein gedient hatte.

Ob Ötzi jemals Wein getrunken hat, wissen wir nicht (eher unwahrscheinlich), aber es besteht Grund zur Annahme, dass er sich dann und wann ein Bierchen oder eine neolithische Entsprechung gönnte. Hoffen wir, dass er es genossen hat, vielleicht abends, auf einem steinernen Sitzplatz vor dem grandiosen Alpenpanorama, wenn die sinkende Sonne die Wolken von unten beleuchtet und die Berggipfel zu entflammen scheint. Wir müssen ihm dankbar sein: Obwohl er so unheilvoll ums Leben kam, konnte er uns grundlegende Aufschlüsse geben, dank derer wir besser verstehen, wie sehr die neolithische Revolution unsere Lebensweise verändert hat. Es ist nicht seine Schuld, dass seine Geschichte den Medien zum Fraß vorgeworfen und dadurch verzerrt und entstellt wiedergegeben wurde. Der erwähnte Schaden, den seine Genitalregion bei der Bergung aus dem Eis erlitt, wurde einfallsreich als mögliche rituelle Verstümmelung verkauft. Er wurde noch vor Entstehung des Begriffs zum Veganer oder zum Pionier der Akupunktur erkoren und bekam aus unerfindlichen Gründen (kraft Autosuggestion oder aus Lokalpatriotismus) höhere spirituelle Kräfte zugesprochen. US-Medien hoben auf seine Unsterblichkeit ab, als sei die Gletschermumie vom Tisenjoch ein Ötzi in Bestform – werbewirksames Wasser auf die Mühlen von Firmen, die Vermögenden anbieten, ihre Leichname in flüssigem Stickstoff zu konservieren, um in besseren Zeiten wiederaufzuerstehen. Für all diesen Unfug ist Ötzi mit Sicherheit nicht verantwortlich.

vor 200 000 Jahren | vor 100 000 bis 70 000 Jahren | vor 10 000 Jahren

Homo sapiens in Afrika | *Homo* verlässt Afrika | Neolithikum

geboren am 12. Februar 1809 in Shrewsbury,
gestorben am 19. April 1882 in London

beigesetzt in der Westminster-Kathedrale

15. Beschreiben, klassifizieren, verstehen: *Homo sapiens*

Charles Darwin → *vor 200 Jahren*

Sicher wird es noch andere geben, aber mir fallen zwei Männer des 19. Jahrhunderts ein, die ein Säkulum zu früh auf die Welt kamen: Giacomo Leopardi und der nebenan abgebildete Charles Darwin, zwei rastlose Geister, die von dem Drang angetrieben wurden, unsere Welt möglichst gründlich zu verstehen. Dabei war ihnen aber auch schmerzlich bewusst, dass unserer Erkenntnisfähigkeit Grenzen gesetzt sind. Wer ein Jahrhundert zu früh auf die Welt kommt, fühlt sich unwohl in seiner Haut und bezahlt dafür einen Preis.

Charles Darwin schifft sich im Dezember 1831 mit 22 Jahren auf der Brigg *HMS Beagle* ein und geht im Oktober 1836 nach einer Weltumsegelung wieder von Bord. Damit ist praktisch sein ganzer Lebenslauf zusammengefasst. In diesen fünf Jahren hat er Tag und Nacht gearbeitet und über Tiere, Pflanzen und Mineralien eine gewaltige Menge an Daten gesammelt, als empirische Grundlage, auf der er seine Evolutionstheorie errichten wird. Sein Hauptwerk *Der Ursprung der Arten* ist eine Kathedrale des modernen Denkens und bildet nach wie vor das Rückgrat der Biologie unserer Zeit: Frei nach dem italienischen Philosophen Benedetto Croce *können wir uns nicht anders als Darwinianer nennen.* Was Darwin betrifft, so zog er sich im September 1842 mit 33 Jahren für den Rest seines Lebens in sein Landhaus in Down in Kent zurück, wo er über verschiedenartige Leiden klagte, über deren Natur sich später Generationen von Biografen den Kopf zerbrachen: Hautausschläge und Anfälle von Zittern, Herzrasen, Fieber, Übelkeit. Sie verschlimmerten sich jedes Mal, wenn wissenschaftliche Debatten oder gesellschaftliche Ereignisse auf dem Programm standen. Schon im September 1837, als er noch an Entwürfen zu seiner *Reise eines Naturforschers um die Welt* gearbeitet hatte, litt er an einem »unangenehmen Herzklopfen«. Deswegen folgte er am Ende etwas widerwillig dem Rat seines Arztes, mit der Arbeit auszusetzen und sich eine Zeitlang aufs Land zurückzuziehen. Diese Episoden häuften sich mit zunehmendem Alter und wichen ihm bis zum Tod nicht mehr von der Seite. Und so beschreibt er sie in seiner Autobiografie *Mein Leben*:

> *Zurückgezogener als wir hier kann kaum jemand leben. Außer Kurzbesuchen bei Verwandten und gelegentlichen Abstechern ans Meer oder anderswohin haben wir keine Reisen unternommen. Anfangs nahmen wir manchmal Einladungen an, sahen auch ein paar Freunde bei uns; aber meine Gesundheit wurde fast jedes Mal durch die Unruhe in Mitleidenschaft gezogen, heftiger Schüttelfrost und Brechreiz waren die Folgen. Deshalb sah ich mich gezwungen, viele Jahre lang alle Esseneinladungen abzulehnen […].*

Vielleicht tat es ihm um diese Esseneinladungen aber auch gar nicht so leid. In einer Notiz von 1838, in der er sich überlegt, ob er heiraten solle oder nicht, hatte Darwin die Ehe als solche als »schrecklichen Zeitverlust« bezeichnet. Mit ihm hatte er sich abgefunden, aber schwer zu schaffen machte ihm, dass er für eine Teilnahme an öffentlichen wissenschaftlichen Veranstaltungen immer zu aufgeregt war. Am Ende musste ihn jemand vertreten: zum Beispiel Thomas Huxley in der berühmten Oxforder Debatte mit Bischof Wilberforce am 30. Juni 1860. Darwins umfangreiche Korrespondenz sowie Zeugnisse von Menschen, die engen Umgang mit ihm pflegten (sicher nicht einfach), zeigen ihn als eine starke Persönlichkeit, die fortwährend mit sich selbst hadert: Von seinem logischen Denkvermögen überzeugt und gleichzeitig unsicher in Gesellschaft, wurde er von der Angst gequält, nicht akzeptiert zu werden, und hatte Wutanfälle, die er anschließend bereute und völlig unüberlegt wiedergutzumachen versuchte. (So entschuldigte er sich zum Beispiel mitten in der Nacht bei seinem Sohn William dafür, dass er ihm ruppige Worte an den Kopf geworfen hatte.) Die Spekulationen um Darwins Beschwerden reichen von Allergien bis zu einer Chagas-Infektion, die er sich auf der Reise in Südamerika zugezogen haben könnte. Allerdings hat man unvermeidlich den Verdacht, dass eine psychische Komponente mitspielte. Thomas Barloon und Russell Noyes zufolge, zwei Medizinern an der Universität Iowa, ist die logische Erklärung für seine Probleme, dass er an Panikattacken litt.

Darwins Gesundheit zu erforschen, ist kein Anliegen dieses Buchs. Aber um seine Handlungen zu verstehen, ist daran zu erinnern, wie fragil sein Zustand war oder von ihm wahrgenommen wurde. Er vertraute nicht auf die eigenen Kräfte und sah voraus, dass seine Ideen auf jahrhundertealte Vorurteile stoßen und dabei womöglich unter die Räder kommen würden. Warum sonst hätte er seinem Freund und Kollegen Leonard Jenyns am 12. Oktober 1844 geschrieben:

> *Ich habe stetig weiterhin Fakten zur Veränderlichkeit von Haustieren und Pflanzen und zu der Frage gelesen und gesammelt, was Arten seien. Ich habe einen großen Korpus an Fakten zusammengetragen und glaube, einige vernünftige Schlüsse ziehen zu können. Nach der gegenteiligen Überzeugung bin ich allmählich zu der allgemeinen Schlussfolgerung gelangt, dass Arten veränderlich und dass verwandte Arten gemeinsame Nachkommen von ein und demselben Stamm sind. Ich weiß, wie angreifbar ich mich mit dieser Schlussfolgerung mache, aber wenigstens bin ich aufrichtig und freiwillig zu ihr gelangt.*
>
> *Ich werde mehrere Jahre lang zu diesem Thema nichts veröffentlichen – […].*

Ausgehend von der gegenteiligen Überzeugung, hatte Darwin erkannt, dass die Arten im Verlauf der Zeit neue Organe ausgebildet und sich aus gemeinsamen Vorfahren zu unterschiedlichen Geschöpfen weiterentwickelt hatten. Arten sind veränderlich. Arten, so sagte er, sind im Wandel begriffen. Obgleich der Begriff »Evolution« noch unbekannt war, hatte er als Erster erkannt, dass zu den Naturgesetzen all das gehörte, was zum Verständnis der Vielfalt des organischen Lebens beitrug. Tausende, Millionen Experimente sollten ihm später recht geben, und er hatte es als Erster verstanden. Und doch fasste er 1844, mit 35 Jahren, in einem Alter des Ehrgeizes, in dem die eigene Zukunft entworfen wird, den schlichten Plan, für lange Zeit den Mund zu halten. Und er setzte ihn um. Nach seiner Reise auf der *Beagle* blieben ihm noch 46 Lebensjahre. Genau die Hälfte davon ließ er verstreichen, bis er *Der Ursprung der Arten* veröffentlichte. Bis dahin hatte er sich zurückgezogen und in seinem Landhaus in Down allen möglichen Beschäftigungen gewidmet. Er schrieb Tausende von Briefen, arbeitete als Friedensrichter, spielte Cricket, zeugte zehn Kinder, versuchte herauszufinden, ob Regenwürmer die Klänge eines Kontrafagotts hören, gründete eine Gesellschaft für gegenseitige Hilfe und verfertigte eine monumentale Monografie über Rankenfußkrebse. Alles anscheinend nur, um diesen Moment hinauszuschieben: Erst nach zahlreichen Aufforderungen veröffentlichte er einen ersten Entwurf zu einer Darstellung seiner Theorie. In *Mein Leben* schreibt er:

> *Trotzdem erregten unsere gemeinsam veröffentlichten Produkte kaum Aufmerksamkeit, und ich kann mich nur an eine vernichtende Rezension erinnern, verfasst von Professor Haughton aus Dublin: Alles Neue darin sei falsch und alles Richtige altbekannt.*

Am 24. November 1859 erscheint endlich die erste Ausgabe von *On the Origin of Species,* erhältlich zum Preis von 15 Schillingen. Ihre 1250 Exemplare sind schon am ersten Tag vergriffen. Zu unserer Spezies enthält das

Buch nur wenige Sätze, die für ihre unspezifischen Aussagen berühmt sind: In Darwins Theorie spielt der Mensch eine untergeordnete Rolle, weil seine Evolution nichts Besonderes hat. Wie er in einem Brief an Leonard Jenyns vom 7. Januar 1860 schreibt:

> *Natürlich steht es jedermann frei zu glauben, dass der Mensch durch ein besonderes Wunder aufgetaucht sei, auch wenn ich persönlich die Notwendigkeit dazu oder dessen Wahrscheinlichkeit nicht sehe.*

Darwin hat freilich vorhergesehen, dass am Ende von ihm, dem Menschen, die Rede sein würde. Und er fürchtet, seine Glaubwürdigkeit aufs Spiel zu setzen, wenn er den Vorurteilen der Gesellschaft, in der er lebt und von der er geachtet werden will, den Kampf ansagt. Wie wir in Kapitel 6 sahen: Als die Entdeckung des Neandertalers auf spektakuläre Weise bestätigt, dass eine archaische Art des Menschen existiert hat und dieser somit nicht durch ein Wunder aufgetaucht ist, verkneift sich Darwin jeden Kommentar. Um zu verstehen, warum es ihm so sehr widerstrebt, den aufsehenerregenden Fund angemessen zu würdigen, sei an die Verhältnisse der damaligen viktorianischen Gesellschaft erinnert: Es ist eine durch und durch elitäre Welt, in der die oberen Schichten, die noch von der Französischen Revolution verstört sind, auf radikale Ideen jedweder Art, auch wissenschaftliche, mit Schrecken reagieren. *Der Ursprung der Arten* war für viele eine gefährliche Häresie oder (wie Tattersall schreibt) »ein Rezept, um die bestehende Ordnung in die Luft zu jagen«. Als sich Darwin zwölf Jahre später dazu durchringt, den Stier bei den Hörnern zu packen, und in *Die Abstammung des Menschen* seine Gedanken zur Evolution des Menschen darlegt, schreibt er seinem Kollegen St. George Mivart (23. April 1870):

> *Wann immer ich mein Buch veröffentliche, ich sehe vorher, dass ich auf allgemeine Ablehnung, wenn nicht auf Abscheu stoßen werde.*

Und auf Abscheu stieß er mitunter durchaus, oder zumindest auf eine Ablehnung, die bis in unsere Tage fortdauert. So erklärte George W. Bush 2002 während seines Wahlkampfs: »Zum Thema der Evolution ist das Urteil, wie Gott die Erde erschaffen hat, noch nicht gesprochen.« In seiner ersten Predigt auf dem Petersplatz in Rom am 24. April 2005 fühlte sich Papst Benedikt XVI. zu der Aussage verpflichtet: »Wir sind kein sinnloses Zufallsprodukt der Evolution.« Er bekräftigte sie in der vom 24. April 2011: »Wäre der Mensch nur ein solches Zufallsprodukt der Evolution irgendwo am Rand des Alls, dann wäre sein Leben sinnlos oder gar eine Störung der Natur.« Der Wiener Erzbischof Kardinal Schönborn griff diese Auffassung erneut auf und erläuterte sie genauer in einem Brief an die *New York Times*:

> *Die Evolution im Sinn einer gemeinsamen Abstammung (aller Lebewesen) kann wahr sein, aber die Evolution im neodarwinistischen Sinn – ein zielloser, ungeplanter Vorgang zufälliger Veränderung und natürlicher Selektion – ist es nicht. Jedes Denksystem, das die überwältigende Evidenz für einen Plan in der Biologie leugnet oder wegzuerklären versucht, ist Ideologie, nicht Wissenschaft. […] Jetzt, am Beginn des 21. Jahrhunderts, wird die katholische Kirche angesichts von wissenschaftlichen Ansprüchen wie dem Neo-Darwinismus und der »Multiversum-Hypothese« in der Kosmologie (die aufgestellt wurden, um dem überwältigenden Beweis für Zweck und Plan auszuweichen, der in der modernen Wissenschaft zu finden ist) neuerlich die menschliche Vernunft verteidigen und verkünden, dass der in der Natur offensichtlich vorhandene immanente Plan wirklich ist. Wissenschaftliche Theorien, die den Versuch machen, das Aufscheinen des Plans als ein Ergebnis*

> *von »Zufall und Notwendigkeit« wegzuerklären, sind nicht wissenschaftlich, sondern – wie Johannes Paul II. festgestellt hat – eine Abdankung der menschlichen Vernunft.*

»Ansprüche des Neo-Darwinismus« – »Abdankung der menschlichen Vernunft«. Große Worte. Für Schönborn (wie für Benedikt XVI.) ist es nicht die Wissenschaft, sondern die katholische Kirche, die die Vernunft verteidigt und die dazu über einen formidablen Schatz an Daten verfügt. Aber »am Beginn des 21. Jahrhunderts« lässt sich nur schwerlich behaupten, dass ohne das Eingreifen einer übernatürlichen Macht die Abläufe in der natürlichen Welt nicht zu verstehen seien. Dazu bräuchte es eine Erklärung, die Schönborn schuldig bleibt. Wo er seine »überwältigende Evidenz« findet, bleibt leider unklar. Vielleicht hat ihm die *New York Times* keinen Raum gelassen, diese offenzulegen. So formuliert, ist seine Äußerung weniger ein Ausdruck von Abscheu als vielmehr eine Rüge: fast schon ein Stinkefinger, eine Kampfansage an Darwin.

Aber reden wir von Ernsthaftem. Am 1. April 1858, als die Abfassung von *Der Ursprung der Arten* schon weit vorangeschritten ist, schreibt Darwin an Jenyns:

> *Sie fragen mich, wovon mein Buch handelt, ich fürchte, es ist fast de rebus omnibus: Mein Anliegen ist, alle Tatsachen in der Nat-Gesch. und Geologie unter zwei Blickwinkeln zu betrachten – ist jede Art unabhängig erschaffen oder stammen Arten, wie Sorten, von anderen Arten ab? Und das Fazit lautet, dass ich mit Blick auf die Unveränderlichkeit der Arten entsetzlich heterodox geworden bin.*

Und hier landen wir wieder bei der unbeantwortet gelassenen Frage, die vielleicht noch in Erinnerung ist: ob *Sapiens* und Neandertaler derselben Art angehören oder nicht. Wenn wir davon ausgehen, dass Arten veränderlich sind – Darwins von der vorherrschenden Meinung abweichende Schlussfolgerung –, verliert das Problem an Bedeutung. Wie wir in Kapitel 4 sahen, entsprechen für Linné die Bezeichnungen, die wir Pflanzen und Tieren geben, ihrer inneren Natur, die ab dem Zeitpunkt ihrer Schöpfung ein für alle Mal festgelegt ist. Aber wenn sich die Arten im Lauf der Zeit verändert haben (und das beweisen uns die Fossilien), treten Stammbäume an die Stelle der Klassifikationen, so wie es Darwin vorhergesehen hat. In Stammbäumen können sich zwei eng verwandte Arten so stark unterscheiden, dass sie verschieden benannt werden, selbst wenn sie noch in der Lage sind, fruchtbare Hybriden zu zeugen. Dies waren die Verhältnisse, unter denen sich Neandertaler und *Sapiens* begegneten: Der Mensch von Peştera cu Oase (Kapitel 9) war ihr Hybride, ein Mischling. Das ändert nichts daran, dass Paläontologen die Schädel von Neandertalern und *Sapiens* gut voneinander unterscheiden können. Folglich ist es sinnvoll, sie verschieden zu bezeichnen, und auch richtig, vom Neandertaler als von einer ausgestorbenen Spezies zu reden, selbst wenn kleine Fragmente ihres Genoms in unserem erhalten sind.

Nicht zufällig gebraucht Darwin unterschiedslos die Ausdrücke Art und Rasse: Für ihn bezeichnen beide Begriffe Gruppen von Individuen, die sich untereinander stark ähneln, aber zu anderen Gruppen so deutliche Unterschiede zeigen, dass sie eine eigene Bezeichnung verdienen, mehr nicht. Zwei Individuen verschiedenen Arten zuzuordnen, bedeutet nicht, dass ihre Kreuzungen wie bei Pferd und Esel unfruchtbar sind, wie wir in der Schule gelernt haben. Aber das ist nicht der Grund, dass Darwin kein Interesse an der Debatte um Rassen hatte, die die Gemüter damals nicht weniger erhitzte als heute. Darwin stammte aus einer Familie mit liberalen Anschauungen und hatte in Edinburgh bei dem Tierpräparator John Edmondston studiert, einem ehemaligen Sklaven aus Britisch-Guayana. Er war ein glühender Abolitionist, also ein erbitterter Verfechter der Abschaffung der Sklaverei. Dass beim Thema Rasse – wie heute noch der Fall – Wissenschaft und Politik ineinandergriffen, mag seine Entscheidung mitbestimmt haben, den Menschen in *Der Ursprung der Arten* von 1859 nicht zu behandeln: Er setzte Prioritäten. Aber 1871, als die Französische Revolution schon etwas weiter zurücklag, ließen sich kühnere Positionen vertreten. Manche glaubten an eine Unterteilung der Menschheit in Rassen, die sich jeweils aus einer anderen Affenart entwickelt hätten (oder gar von Gott in der jeweiligen Gestalt erschaffen worden seien). Diese Theorie des sogenannten Polygenismus war unter Sklavenhaltern beliebt, weil sie ihnen eine Rechtfertigung für ihre menschenverachtende Ausbeutung lieferte. Dagegen vertraten die Abolitionisten den Monogenismus, nach dem alle Menschen einer einzigen Spezies angehören. Manche Monogenisten hielten den Rassebegriff für untauglich, um die menschliche Vielfalt zu beschreiben, während ihn andere als nützlich ansahen.

Darwin ergreift für den Monogenismus Position und bezweifelt, dass beim Menschen sinnvoll von Rassen die Rede sein könne. Auch wenn sicher seine politischen Anschauungen einflossen, sind seine Argumente in *Die Abstammung des Menschen* wissenschaftlich hervorragend fundiert. Seit ihrem Bestehen oder zumindest seit Galileo Galilei verlangt die Wissenschaft die Wiederholbarkeit ihrer Resultate: Wenn verschiedene Forschende das gleiche Experiment durchführen, müssen sie zum gleichen Ergebnis gelangen. Wenn jeweils etwas anderes herauskommt, betreiben sie keine Wissenschaft, sondern etwas anderes. Auch wenn sich der Begriff der Menschenrasse in einigen Bastionen immer noch hält, ist er überholt, und zwar hauptsächlich aus zwei Gründen: Erstens haben Anthropologen und Naturforschende zig Verzeichnisse von Menschenrassen erstellt, ohne sich dabei jemals auf deren Anzahl und Definition einigen zu können. Und zweitens zeigt die Genomforschung klar und deutlich, dass sich die Menschheit nicht in biologische Gruppen ähnlich denen unterteilen lässt, die bei anderen Spezies als Rassen oder Unterrassen gelten. Darwin konnte von Genomen noch nichts wissen, hatte mit Blick auf die Reproduzierbarkeit wissenschaftlicher Ergebnisse aber klare Vorstellungen:

> *Der Mensch ist sorgfältiger als irgendein anderes Wesen studiert worden, und doch besteht die größtmögliche Verschiedenheit des Urteils zwischen fähigen Richtern darüber, ob er als eine einzige Spezies oder Rasse klassifiziert werden solle oder als zwei (Virey), als drei (Jacquinot), als vier (Kant), fünf (Blumenbach), sechs (Buffon), sieben (Hunter), acht (Agassiz), elf (Pickering), fünfzehn (Bory St. Vincent), sechzehn (Desmoulins), zweiundzwanzig (Morton), sechzig (Crawfurd) oder als dreiundsechzig nach Burke. […] Jedem Naturforscher, welcher das Unglück gehabt hat, sich an die Beschreibung einer Gruppe äußerst veränderlicher Organismen zu machen, sind Fälle vorgekommen – und ich spreche aus Erfahrung –, welche dem des Menschen völlig gleichen; und ist er zur Vorsicht disponiert, so wird er damit enden, dass er alle die Formen, welche allmählich ineinander übergehen, zu einer einzigen Spezies vereinigt. Denn er wird sich selbst sagen, dass er kein Recht hat, Objekte mit Namen zu belegen, welche er nicht definieren kann.*

Menschliche Gruppen unterscheiden sich nur in Nuancen voneinander, weshalb wir keine Objekte mit einer Bezeichnung versehen dürfen, ohne sie definieren zu können. Dem ist wenig hinzuzufügen: Ein Jahrhundert bevor sich die Genetik an die Klärung dieser Frage machte, war Darwin intuitiv bereits auf der richtigen Spur, ohne dass er von der DNA eine Ahnung gehabt hätte. Erst 1961 erhob der amerikanische Anthropologe Frank Livingstone starke Zweifel an der Existenz menschlicher Rassen, und erst 1972 veröffentlichte Richard Lewontin zu diesem Thema eine erste genetische Studie. Lewontin fragte sich, ob die augenscheinlich großen Unterschiede zwischen schwarzen, weißen und gelblichen Hautfarben oder die zwischen den Menschenrassen in irgendeinem Verzeichnis auf genetischer Ebene wirklich so groß sind. Als Antwort analysierte er anhand von 17 Genen die Unterschiede zwischen Populationen auf der ganzen Welt und unterteilte diese in drei Kategorien: die zwischen den

Individuen der gleichen Population, die zwischen Populationen, die von Anthropologen derselben Rasse zugeordnet werden, und die zwischen verschiedenen Rassen. Von den zahlreichen verfügbaren Rassensystematiken wählte er die damals beliebteste, die sieben Rassen auflistete. Laut seinen Berechnungen lagen 85 Prozent der genetischen Vielfalt der Menschheit innerhalb der Populationen, acht Prozent zwischen Populationen derselben Rasse und die übrigen sieben Prozent zwischen den Rassen. In den Jahrzehnten danach wiederholten andere Genetiker diese Berechnungen und erweiterten dabei die Anzahl der erforschten Populationen sowie die Anzahl der untersuchten Regionen des Genoms. Alle kamen zum gleichen Ergebnis wie Lewontin. Also lohnt es sich, die Schlussfolgerung seines Artikels zu zitieren:

> *Unsere Wahrnehmung, wonach es zwischen menschlichen Rassen und Untergruppen große Unterschiede gibt, ist, vergleicht man diese mit der Variation innerhalb dieser Gruppen, klar verzerrt. Basierend auf zufällig ausgewählten genetischen Unterschieden gleichen sich die menschlichen Rassen und Bevölkerungen untereinander auf bemerkenswerte Weise, während für den weitaus größeren Teil der Vielfalt des Menschen Unterschiede zwischen Individuen verantwortlich sind.*
> *Die Klassifikation von Menschen anhand von Rassen hat keinerlei gesellschaftlichen Wert und einen eindeutig destruktiven Effekt auf die sozialen und menschlichen Beziehungen. Da diese Klassifizierung, nunmehr erkennbar, praktisch keinerlei genetische oder taxonomische Bedeutung hat, gibt es auch keinerlei Rechtfertigung, sie aufrechtzuerhalten.*

Kurzum, wenn wir den genetischen Unterschied zwischen zwei Personen, die verschiedenen Rassen zugeordnet werden, mit 100 Prozent ansetzen, unterscheiden sich die Angehörigen innerhalb dieser Populationen mit 85 Prozent fast ebenso stark voneinander. Wie 2009 eine Studie von Sung-Min Ahn und seinem Team zeigte, kann ein koreanisches Genom eine Art Zwischending zwischen zwei europäischen Genomen sein: Dem ist nicht immer so, *es kann aber so sein.* Deshalb verzichten wir besser auf das Etikett der Rasse, wenn wir verstehen wollen, was unsere DNA wirklich beinhaltet. Das heißt nicht, dass die Klassifikation von Menschen nach Rassen verschwunden wäre. Obwohl sie Unwohlsein auslöst, kommt sie immer wieder in Mode. So muss bei Volkszählungen in den Vereinigten Staaten die Rasse *(race)* angegeben werden, wobei sich aber deren Liste verändert (so viel zur notwendigen Wiederholbarkeit der Ergebnisse): 1860 waren es drei (schwarz, weiß, Mulatte), 1930 zehn und im Jahr 2000 sogar 25, woraufhin ihre Anzahl 2020 wieder auf 23 zurückging. Kurz gesagt haben die Rassen der Amerikaner äußerst wenig mit biologischen Unterschieden zwischen uns Menschen zu tun (die sich zwischen 1860 und 2020 sicher nicht verändert haben), dafür aber viel mit der Sichtbarkeit sozialer Gruppen, die irgendwann Anspruch darauf erheben, als eigene Rasse zu gelten: Seit 1970 kann man auch der puerto-ricanischen und seit 1980 zudem der samoanischen Rasse angehören, und so weiter. 2021 hat die wichtigste medizinische Fachzeitschrift der USA, das *New England Journal of Medicine,* das sich zum Thema Rasse lange bedeckt hielt, eine Debatte zwischen Experten verschiedener Disziplinen moderiert: Medizin, Genetik, Psychologie. Die einhellige Schlussfolgerung lautete, dass in der Praxis, also mit Blick auf Diagnostik und mögliche Therapien, die Unterteilung von Patienten nach Rasse kompletter Unsinn ist. Das sagt schon einiges, auch wenn in Gesprächen im Alltag und in den Medien mit Blick auf Zuwanderung immer wieder alte Vorurteile und neue Ängste auftauchen und für Missverständnisse sorgen.

Vielleicht lag es auch am Titel von Frank Livingstones Artikel *Von der Nichtexistenz der Menschenrasse,* dass die Diskussion eine falsche Richtung eingeschlagen hat. Dass etwas nicht existiert, ist schwierig nachzuweisen. Fehlende Belege sind noch kein Beweis dafür, dass es etwas nicht gibt. Aus der Distanz von Jahrzehnten können wir vielleicht sagen, dass der Ausdruck *Nutzlosigkeit* besser passt als *Nichtexistenz*. Livingstone erforschte Bluterkrankungen und stellte fest, dass sich deren Verbreitung unter der Weltbevölkerung mit keinerlei Rassensystematik deckte: An Thalassämie litten Menschen in Somalia wie auf Zypern, im Podelta wie in Indien. Lewontins und die Studien zahlreicher Nachfolger zeigen, dass Personen in einer geografischen Region ähnliche und sehr ähnliche oder verschiedene und völlig verschiedene DNA haben können. Um nachzuvollziehen, was im Erbgut eines Individuums steckt, reicht es, dessen DNA zu untersuchen, anstatt auf Klassifizierungen aus dem 19. Jahrhundert zu vertrauen, als man sich noch mit Schädelformen oder Hautfarben begnügen musste. Vielleicht ist eine Einigung darauf möglich, dass »Rasse« ein rudimentäres Kriterium darstellte, um biologische Unterschiede zwischen Menschen zu beschreiben, bis die Wissenschaft deutlich ausgefeiltere und zuverlässigere Instrumente entwickelt hat. Auch dies hatte Charles Darwin ein Jahrhundert vor den anderen intuitiv erkannt.

Wir haben unseren Rundgang durch diese Ahnengalerie also richtigerweise mit Darwin beschlossen: Er hat uns die Augen geöffnet, uns erklärt, wie wir, ausgehend von unseren biologischen Unterschieden, auf die Phänomene zurückblicken können, die uns im Verlauf der Generationen zu dem gemacht haben, was wir sind. Eine Passage von Flavia Salomone und Fabio Di Vincenzo fasst, wie ich es besser nicht könnte, die Gründe zusammen, warum wir Darwin dankbar sind:

> *Was Darwin auf unumkehrbare Weise verändert hat, ist nicht nur eine mehr oder minder große Menge an vormaligen Anschauungen oder an bis dahin vorherrschenden wissenschaftlichen, philosophischen und religiösen Paradigmen, sondern unsere heutige (ihm zu verdankende) Wahrnehmung von dem, was wir auf der*

Welt sind und wie wir uns auf sie beziehen, also die Art, wie wir die gesamte Realität (sei es die historische, gesellschaftliche oder natürliche) von uns selbst ausgehend konzipieren. Darwins Werk steht also […] für die ideale Grundlage zur Erfüllung des Mottos, das vor über 2500 Jahren in die Mauern des Apollontempels in Delphi eingemeißelt wurde: »Erkenne dich selbst.«

Abgesang

Ich möchte erklären, warum ich mich nicht an Diskussionen in den sozialen Medien beteilige. Wer will, kann diesen Abschnitt getrost überspringen. In den 1980er-Jahren beschloss das Management der amerikanischen Fast-Food-Kette A&W, dem bekanntesten Hamburger von McDonald's Konkurrenz zu machen: dem *quarter pounder* mit einem knappen Viertelpfund Hackfleisch, der im deutschen Sprachraum als »Hamburger Royal TS« vertrieben wurde. Dazu sollte zum gleichen Preis der *third-pound* angeboten werden, ein Hamburger mit einem knappen Drittelpfund Fleisch. Das neue Produkt geriet zum Fiasko: Wie eine Markterhebung ergab, hielt die Mehrheit der Befragten ⅓ für eine geringere Menge als ¼, weil 3 weniger als 4 ist. Aus diesem Grund kümmere ich mich nicht um Diskussionen in den sozialen Medien.

Aber wie ich zugeben muss, werfe ich gelegentlich doch einen Blick in die Chats. Ein YouTube-Beitrag von mir wurde ungefähr so kommentiert: »Sie sagen, die Wissenschaft habe sich im 19. Jahrhundert hier geirrt und in der Mitte des 20. Jahrhunderts da geirrt, usw. Dann stellt sich doch wohl bald heraus, dass auch Sie sich täuschen.« Also nein, so einfach darf man es sich nicht machen. Natürlich kann ich mich täuschen, aber hier geht es um etwas anderes: Sollen wir unser heutiges Wissen für nichtig erklären, weil morgen neue Erkenntnisse kommen? Das ergibt keinen Sinn. Wir können darüber diskutieren, ob wissenschaftlicher und technologischer Fortschritt automatisch mit einem gesellschaftlichen einhergeht (ich gehöre zu denen, die das verneinen), aber das ändert nichts daran, dass es wissenschaftlichen Fortschritt gibt. Man denke nur daran, wie stark die durchschnittliche Lebenserwartung seit der Mitte des 19. Jahrhunderts bis heute gestiegen ist, um Zweifel auszuräumen. Die Wissenschaft, daran sei erinnert, kann uns nicht mit Sicherheit sagen, was wahr ist, aber sie hat eine sichere Methode, um uns zu verraten, was falsch ist. Diese wissenschaftliche Methode funktioniert seit Galileo Galilei so: Man stellt Hypothesen auf, überprüft sie anhand von Experimenten, akzeptiert vorläufig diejenigen, die mit den Ergebnissen dieser Experimente in Einklang stehen, weil sie richtig sein könnten, und sondert die anderen aus, weil sie mit Sicherheit falsch sind. Auf diese Weise wird nach und nach die Unsicherheitsspanne reduziert. Eine Theorie (zum Beispiel die von Lamarck zur Erblichkeit erworbener Eigenschaften oder Newtons Physik) kann sehr gut abgewandelt oder einfach aufgegeben werden, wenn eine andere (zum Beispiel Darwins Evolutionstheorie oder die Quantenmechanik) mehr Phänomene besser erklären kann. Auf diese Weise werden nach und nach Fehler und Mängel beseitigt, sodass wir von der Welt, in der wir leben, etwas mehr verstehen. Aber keine neue Entdeckung kann eine Theorie, die sich als falsch erwiesen hat, in eine richtige verwandeln. Egal, wie weit wir die astronomischen Forschungen auch vorantreiben, kein Mensch mit gesundem Verstand wird jemals wieder zu der Überzeugung zurückkehren, dass die Erde stillsteht und sich die Sonne um sie dreht.

Das Gleiche gilt für die afrikanischen Ursprünge der Menschheit. Auf jedem Gebiet wird das Risiko für Irrtümer desto größer, je mehr man auf eine einzige Informationsquelle vertraut, die aus vielerlei Gründen fehleranfällig sein kann. Aber bei den afrikanischen Ursprüngen der Menschheit stimmen alle unsere verfügbaren Daten überein: die fossilen, archäologischen und genetischen. Vielleicht ändern wir in Zukunft unsere Meinung zu zahlreichen Aspekten unserer Geschichte: wie wir verschiedene Formen des Menschen bezeichnen und welcher Spezies wir ein bestimmtes Fossil zuordnen sollen, in welchen Beziehungen die verschiedenen Spezies und Populationen zueinander standen, auf welchen Routen die

Migrationen verliefen und in welchem Maß natürliche Selektion und Zufallsereignisse dazu beitrugen, unser Äußeres und unser Gehirn zu modellieren. Aber das Gesamtbild – und das lässt sich leicht voraussehen – wird sich nicht verändern, denn dazu bräuchte es eine gewaltige Menge an neuen Fakten, die im Widerspruch zu den (sehr vielen) heute verfügbaren stehen.

Wozu dienen Kenntnisse zu unserer Geschichte als Menschheit? Vor allem, um die menschliche Neugierde zu befriedigen. Aber deswegen glauben manche, *Wissen* sei eher unwichtig, wichtig seien nur *Taten* (wen das interessiert: der Film *Motherless Brooklyn* enthält dazu einen aufschlussreichen Monolog). Nehmen wir nur ein kleines praktisches Beispiel im Zusammenhang mit dem letzten Kapitel. Über Jahrhunderte herrschte die Vorstellung vor, dass die Menschheit in Rassen, also in einzelne biologisch homogene Gruppen untergliedert sei, die sich von den jeweils anderen unterschieden. Wenn es bei Pferden und Hunden Rassen gibt, warum dann nicht bei uns? Zunächst einmal hinkt der Vergleich: Pferde- und Hunderassen wurden von uns gezüchtet, sind also das Ergebnis einer Selektion durch uns Menschen. Richtig ist indes, dass es auch in der Natur Arten mit und ohne Rassen gibt. Wie die Genetik gezeigt hat, sind wir eine ohne. Zudem wurde jahrhundertelang vergeblich versucht, einen Konsens darüber zu erzielen, wie viele und welche Menschenrassen vorkommen. Das nährte den Verdacht, dass sich die Forschung hier auf einen Holzweg begeben hatte (was Charles Darwin, wie erwähnt, schon 1871 geschrieben hat).

Der Rassebegriff ist, wie ebenfalls erwähnt, immer noch sehr gebräuchlich, sowohl in politischen und gesellschaftlichen Debatten als auch in Stammtischgesprächen, die sich inzwischen zeitgemäß in den virtuellen Raum verlagert haben. Heute lassen sich schwere Formen von Leukämie mit Knochenmarktransplantationen heilen – mit dem Hauptproblem, Spender mit den passenden Merkmalen für die jeweiligen Empfänger zu finden. Bei allzu großen Unterschieden – bei Proteinen auf der Zelloberfläche, die von einer als HLA-System bezeichneten Gruppe von Genen produziert werden – identifiziert der Organismus des Empfängers das Spendermaterial als körperfremd und stößt es ab. Um dies zu vermeiden, werden Knochenmarktransplantationen häufig zwischen engen Verwandten wie Geschwistern vorgenommen. Ohne einen potenziellen Spender aus der Familie greifen die transplantierenden Einrichtungen bei ihrer Suche nach einer Person mit den passenden HLA-Merkmalen auf eine aktuelle Knochenmarkspenderdatei zurück. Auf diese Weise konnte in Kanada das Leben des kleinen Jaxson Slade, eines Patienten mit einer schweren myeloischen Leukämie, vom amerikanischen Spender Michael Manafee gerettet werden. Jaxson Slade ist der üblichen Kategorisierung nach ein Weißer, Michael Manafee dagegen ein Schwarzer. In den Zeiten, als die Rassenklassifikation noch ernst genommen und deswegen nicht erkannt wurde, dass die Hautfarbe nur ein oberflächliches Merkmal ist (buchstäblich als Körperoberfläche, aber auch im übertragenen Sinn, weil sie nichts über die zahlreichen übrigen Gene verrät), wäre niemand auf den Gedanken gekommen, dass ein Mann, der sich äußerlich von Jaxson Slade so sehr unterscheidet, für ihn ein geeigneter Spender sein könnte. Die Geschichte unserer Spezies nachzuvollziehen und zu erkennen, wie wir waren und woher die Unterschiede zwischen uns kommen, hilft demnach, Menschenleben zu retten.

Dank

Dieses Buch begann in Neapel an einem schwülen Samstagvormittag im September Gestalt anzunehmen – während einer langen Unterhaltung mit Anna Gialluca, der Programmleiterin des Verlags Editori Laterza. Als Fachfremder der Paläontologie, dem beim Schreiben über Fossilien immer wieder Zweifel kamen, habe ich mich an Giorgio Manzi gewandt, einen Kollegen und Freund, der mir jedes Mal bereitwillig Hinweise und kluge Ratschläge gab. In einem (aber nur einem) Fall habe ich mich, wie ich bekenne, nicht an sie gehalten. Giulia Porcari von Laterza kümmerte sich mit Verstand und Geduld um die komplizierte Beschaffung der Genehmigungen für die Abbildungen in diesem Buch. Ihnen allen danke ich vielmals.

Kleines Glossar

Alte oder antike DNA (aDNA): Bezeichnung für Erbgutreste aus toten Organismen, die in der Regel mehr als hundert Jahre alt sind.

Anpassung: die Herausbildung besonderer biologischer Merkmale, die in einer bestimmten Umgebung von der natürlichen Selektion bevorzugt werden.

Art siehe Spezies.

Aurignacien: älteste archäologische Kultur des Jungpaläolithikums mit Techniken zur Herstellung von Klingen und kleinen Spitzen aus Stein oder harten Tierprodukten. Diese verbreiteten sich vor 20 000 bis 40 000 Jahren vom Mittelmeerraum aus in Europa durch anatomisch moderne Menschen, also Sapiens. Aus der gleichen Periode stammen auch erste ornamentale Objekte und erste Formen einer gegenständlichen Kunst.

Australopithecus: eine ausgestorbene Gattung der Primaten aus der Familie der Hominiden, die vor zwei bis vier Millionen Jahren in Afrika lebte. Lucy gehört zur Spezies *Australopithecus afarensis*.

Bakterium: ein prokaryotischer einzelliger Organismus. Prokaryoten haben im Gegensatz zu Eukaryoten keinen Zellkern.

Base: einer der Bestandteile der Nukleinsäuren. Die DNA besteht aus vier verschiedenen Basen als deren Nukleotid-Bausteinen.

Biodiversität: die Gesamtheit der biologischen Vielfalt, also der Unterschiede zwischen den Angehörigen einer Spezies, einer Gemeinschaft oder eines Ökosystems.

Biologischer Artbegriff: Nach der Definition von Theodosius Dobzhansky und Ernst Mayr ist eine Art oder Spezies eine Gesamtheit von Populationen, die sich von anderen getrennt fortpflanzen und eine bestimmte ökologische Nische besetzen.

Bipedie: ein Merkmal der Hominiden und weniger anderer Tierarten, die sich anstatt auf vier (den hinteren und vorderen) auf zwei (den hinteren) Beinen fortbewegen. Bei den Hominiden ging der Übergang zur Bipedie mit einschneidenden anatomischen und neurologischen Veränderungen einher.

C-14: ein radioaktives Kohlenstoffisotop, dessen Menge in Überresten von organischem Material eine Bestimmung von dessen Alter ermöglicht.

Châtelperronien: archäologische Kultur im Übergang vom Mittel- zum Jungpaläolithikum mit Techniken, die sich durch die Herstellung von Spitzen und Messern mit gebogenem abgestumpftem Rücken auszeichnet. Sie werden generell Populationen von Neandertalern zugeordnet, die mit *Sapiens* in Kontakt kamen.

Chromosom: ein Zellbestandteil, der hauptsächlich aus einer langen in sich verdrillten DNA-Kette besteht, die für den Aufbau von Proteinen verantwortlich ist. Das menschliche Genom besteht aus 46 Chromosomen: aus 22 Paaren jeweils identischer Chromosomen sowie dem Paar XX bei Frauen beziehungsweise XY bei Männern.

Codierende DNA: ein DNA-Abschnitt mit Genen, also mit der Erbinformation zum Aufbau der Proteine. Die codierende DNA stellt im Menschen entweder rund 25 Prozent oder nur ungefähr 1,5 Prozent des Genoms, je nach Definition, ob dabei auch die Regionen des Erbguts berücksichtigt werden, die eine Kontrollfunktion bei der Proteinsynthese ausüben.

Demische Diffusion: von dem italienischen Populationsgenetiker Luigi Luca Cavalli-Sforza entwickeltes Migrationsmodell, demzufolge sich eine Population in ein bisher von ihr unbewohntes Gebiet ausbreitet und dabei die dort ansässige Bevölkerung ersetzt oder sich mit ihr vermischt.

DNA (DNS): Desoxyribonukleinsäure, ein als Doppelhelix gestaltetes Molekül, das in den Zellen die Erbinformation trägt.

Enzym: ein Protein, das eine chemische Reaktion katalysiert (fördert).

Fertilität: die Reproduktionsfähigkeit. Sie bemisst sich daran, wie viele Nachkommen ein einzelnes Individuum oder eine Population im Durchschnitt ihrer Mitglieder hat. Zusammen mit der Mortalität und anderen veränderlichen Faktoren bestimmt sie die natürliche Selektion und damit das Wachstum oder die Schrumpfung einer Population.

Fortpflanzungsisolation: Verhältnisse, die verhindern, dass sich Individuen mit Angehörigen anderer Gemeinschaften fortpflanzen.

Fossil: biologisches Material aus lebenden Organismen, das sich nach deren Tod durch mechanische, physische und chemische Prozesse verändert hat und dadurch in unterschiedlicher Form (mineralisiert, karbonisiert, mumifiziert usw.) erhalten bleibt.

Gattung: in der Taxonomie, der Wissenschaft von der Klassifikation der Lebewesen, eine Kategorie, unter der verschiedene Spezies zusammengefasst werden, weil sie ausreichend ähnliche Merkmale zeigen, um auf gemeinsame Vorfahren schließen zu lassen, die in nicht allzu ferner Vergangenheit lebten. Nach der von Carl von Linné eingeführten Nomenklatur werden lebende Organismen nach Gattung und Art bestimmt.

Gen: ein DNA-Abschnitt, der in codierter Form die notwendige Information trägt, um ein oder mehrere Proteine aufzubauen.

Gendrift: eine zufällige Auseinanderentwicklung von Populationen, die dadurch zustande kommt, dass eine isoliert lebende Population an innerer genetischer Vielfalt verliert und sich die Unterschiede zu anderen Populationen vergrößern.

Genetik: die Lehre von der Vererbung biologischer Merkmale.

Genom: die Gesamtheit der DNA, die in einer Zelle oder einem Individuum enthalten oder die für eine Spezies typisch ist.

Genvariante: ein Allel, also eine der möglichen unterschiedlichen Ausprägungen, die ein Gen haben kann. So hat beispielsweise das Gen, das die Blutgruppe AB0 beim Menschen bestimmt, drei Varianten bzw. Allele: A, B und 0.

Glazial (Eiszeit): eine Periode, in der die weltweite Durchschnittstemperatur sinkt. Dadurch weiten sich die Eiskappen aus, und die Meeresspiegel sinken.

Gradient: eine Abstufung der biologischen Merkmale im geografischen Raum, bei der die genetischen Unterschiede zwischen Populationen oder Individuen tendenziell proportional zu deren Entfernung voneinander zunehmen.

Gründereffekt: ein Prozess, bei dem aus wenigen (und mit einer geringen biologischen Diversität ausgestatteten) Gründungsmitgliedern eine neue Population hervorgeht, die deren genetische Merkmale weiterträgt.

HLA: Abkürzung für *Human Leucocyte Antigens,* die menschlichen Leukozyten-Antigene. Dieses aus sechs Genen bestehende System ist für die Synthese von Proteinen auf der Zelloberfläche verantwortlich. Bei Organtransplantationen hängt die Wahrscheinlichkeit, ob es zu einer Abstoßungsreaktion kommt, von der Ähnlichkeit der HLA zwischen Spender und Empfänger ab.

Hominiden: zoologische Familie der Primaten, die den gegenwärtigen Menschen, den *Homo sapiens,* seine ausgestorbenen Vorfahren sowie die Menschenaffen umfasst.

Hominini (Homininen): eine Tribus (Rangstufe zwischen Unterfamilie und Gattung) der Hominiden, die den heutigen Menschen, den *Homo sapiens,* sowie seine ausgestorbenen Vorfahren (der Gattungen *Australopithecus, Paranthropus, Homo* etc.) umfasst. Die Abspaltung vom Schimpansen erfolgte vor fünf bis sieben Millionen Jahren.

Homo erectus: eine für Asien typische Art der Gattung *Homo,* die vor ungefähr 1,7 Millionen Jahren auftauchte (früher als Pithecanthropus bezeichnet) und ursprünglich in China (als Peking-Mensch) und Indonesien (als Java-Mensch) dokumentiert wurde. Die Definition wurde später auf andere afrikanische und europäische Fossilien ausgeweitet, von denen die erstgenannten heute als *Homo ergaster* klassifiziert werden.

Homo ergaster: eine für Afrika typische Art der Gattung *Homo*, die für die Zeit von vor ein bis zwei Millionen Jahren belegt ist. Er gilt als eng verwandt mit der Gruppe, von der der *Homo heidelbergensis* abstammt.

Homo georgicus: eine Art der Gattung *Homo*, dessen Vorkommen für den Süden des Kaukasus für die Zeit von vor knapp zwei Millionen Jahren belegt ist. Er ist die älteste dokumentierte Frühmenschenart außerhalb Afrikas.

Homo habilis: eine für Ostafrika typische Art der Gattung *Homo*, die schon für die Zeit von vor zwei Millionen Jahren belegt ist. Seine Spezies gilt als eng verwandt mit der Gruppe, von der der *Homo ergaster* abstammt. *Homo habilis* sollen die ersten Hominini gewesen sein, die Afrika verließen.

Homo heidelbergensis: eine in Afrika, Europa und Westasien vertretene Art der Gattung *Homo*, die für die Zeit von vor 100 000 bis 600 000 Jahren belegt ist. Von ihm sollen die Populationen der Neandertaler und vielleicht auch der *Homo sapiens* abstammen.

Homo neanderthalensis: eine für Europa und Westasien typische Art der Gattung *Homo*, die für die Zeit von vor 38 000 bis 300 000 Jahren dokumentiert ist.

Homo sapiens: der anatomisch moderne Mensch. Eine seit rund 190 000 Jahren in Afrika verbreitete Art der Gattung *Homo*, die sich in der Folgezeit in einer oder mehreren Expansionswellen über den gesamten Planeten ausgebreitet hat. Nach den genetischen Daten, die gut im Einklang mit den paläontologischen stehen, fanden diese vor 50 000 bis 100 000 Jahren statt.

Inselverzwergung: die Neigung von Organismen, in abgeschiedenen Regionen über Generationen die Körpergröße zu verringern, wahrscheinlich als Anpassung an begrenzte Ressourcen.

Interglazial: eine Zwischeneiszeit, also eine Periode zwischen zwei Eiszeiten, in denen die Durchschnittstemperatur auf der Erde steigt, die Gletscher sich weitgehend an die Pole zurückziehen und die Meeresspiegel steigen.

Isotope: Atome des gleichen Elements mit unterschiedlich vielen Neutronen. Chemische Elemente sind nach der Anzahl der Protonen in ihrem Kern (1 Wasserstoff, 2 Helium, 3 Lithium, 4 Beryllium …) definiert, haben aber als Isotope unterschiedlich viele Neutronen: Wasserstoff kommt beispielsweise als die drei Isotope Protium (1 Proton, 0 Neutronen), Deuterium (1 Proton, 1 Neutron) und Tritium (1 Proton, 2 Neutronen) vor.

Koaleszenz: die Stelle, an der zwei Abstammungslinien bei ihrer Rückverfolgung in die Vergangenheit in einem gemeinsamen Vorfahren zusammenfließen.

Magdalénien: archäologische Kultur des Jungpaläolithikums, die am Ende der letzten Eiszeit, vor 11 000 bis 17 000 Jahren, in Mittel- und Westeuropa verbreitet war. Typisch war eine Klingenindustrie, die schon deutliche Anzeichen zur Fertigung sehr kleiner Klingen und Spitzen zeigte, wie sie dann im Mesolithikum charakteristisch wurden.

Mesolithikum: die Periode der Steinzeit, in der Menschen erstmals vom Sammeln und Jagen zu Ackerbau und Viehzucht übergingen.

Migration: eine Wanderung von Individuen oder Populationen durch den geografischen Raum.

Mitochondrium: eine Organelle der Zelle, die zahlreiche Kopien eines DNA-Abschnitts enthält, der nur über die Mutter weitervererbt wird.

Molekül: die kleinste Einheit einer chemischen Verbindung oder verbundener Atome eines Elements, die unabhängig existieren kann. Moleküle bestehen aus Atomen, die durch chemische Bindungen zusammenhalten.

Monogenismus: der (von der Genetik bestätigte) Grundgedanke, wonach sämtliche Menschen von einer einzigen Primatengruppe abstammen.

Mortalität: die Sterblichkeit, gemessen am Sterbealter eines Individuums oder am durchschnittlichen Sterbealter einer Bevölkerung. Mit der Fertilität und weiteren Faktoren bestimmt sie mit ihrer Veränderlichkeit die natürliche Selektion.

Moustérien: Epoche des prähistorischen Zeitalters mit Techniken (oder lithischer Industrie), bei der Gerätschaften durch Abschläge an Feuersteinen hergestellt wurden. Diese waren im Mittelpaläolithikum, vor 40 000 bis 300 000 Jahren, in Europa und im Nahen Osten verbreitet und werden mit Neandertalern, aber nicht ausschließlich, in Verbindung gebracht.

Multiregionales Modell: ein Modell, nach dem die modernen Bevölkerungen Europas und Asiens (ganz oder zu einem bedeutenden Teil) vom *Homo neanderthalensis* beziehungsweise *Homo erectus* abstammen sollen. Diese seien folglich keine verschiedenen Arten, sondern Bestandteile einer einzigen menschlichen Spezies.

Mutation: eine Veränderung in der DNA-Sequenz. Ist von ihr eine Ei- oder Samenzelle betroffen, kann sie weitervererbt, also an die nächste Generation weitergegeben werden.

Natürliche Selektion: ein Evolutionsprozess, der dazu führt, dass bestimmte biologische Merkmale eliminiert werden und sich andere, besser an die Umwelt angepasste, weiterverbreiten. Sie ist bedingt durch erbliche Unterschiede in der Überlebens- und Fortpflanzungsfähigkeit der Individuen und damit den unterschiedlich großen Beitrag, den diese zum Erbgut nachfolgender Generation leisten.

Neandertaler: siehe *Homo neanderthalensis*.

Neolithikum: die Jungsteinzeit, in der bereits Ackerbau und Viehzucht verbreitet waren, um Lebensmittel zu erzeugen. Im Nahen Osten setzte der Übergang vor 10 000 Jahren ein, worauf dieses Zeitalter im Verlauf von 5000 Jahren überall in Europa Einzug hielt.

Nordroute: die Route, über die sich der *Homo sapiens* vor weniger als

100 000 Jahren von Ostafrika aus über das heutige Ägypten und Israel und von dort aus weiter nach Europa und Asien ausgebreitet haben soll.

Out-of-Africa-Theorie: ein Modell, nach dem die modernen Bevölkerungen der ganzen Welt von afrikanischen Vorfahren abstammen. Diese sollen in relativ neuer Zeit an die Stelle der vormals existierenden Arten in Eurasien, *Homo neanderthalensis* und *Homo erectus,* getreten sein. Demnach wären die Letztgenannten zwei andere, ausgestorbene Arten.

Paläolithikum: die Altsteinzeit, in der die menschlichen Populationen vom Jagen und Sammeln lebten. Die Periode unterteilt sich in ein Alt-, Mittel- und Jungpaläolithikum.

Polygenismus: die (von der Genetik widerlegte, aber im 19. Jahrhundert beliebte) Vorstellung, wonach verschiedene Menschenrassen von unterschiedlichen Primaten abstammten.

Population: eine Fortpflanzungsgemeinschaft in einem abgegrenzten Gebiet, deren Individuen körperliche oder soziale Merkmale gemein sind und die sich vornehmlich untereinander fortpflanzen.

Primaten: eine Ordnung von Säugetieren, die Lemuren, Affen und Menschenaffen umfasst. Die Letztgenannten sind in der Familie der *Hominidae* (auch: Hominiden, Menschenaffen) zusammengefasst, zu der Orang-Utans, Gorillas, Schimpansen, Bonobos (Zwergschimpansen) und Menschen gehoren.

Protein: ein organisches Molekül, zusammengesetzt aus einer oder mehreren Aminosäureketten (Peptiden). Diese werden jeweils durch die Aktivität eines Gens zusammengebaut.

Rasse: eine Gruppe von Individuen, die sich von anderen Angehörigen der eigenen Spezies durch erkennbare erbliche Merkmale unterscheiden. Wo der Begriff keine Züchtungen betrifft und sich auf Individuen in Wildform in einem abgegrenzten geografischen Raum bezieht, wird er heute eher durch den der Unterart ersetzt.

Refugialraum: ein Rückzugsgebiet, in dem das Klima während Eiszeiten milder bleibt, sodass dort Tier- und Pflanzenarten leichter überleben.

Replikation (der DNA): ein der Zellteilung vorausgehender Prozess, bei dem die DNA der Chromosomen in den Zellen exakt kopiert und verdoppelt wird.

Sequenz: eine Abfolge von Basen in der DNA oder von Aminosäuren in einem Protein.

Sexualdimorphismus: klar erkennbare Unterschiede zwischen den Merkmalen weiblicher und männlicher Individuen einer Art.

Sexuelle Selektion: ein Evolutionsprozess, bei dem sich bestimmte auffällige Merkmale, zum Beispiel eine besondere Körpergröße oder Farbenpracht bei männlichen Individuen, dadurch herausbilden, dass sie von den Weibchen bei der Partnerwahl bevorzugt werden.

Spezies oder **Art:** in der Taxonomie, der Wissenschaft der Klassifikation der Lebewesen, eine Gesamtheit aus anatomisch ähnlichen Individuen, deren Kreuzungen zu fruchtbaren Nachkommen führen. Diese klassische Definition wird heute durch die Evolutionstheorie infrage gestellt. Nach ihr sind Spezies oder Arten veränderliche Gebilde, die mit anderen Spezies gemeinsame Vorfahren haben und bei ihrer Abspaltung Phasen durchlaufen, in der sie bereits anatomisch anders gestaltet sind und deswegen unterschiedliche Namen verdienen, sich aber mit den anderen noch fortpflanzen können.

Stoffwechsel (Metabolismus): sämtliche biochemische Reaktionen, die in einem Organismus ablaufen und dabei Moleküle umbauen.

Südroute: eine mögliche Route, über die sich der *Homo sapiens* vor über 100 000 Jahren von Ostafrika aus über die Arabische Halbinsel weiter nach Südasien und Australien ausgebreitet haben soll.

Thalassämie: eine Form der mikrozytären Anämie, eine erbliche Blutarmut, verursacht durch eine Mutation in einem Gen, das zur Bildung von Hämoglobin beiträgt.

Variabilität: die natürliche Tendenz zur Veränderlichkeit, aber häufig auch im Sinn von Vielfalt, Diversität gebraucht.

Virus: ein subzellulärer Krankheitserreger, der als Parasit für sein Überleben und seine Vermehrung einen höheren Organismus benötigt.

Y-Chromosom: das Chromosom von Säugetieren, das das männliche Geschlecht festlegt und vom Vater an Söhne weitervererbt wird.

Zelle: die Grundeinheit lebender Organismen. In Wirbeltieren sind sie in der Regel mit einem doppelten (diploiden) Chromosomensatz ausgestattet, der zur Hälfte von der Mutter und zur Hälfte vom Vater ererbt ist. Ausnahme sind

Geschlechts- oder Keimzellen (Gameten), die einen einfachen (haploiden) Satz enthalten.

Zellteilung: der Prozess, durch den sich Zellen vervielfältigen. Nach einer vorausgehenden Replikation der DNA teilt sich die Mutterzelle in zwei identische Tochterzellen auf.

Weiterführende Literatur

1. Auf zwei Beinen: *Australopithecus afarensis*

Johanson, D. C., und Taieb, M., »Plio-Pleistocene hominid discoveries in Hadar, Ethiopia«, in: *Nature* 260 (1976), S. 293–297.

Kappelman, J., Ketcham, R. A., Pearce, S., Todd, L., Akins, W., Colbert, M. W., Feseha, M., Maisano, J. A., und Witzel, A., »Perimortem fractures in Lucy suggest mortality from fall out of tall tree«, in: *Nature* 537 (2016), S. 503–507.

Leakey, M. D., und Hay R. L., »Pliocene footprints in the Laetolil beds at Laetoli, northern Tanzania«, in: *Nature* 278 (1979), S. 317–323.

Manzi, G., *L'ultimo Neanderthal racconta. Storie prima della storia,* Bologna: il Mulino, 2021.

Masao, F. T., Ichumbaki, E. B., Cherin, M., Barili, A., Boschian, G., Iurino, D. A., Menconero, S., Moggi-Cecchi, J., und Manzi G., »New footprints from Laetoli (Tanzania) provide evidence for marked body size variation in early hominins«, in: *eLife* 5 (2015), e19568.

Wong, K., »40 Years after Lucy: the fossil that revolutionized the search for human origins«, in: *Scientific American* (2014). Für das Interview mit Donald Johanson siehe https://blogs.scientificamerican.com/observations/40-years-after-lucy-the-fossil-that-revolutionized-the-search-for-human-origins/.

2. Mit zwei Händen: *Homo ergaster*

Für das Zitat aus Voltaires *Candide* siehe das Projekt Gutenberg-DE unter www.projekt-gutenberg.org/voltaire/erzaehlg/chap006.html.

Viel interessantes Material zur Entwicklungsgeschichte von uns Menschen findet sich auf der Website von CARTA unter https://carta.anthropogeny.org/. Hier wird deutlich, wie viele Fragen noch offen sind, wie Forschung funktioniert und wie kompliziert es sein kann, neue Erkenntnisse zu gewinnen. Sie ist ein nützliches Gegenmittel zum Video, in dem der israelische Historiker Yuval Noah Harari (www.youtube.com/watch?v=nzj7Wg4DAbs&t=183s, mit 4,3 Millionen Abrufen) – wie gewohnt gekonnt und mit einer Mischung aus soliden und weniger soliden Fakten sowie Vermutungen und Banalitäten – die gewagte Hypothese vertritt, dass wir als einzige Kreaturen dazu in der Lage seien, mit Fremden flexibel zusammenzuarbeiten, um komplexe Aufgaben zu bewältigen.

Almécija S., Smaers J., Jungers, W., »The evolution of human and ape hand proportions«, in: *Nature Communications* 6 (2015), S. 7717.

Brown, F., Harris, J., Leakey, R., und Walker, A., »Early Homo erectus skeleton from west Lake Turkana, Kenya«, in: *Nature* 316 (1985), S. 788–792.

Darwin, C., *Die Abstammung des Menschen und die geschlechtliche Zuchtwahl,* 2 Bde., Stuttgart 1875, Bd. 1: https://de.wikisource.org/wiki/Die_Abstammung_des_Menschen_und_die_geschlechtliche_Zuchtwahl_I; Bd. 2: https://de.wikisource.org/wiki/Die_Abstammung_des_Menschen_und_die_geschlechtliche_Zuchtwahl_II.

MacLarnon, A. M., und Hewitt, G. P., »The evolution of human speech: the role of enhanced breathing control«, in: *American Journal of Physical Anthropology* 109 (1999), S. 41–363.

Schiess, R., und Haeusler, M., *No skeletal dysplasia in the Nariokotome boy KNM-WT 15 000 (*Homo erectus*)* – »A reassessment of congenital pathologies of the vertebral column«, in: *American Journal of Physical Anthropology* 150 (2013), S. 365–374.

Varki, A., und Altheide, T. K., »Comparing the human and chimpanzee genomes: Searching for needles in a haystack«, in: *Genome Research* 15 (2005), S. 1746–1758.

3. Oben im Kaukasus: *Homo georgicus*

Ein leicht lesbares Buch zur Gendrift und weiteren Aspekten der Populationsgenetik ist John Relethford, *Human Population Genetics,* New York: John Wiley & Sons, 2012.

Am 19. September 1957 erklärte Francis Crick, der mit James Watson und Rosalind Franklin die Doppelhelix der DNA entdeckte, auf dem Symposium der Society for Experimental Biology von London: »Ist die Information erst mal in einem Protein drin, kommt sie nicht wieder heraus.« Grob gesagt heißt das, dass die von der DNA-Basensequenz gegebene Information von der Zelle in die Sequenz der Proteinkomponenten, die Aminosäuren, übersetzt wird, während das Umgekehrte unmöglich ist: dass sich Veränderungen in den Proteinen in der DNA niederschlagen. Für die Übersetzung in ein Protein braucht es einen Zwischenschritt mithilfe der RNA. Dieses Konzept, das Crick selbstironisch als *das* zentrale Dogma der Molekularbiologie bezeichnet hat (überflüssig zu sagen, dass Wissenschaft keine Dogmen kennt), lässt sich in die Formel packen: »DNA erzeugt RNA, und RNA erzeugt Proteine, aber niemals umgekehrt.«

Lordkipanidze, D., u. a., »Postcranial evidence from early Homo from Dmanisi, Georgia«, in: *Nature* 449 (2007), S. 305–310.

Lordkipanidze, D., Ponce de León, M. S., Margvelashvili, A., Rak, Y., Rightmire, G. P., Vekua, A., und Zollikofer C. P. E., »A complete skull from Dmanisi, Georgia, and the evolutionary biology of early Homo«, in: *Science* 342 (2013), S. 326–331.

Schwartz, J. H., Tattersall, I., und Chi, Z., »Comment on ›A Complete Skull from Dmanisi, Georgia, and the evolutionary biology of early Homo‹«, in: *Science* 344 (2014), S. 360.

4. Unten in Asien, das Feuer: *Homo erectus*

Ich bedanke mich bei Ian Tattersall für die zahlreichen Auskünfte über die Geschichte der Paläontologie des Menschen, die er mir in ausgiebigen Gesprächen gegeben hat. Diese wurden von feinen Flaschen fermentierter

Getränke begleitet, denen die andere Leidenschaft seines Lebens gilt und für die er ebenfalls eine Autorität darstellt: Siehe hierzu *A Natural History of Wine* von 2014 sowie *A Natural History of Beer* von 2019, beide entstanden in Zusammenarbeit mit Rob DeSalle und erschienen bei der Yale University Press, New Haven/London.

Eine kommentierte Ausgabe von Thomas Manns *Bekenntnisse des Hochstaplers Felix Krull* in der Fassung der Großen kommentierten Frankfurter Ausgabe ist 2014 als Taschenbuch bei S. Fischer erschienen.

Das Zitat von Virchow siehe »Homiletische Rezension« (Januar 1901), https://de.wikibrief.org/wiki/Rudolf_Virchow.

Gowlett, J. A. J., »The discovery of fire by humans: a long and convoluted process«, in: *Philosophical Transactions of the Royal Society B* (2016), S. 371.

Mayr, E., »Taxonomic categories in fossil hominids«, in: *Cold Spring Harbor Symposia in Quantitative Biology* 15 (1950), S. 109–118.

Richards, R. J., »Ernst Haeckel: A dream transformed«, in: O. Harman und M. Dietrich (Hg.), *Dreamers, Visionaries, and Revolutionaries in the Life Sciences,* Chicago/London: The University of Chicago Press, 2018, S. 35–50.

Sandgathe, D., »Identifying and describing pattern and process in the evolution of hominin use of fire«, in: *Current Anthropology* 58 (2017), S. 360–370.

Tattersall, I., »Paleoanthropology and evolutionary theory«, in: *History and Philosophy of Life Sciences* 34 (2012), S. 259–282.

Wrangham, R., *Feuer fangen. Wie uns das Kochen zum Menschen machte – eine neue Theorie der menschlichen Evolution,* München: Deutsche Verlags-Anstalt, 2009.

Zaim, Y., u. a., »New 1.5 million-year-old Homo erectus maxilla from Sangiran (Central Java, Indonesia)«, in: *Journal of Human Evolution* 61 (2011), S. 363–376.

5. Genealogischer Dschungel: *Homo heidelbergensis*

Die Überschrift zu diesem Kapitel – »Genealogischer Dschungel« – habe ich in Anlehnung an eine kurze Erzählung von Mark Twain gewählt, die ich als Achtklässler gelesen hatte. Twain berichtet in ihr, wie er durch eine Reihe seltsamer Eheschließungen zu seinem eigenen Großvater wird (siehe www.natemaas.com/2010/11/more-musical-genealogy.html). Aber unter dem Titel »Genealogic Jungle«, den sie meiner Erinnerung nach trug, finde ich nichts im Internet (dafür aber die ursprüngliche Geschichte, von der sich Twain inspirieren ließ, neben einem Song, zu dem sie verarbeitet wurde. Um ihn sich anzuhören, tippe man nur »My own grandpa« in eine Suchmaschine ein.) Wie peinlich. Inzwischen frage ich mich, ob mir meine Erinnerung hier einen Streich gespielt hat, und wenn ja, ob sie (schlimmer noch) mir nicht auch noch in wichtigeren Dingen einen Streich spielt.

Mir ist klar, dass ich das Thema »molekulare Uhr« ziemlich oberflächlich abgehandelt habe. Um Näheres zu erfahren, bietet sich als Einstieg der einschlägige Wikipedia-Artikel an: https://de.wikipedia.org/wiki/Molekulare_Uhr. Als Informationsquelle im Internet siehe auch Thomas Hankeln unter https://molgen.biologie.uni-mainz.de/Downloads/PDFs/molevol/6molclock2008.pdf.

Für Hinweise zu den ersten Europäern siehe das Wissenschaftsmagazin *heureka* unter www.igme.es/museo/fonelas/ficheros%20pdf/heureka_2_08_low.pdf. Eine wahre Fundgrube an Geschichten zu den ersten Europäern bietet, wie immer locker und spannend erzählt, Giorgio Manzi, *Ultime notizie sull'evoluzione umana*, Bologna: il Mulino, 2017.

Ashton, N., u. a., »Hominin footprints from Early Pleistocene deposits at Happisburgh, UK«, in: *PLoS ONE* 9 (2014), e88329.

Czarnetzki, A., Schwadere, E., und Pusch, C. M., »Fossil record of meningioma«, in: *Lancet* 362 (2003), S. 408.

Lozano, M., Mosquera, M., Bermudez De Castro, J. M., Arsuaga, J. L., und Carbonell, E., »Right handedness of *Homo heidelbergensis* from Sima de los Huesos«, in: *Evolution and Human Behavior* 30 (2009), S. 369–376.

Manzi, G., Mallegni, F., und Ascenzi, A., »A cranium for the earliest Europeans:

Phylogenetic position of the hominid from Ceprano, Italy«, in: *Proceedings of the National Academy of Sciences USA* 98 (2001), S. 10011–10016.

Meyer, M., u. a., »Nuclear DNA sequences from the Middle Pleistocene Sima de los Huesos hominins«, in: *Nature* 531 (2016), S. 504–507.

Reich, D., u. a., »Genetic history of an archaic hominin group from Denisova Cave in Siberia«, in: *Nature* 468 (2010), S. 1053–1060.

Sala, N., Arsuaga, J. L., Pantoja Pérez, A., Pablos, A., Martínez, I., Quam, R. M., Gómez-Olivencia, A., Bermudez De Castro, J. M., und Carbonell, E., »Lethal interpersonal violence in the Middle Pleistocene«, in: *PLoS ONE* 10 (2016), e0126589.

Stringer, C., »The status of *Homo heidelbergensis* (Schoetensack 1908)«, in: *Evolutionary Anthropology* 21 (2012), S. 101–107.

Thieme, H., »Lower Palaeolithic hunting spears from Germany«, in: *Nature* 385 (1997), S. 807–810.

6. Ein uriger Typ: *Homo neanderthalensis*

Eine Google-Bildersuche mit der Eingabe »Kupka Neandertal« erbringt Skizzen des Neandertalers, wie ihn sich František Kupka vorstellte, im Übrigen ein Maler von großer Bedeutung. Für das Plakat zum Film *The Neanderthal Man* siehe https://en.wikipedia.org/wiki/The_Neanderthal_Man.

Berger, T. D., und Trinkaus, E., »Patterns of trauma among the Neanderthals«, in: *Journal of Archaeological Science* 22 (1995), S. 841–852.

Churchill, S. E., Franciscus, R. G., McKean-Peraza, H. A., Daniel, J. A., und Warren, B. R., »Shanidar 3 Neanderthal rib puncture wound and paleolithic weaponry«, in: *Journal of Human Evolution* 57 (2009), S. 163–178.

Duveau, J., Berillon, G., Verna, C., Laisné, G., und Cliquet, D., »The composition of a Neanderthal social group revealed by the hominin footprints at Le Rozel (Normandy, France)«, in: *Proceedings of the National Academy of Sciences of the United States of America* 116 (2019), S. 19409–19414.

Hublin, J. J., »The prehistory of compassion«, in: *Proceedings of the National Academy of Sciences of the United States of America* 106 (2009), S. 6429–6530.

Lalueza-Fox, C., u. a., »A melanocortin 1 receptor allele suggests varying pigmentation among Neanderthals«, in: *Science* 318 (2007), S. 1453–1455.

Pinson, A., u. a., »Human TKTL1 implies greater neurogenesis in frontal neocortex of modern humans than Neanderthals«, *Science* 377 (2022), eabl6422.

Rougier, H., u. a., »Neanderthal cannibalism and Neanderthal bones used as tools in Northern Europe«, in: *Scientific Reports* 6 (2016), S. 29005.

Schmitt D., Churchill S. E., und Hylander W. L., »Experimental evidence concerning spear use in Neanderthals and early modern humans«, in: *Journal of Archaeological Science* 30 (2003), S. 103–114.

Trinkaus, E., und Villotte, S., »External auditory exostoses and hearing loss in the Shanidar 1 Neanderthal«, in: *PLoS ONE* 12 (2017), e0186684.

Zollikofer, C. P. E., Ponce de León, M. S., Vandermeersch, B., und Léveque, F., »Evidence for interpersonal violence in the St. Césaire Neanderthal«, in: *Proceedings of the National Academy of Sciences of the United States of America* 99 (2002), S. 6444–6448.

7. Der Mensch in den Tropfsteinen: *Homo neanderthalensis*

Zur Lebensweise und Kultur der Neandertaler siehe das äußerst informative und schöne Buch von Silvana Condemi und François Savatier, *Der Neandertaler, unser Bruder. 300 000 Jahre Geschichte des Menschen,* München: C.H. Beck, 2020.

Eriksson, A., und Manica, A., »Effect of ancient population structure on the degree of polymorphism shared between modern human populations and ancient hominins«, in: *Proceedings of the National Academy of Sciences of the United States of America* 109 (2014), S. 13956–13960.

Green, R. E., u. a., »A draft sequence of the Neanderthal genome«, in: *Science* 328 (2010), S. 710–722.

Greenbaum, G., u. a., »Disease transmission and introgression can explain the long-lasting contact zone of modern humans and Neanderthals«, in: *Nature Communications* 10 (2019), S. 5003.

Hajdinjak, M., u. a., »Reconstructing the genetic history of late Neanderthals«, in: *Nature* 555 (2018), S. 652–656.

Lari, M., u. a., »The Neanderthal in the karst: first dating, morphometric and paleogenetic data on the fossil skeleton from Altamura (Italy)«, in: *Journal of Human Evolution* 82 (2015), S. 88–94.

Pääbo, S., »The human condition – a molecular approach«, in: *Cell* 157 (2014), S. 216–226.

Prüfer, K., u. a., »The complete genome sequence of a Neanderthal from the Altai Mountains«, in: *Nature* 505 (2014), S. 43–49.

Slimak, L., u. a., »Modern human incursion into Neanderthal territories 54,000 years ago at Mandrin, France«, in: *Science Advances* 8 (2022), eabj9496.

Sorensen, M. V., und Leonard, W. R., »Neanderthal energetics and foraging efficiency«, in: *Journal of Human Evolution* 40 (2001), S. 483–495.

8. Die Großmutter aller Großmütter: *Homo sapiens*

Für Informationen zu der DNA-Ausstellung, die Bernardino Fantini, Telmo Pievani, Sergio Pimpinelli und Fabrizio Rufo kuratiert haben, siehe die Homepage des Palazzo delle Esposizioni in Rom unter www.palazzoesposizioni.it/mostra/dna-il-grande-libro-della-vita-da-mendel-alla-genomica.

Armitage, S. J., Jasim, S. A., Marks, A. E., Parker, A. G., Usik, V. I., und Uerpmann, H. P., »The southern route ›out of Africa‹: evidence for an early expansion of modern humans into Arabia«, in: *Science* 331 (2011), S. 453–456.

Cann, R. L., Stoneking, M., und Wilson, A. C., »Mitochondrial DNA and human evolution«, in: *Nature* 325 (1987), S. 31–36.

Karmin, M., u. a., »A recent bottleneck of Y chromosome diversity coincides with a global change in culture«, in: *Genome Research* 25 (2015), S. 459–466.

Tucci, S., und Akey, J. M., »A map of human wanderlust«, in: *Nature* 538 (2016), S. 179–180.

9. Mischlinge: *Homo sapiens*

Zu den genetischen Auswirkungen der Auswanderung von Sapiens aus Afrika siehe die beiden Analysen Ramachandran, S., Deshpande, O., Roseman, C. C., Rosenberg, N. A., Feldman, M. W., und Cavalli-Sforza, L. L., »Support from the relationship of genetic and geographic distance in human populations for a serial founder effect originating in Africa«, in: *Proceedings of the National Academy of Sciences of the United States of America* 102 (2005), S. 15942–15947, sowie Liu, H., Prugnolle, F., Manica, A., und Balloux, F., »A geographically explicit genetic model of worldwide human-settlement history«, in: *American Journal of Human Genetics* 79 (2006), S. 230–237.

Für Daten zu den gegenwärtigen Bevölkerungsgrößen siehe die Website Worldometer: www.worldometers.info/population/.

Bocquet-Appel, J.-P., Demars, P. Y., Noiret, L., und Dobrowsky, D., »Estimates of Upper Palaeolithic meta-population size in Europe from archaeological data«, in: *Journal of Archaeological Sciences* 11 (2005), S. 1656–1668.

Dolgova, O., und Lao, O., »Evolutionary and medical consequences of archaic introgression into modern human genomes«, in: *Genes* 9 (2018), S. 358.

Fu, Q., u. a., »An early modern human from Romania with a recent Neanderthal ancestor«, in: *Nature* 524 (2015), S. 216–219.

Hajdinjak, M., u. a., »Initial Upper Palaeolithic humans in Europe had recent Neanderthal ancestry«, in: *Nature* 592 (2021), S. 253–259.

Huerta-Sánchez, E., u. a., »Altitude adaptation in Tibetans caused by introgression of Denisovan-like DNA«, in: *Nature* 512 (2014), S. 194–197.

Mellars, P., und French, J. C., »Tenfold population increase in Western Europe at the Neanderthal-to-modern human transition«, in: *Science* 333 (2011), S. 623–627.

Zeberg, H., und Pääbo, S., »The major genetic risk factor for severe COVID-19 is inherited from Neanderthals«, in: *Proceedings of the National Academy of Sciences of the United States of America* 118 (2021), e2026309118.
Für die Schätzung des Zeitpunkts, an dem die Hybridisierung zwischen uns Sapiens und den Neandertalern stattgefunden haben könnte, siehe S. Sankararaman, u. a., »The date of interbreeding between Neanderthals and modern humans«, in: *PLoS Genetics* 8(2012), e1002947.
Einige Anthropologen sind von diesen Datierungen allerdings nicht überzeugt: Wang, C. C., Farina S. E., und Li, H., »Neanderthal DNA and modern human origins«, in: *Quaternary International* 295 (2013), S. 126–129.

10. Klitzeklein: *Homo floresiensis*

Eine Vorstellung von den Malereien in der Chauvet-Höhle vermitteln zahlreiche Websites, darunter www.bradshawfoundation.com/chauvet/. Für das Zitat mit der Anspielung auf Tolstoi siehe Henry Gee, *Eine (sehr) kurze Geschichte des Lebens,* Hamburg: Hoffmann und Campe, 2022, S. 209.
Brown, P., u. a., »A new small-bodied hominin from the Late Pleistocene of Flores, Indonesia«, in: *Nature* 431 (2004), S. 1055–1061.
Brumm, A., u. a., »Age and context of the oldest known hominin fossils from Flores«, in: *Nature* 534 (2016), S. 249–253.
Dembo, M., Matzke, N. J., Mooers, A. Ø., und Collard, M., »Bayesian analysis of a morphological supermatrix sheds light on controversial fossil hominin relationships«, in: *Proceedings of the Royal Society B* 282 (2015), S. 20 150 943.
Détroit, F., u. a., »A new species of Homo from the Late Pleistocene of the Philippines«, in: *Nature* 568 (2019), S. 181–186.
Falk, D., u. a., »Brain shape in human microcephalics and Homo floresiensis«, in: *Proceedings of the National Academy of Sciences of the United States of America* 104 (2007), S. 2513–2518.
Tucci, S., u. a., »Evolutionary history and adaptation of a human pygmy population of Flores Island, Indonesia«, in: *Science* 361 (2018), S. 511–516.

11. Kunst und Weisheitszähne: *Homo sapiens*

Raymond Queneaus *Die blauen Blumen* erschien 1965 auf Französisch und wurde 1966 von dem Schriftsteller und literarischen Übersetzer Eugen Helmlé ins Deutsche übertragen, letztmals 2001 bei Wagenbach in Berlin erschienen.

Anonymus, »Oldest recorded case of impacted wisdom teeth«, in: *British Dental Journal* 200 (2006), S. 311.

Fu, Q., u. a., »The genetic history of Ice Age Europe«, in: *Nature* 534 (2016), S. 200–205.

Hauser, A., *Sozialgeschichte der Kunst und Literatur,* München: C.H. Beck, 2018, S. 2 f.

12. Amerika: *Homo sapiens*

Eine Ahnung, wie viele harte Nüsse es zu knacken gilt, um die Sprachen des amerikanischen Doppelkontinents zu klassifizieren, vermittelt der einschlägige Wikipedia-Artikel unter https://de.wikipedia.org/wiki/Indigene_amerikanische_Sprachen.

Bellwood, P., *First islanders: Prehistory and Human Migration in Island Southeast Asia*, New York: John Wiley & Sons, 2017.

Kirin, M., u. a., »Genomic runs of homozygosity record population history and consanguinity«, in: *PLoS ONE* 5 (2010), e13996.

Lahr, M. M., und Foley, R. A., »Multiple dispersals and modern human origins«, in: *Evolutionary Anthropology* 3 (1994), S. 48–60.

Liu, W., u. a., »The earliest unequivocally modern humans in southern China«, in: *Nature* 526 (2015), S. 696–699.

Malaspinas, A. S., u. a., »A genomic history of Aboriginal Australia«, in: *Nature* 538 (2016), S. 207–214.

Mallick, S., u. a., »The Simons Genome Diversity Project: 300 genomes from 142 diverse populations«, in: *Nature* 538 (2016), S. 201–206.

Moreno-Mayar, J. V., u. a., »Early human dispersals within the Americas«, in: *Science* 362 (2018), eaav2621.

Pagani, L., u. a., »Genomic analyses inform on migration events during the peopling of Eurasia«, in: *Nature* 538 (2016), S. 238–242.

Posth, C., u. a., »Reconstructing the deep population history of Central and South America«, in: *Cell* 175 (2018), S. 1185–1197.

Raghavan, M., u. a., »Upper Palaeolithic siberian genome reveals dual ancestry of native Americans«, in: *Nature* 505 (2014), S. 87–91.

Reyes-Centeno, H., Ghirotto, S., Détroit, F., Grimaud-Hervé, G., Barbujani, G., und Harvati, K., »Genomic and cranial phenotype data support multiple modern human dispersals from Africa and a southern route into Asia«, in: *Proceedings of the National Academy of Sciences of the United States of America* 111 (2014), S. 7248–7253.

Tassi, F., Ghirotto, S., Mezzavilla, M., Vilaça, S. T., De Santi, L., und Barbujani, G., »Early modern human dispersal from Africa: Genomic evidence for multiple waves of migration«, in: *Investigative Genetics* 6 (2015), S. 13.

13. Europäer mit dunkler Haut: *Homo sapiens*

Auf YouTube ist zu sehen, wie die italienische Kabaretttruppe I Gufi auf ihre Weise den fragwürdigen Brauch, die Schädel besiegter Feinde zu Kelchen und Krügen zu verarbeiten, rekonstruiert: www.youtube.com/watch?v=eGq6AgzSFbE. Aus Arthur Conan Doyles Roman *The Lost World* von 1912 wird hier in der Übersetzung von Karl Soll zitiert, die unter dem Titel *Die vergessene Welt* unter anderem 2020 beim Anaconda Verlag erschienen ist. Zur Fälschung des Piltdown-Schädels gibt es eine ganze Reihe von Veröffentlichungen. Am liebsten ist mir allerdings immer noch Stephen Jay Gould, *The Panda's Thumb*, New York: W. W. Norton and Co., 1980, S. 108–124 (dt.: *Der Daumen des Panda. Betrachtungen zur Naturgeschichte,* Basel u. a.: Birkhäuser, 1987). Für viel Hilfreiches dazu siehe den einschlägigen Artikel der englischsprachigen Wikipedia unter https://en.wikipedia.org/wiki/Piltdown_Man, sowie die ausführliche Darstellung der deutschsprachigen Wikipedia unter »Piltdown-Mensch«.

Bello, S. M., Parfitt, S. A., Stringer, C. B., und Petraglia, M., »Earliest directly-dated human skull-cups«, in: *PLoS ONE* 6 (2011), e17026.

Brace, S., u. a., »Ancient genomes indicate population replacement in Early Neolithic Britain«, in: *Nature Ecology & Evolution* 3 (2019), S. 765–771.
Jablonski, N. »The evolution of human skin pigmentation involved the interactions of genetic, environmental, and cultural variables«, in: *Pigment Cell & Melanoma Research* 34 (2021), S. 707–729.
Walsh, S., u. a., »Global skin colour prediction from DNA«, *Human Genetics* 136 (2017), S. 847–863.

14. Brot, Wein, Milch: *Homo sapiens*

In Venetien kündigt man Kindern mit einem Spruch zu Brot, Wein und Milch an, dass man sie gleich ordentlich durchkitzelt: »Pan, vin, latte, catte catte catte.«. Ernest Hemingways *Schnee auf dem Kilimandscharo* ist auf Deutsch in verschiedenen Ausgaben erschienen. Für das Zitat siehe *Gesammelte Werke,* Bd. 6, Stories I, Reinbek bei Hamburg: Rowohlt Taschenbuch, 2003, S. 68. Auf Ian Tattersall und Rob DeSalle, *A Natural History of Wine,* New Haven/London: Yale University Press, 2014, wurde als grundlegendes Werk bereits in Kapitel 4 hingewiesen. Für die allzu fantasiereiche Rekonstruktion des Mordes an Ötzi siehe die Homepage der Marktgemeinde Latsch (Bozen): www.gemeinde.latsch.bz.it/de/Menhir/Der_Latscher_Menhir/Mordfall_Oetzi.

Barbujani, G., »Neolithic demic diffusion«, in: *Human Population Genetics and Genomics* 1 (2021), S. 005.
Bouckaert, R., u. a., »Mapping the origins and expansion of the Indo-European language family«, in: *Science* 337 (2012), S. 957–960.
Gostner, P., u. a., »New radiological insights into the life and death of the Tyrolean Iceman«, in: *Journal of Archaeological Sciences* 38 (2011), S. 3425–3431.
Gray, R. D., und Atkinson, Q. D., »Language-tree divergence times support the Anatolian theory of Indo-European origin«, in: *Nature* 426 (2003), S. 435–439.
Keller, A., u. a., »New insights into the Tyrolean Iceman's origin and

phenotype as inferred by whole-genome sequencing«, in: *Nature Communications* 3 (2012), S. 698.

Lazaridis, I., u. a., »Ancient human genomes suggest three ancestral populations for present-day Europeans«, in: *Nature* 513 (2014), S. 409–413.

Legras, J. L., Merdinoglou, D., Cornuet, J. M., und Karst F., »Bread, beer and wine: Saccharomyces cerevisiae diversity reflects human history«, in: *Molecular Ecology* 16 (2007), S. 2091–2102.

Maixner, F., u. a., »The Iceman's last meal consisted of fat, wild meat, and cereals«, in: *Current Biology* 28 (2018), S. 2348–2355.

Menozzi, P., Piazza, A., und Cavalli-Sforza, L. L., »Synthetic maps of human gene frequencies in Europeans«, in: *Science* 201 (1978), S. 786–792.

Müller, W., Fricke, H., Halliday, A. N., McCulloch, M. T., und Wartho J. A., »Origin and migration of the Alpine Iceman«, in: *Science* 302 (2003), S. 862–866.

Oeggl, K., u. a., »The reconstruction of the last itinerary of Ötzi the Neolithic Iceman, by pollen analyses from sequentially sampled gut extracts«, in: *Quaternary Sciences Review* 26 (2007), S. 853–861.

Wang, K., u. a., »High-coverage genome of the Tyrolean Iceman reveals unusually high Anatolian farmer ancestry«, in: *Cell Genomics* 3 (9), 13. September 2023, 100 377.

Zink, A. R., und Meixner, F., »The current situation of the Tyrolean Iceman«, in: *Gerontology* 65 (2019), S. 699–706.

15. Beschreiben, klassifizieren, verstehen: *Homo sapiens*

Auf der Homepage des Darwin Correspondence Project der Universität Cambridge sind 12 000 Briefe von Darwins Korrespondenz einsehbar: www.darwinproject.ac.uk/. Die deutschen Ausgaben von Darwins wichtigsten Werken sind: *Der Ursprung der Arten durch natürliche Selektion oder Die Erhaltung begünstigter Rassen im Existenzkampf,* Frankfurt a. M., u. a.: Büchergilde Gutenberg, 2019; *Reise eines Naturforschers um die Welt,* Hamburg: Nikol Verlag, 2021; *Mein Leben: 1809–1882* [Autobiografie], hrsg. v. Nora Barlow, Frankfurt a. M./Leipzig: Insel-Verlag, 1. Aufl., 1993 (Zitat S. 119); *Die Abstammung des Menschen,* Stuttgart: Alfred Kröner

Verlag, 2002 (Zitat S. 226 f.); *Darwins Notizbuch. Sein Leben, seine Reisen, seine Entdeckungen,* verfasst und zusammengestellt von Jonathan Clements, Darmstadt: wbg Theiss, 2020. Für viele der in diesem Kapitel erzählten Episoden siehe John Bowlby, *Charles Darwin. A New Life*, New York: Norton & Company, 1990. Für eine eingehendere Erörterung zum Rassebegriff siehe G. Barbujani, *Die Erfindung der Rassen. Wissenschaft gegen Rassismus,* Berlin: Jacoby & Stuart, 2021, sowie A. Rutherford, *Eine kurze Geschichte von jedem, der jemals gelebt hat. Was unsere Gene über uns verraten,* Reinbek bei Hamburg: Rowohlt Polaris, 2018. Zur Entwicklung der Rassensystematiken in den Volkszählungen der Vereinigten Staaten von Amerika siehe https://en.wikipedia.org/wiki/United_States_census.

Ahn, S. M., u. a., »The first Korean genome sequence and analysis: Full genome sequencing for a socio-ethnic group«, in: *Genome Research* 19 (2009), S. 1622–1629.

Barbujani, G., und Pigliucci, M., »Human races«, in: *Current Biology* 23 (2013), R185-R187.

Barloon, T. J., und Noyes, R., »Charles Darwin and panic disorder«, in: *Journal of the American Medical Association* 277 (1997), S. 138–141.

Lewontin, R. C., »The apportionment of human diversity«, in: *Evolutionary Biology* 6 (1972), S. 381–398.

Livingstone, F., »On the nonexistence of human races«, in: *Current Anthropology* 3 (1962), S. 279–281.

Salomone, F., und Di Vincenzo, F., *Conversazioni sull'origine dell'uomo 150 anni dopo Darwin*, Monte Compatri: Espera, 2021.

Tattersall, I., »Charles Darwin and human evolution«, in: *Evolution Education and Outreach* 2 (2009), S. 28–34.

Abgesang

Zur Geschichte um den *Third-pound*-Flop von A&W siehe www.mentalfloss.com/article/76144/why-no-one-wanted-aws-third-pound-burger, für die von Michael Manafee und Jaxson Slade siehe www.bbc.com/news/world-us-canada-40254858.

Bildnachweis

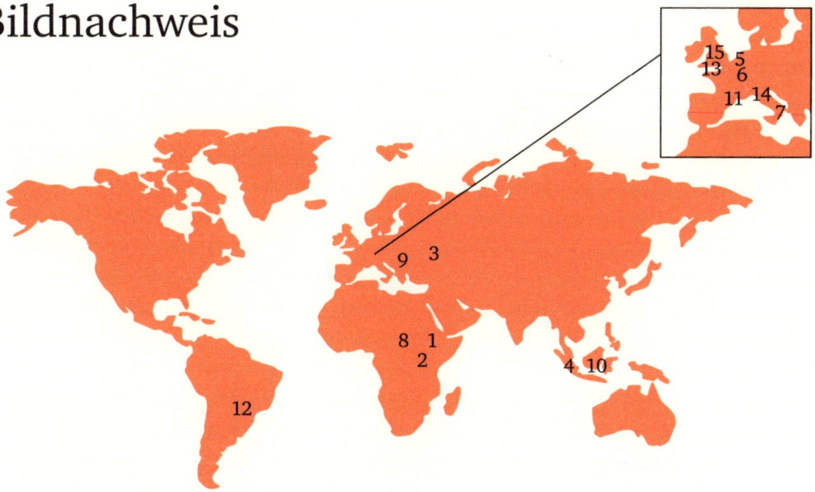

1. *Australopithecus afarensis* Lucy – Kennis&Kennis
2. *Homo ergaster* Turkana Boy – Kennis&Kennis
3. *Homo georgicus* Dmanisi 2 – © Foto: Sylvain Entressangle; Rekonstruktion: Élisabeth Daynès / LookatSciences
4. *Homo erectus* Trinil – Kennis&Kennis
5. *Homo heidelbergensis* Steinheim – © Foto: Sylvain Entressangle; Rekonstruktion: Élisabeth Daynès / LookatSciences
6. *Homo neanderthalensis* Feldhofer 1 – Archivio dpa/Ipa
7. *Homo neanderthalensis* Altamura – Kennis&Kennis
8. *Homo sapiens* Mitochondriale Eva
9. *Homo sapiens* Oase 2 – Kennis&Kennis
10. *Homo floresiensis* Flo – Kennis&Kennis
11. *Homo sapiens* Abri von Cap Blanc – © Foto: Sylvain Entressangle; Rekonstruktion: Élisabeth Daynès / LookatSciences
12. *Homo sapiens* Luzia
13. *Homo sapiens* Cheddar Man – Kennis&Kennis
14. *Homo sapiens* Ötzi – © Tom Björklund
15. *Homo sapiens* Charles Darwin – © Foto: Sylvain Entressangle; Rekonstruktion: Élisabeth Daynès / LookatSciences